D1727999

2

Springer-Verlag
Berlin Heidelberg New York Tokyo 1983

Wörterbuch der Kraftübertragungselemente Band 2 · Zahnradgetriebe	**D**
Diccionario de elementos de transmisión Tomo 2 · Reductores de engranajes	**E**
Glossaire des Organes de Transmission Volume 2 · Ensembles montés à base d'engrenages	**F**
Glossary of Transmission Elements Volume 2 · Gear Units	**GB**
Glossario degli Organi di Trasmissione Volume 2 · Riduttori di velocità ad ingranaggi	**I**
Glossarium voor Transmissie-organen Deel 2 · Tandwielkasten	**NL**
Ordbok för Transmissionselement Band 2 · Kuggväxlar	**S**
Voimansiirtoalan sanakirja Osa 2 · Hammasvaihteet	**SF**

Eurotrans

Europäisches Komitee der Fachverbände
der Hersteller von Getrieben und Antriebselementen
Federführung bei der
Fachgemeinschaft Antriebstechnik im VDMA
Lyoner Straße 18, D-6000 Frankfurt/Main 71

CIP-Kurztitelaufnahme der Deutschen Bibliothek

Wörterbuch der Kraftübertragungselemente
Diccionario de elementos de transmisión
EUROTRANS, Europ. Komitee d. Fachverb. d.
Hersteller von Getrieben u. Antriebselementen.
Federführung bei d. Fachgemeinschaft Antriebs-
technik im VDMA
Berlin, Heidelberg, New York: Springer
NE: Europäisches Komitee der Fachverbände der
Hersteller von Getrieben und Antriebselementen, PT
Bd. 2 Zahnradgetriebe. 1983

ISBN 3-540-11771-7 Springer-Verlag Berlin Heidelberg New York
ISBN 0-387-11771-7 Springer-Verlag New York Heidelberg Berlin

Satz: Daten- und Lichtsatz-Service, Würzburg
Druck und Einband: Graphischer Betrieb Konrad Triltsch, Würzburg

2362/3020-543210

Inhaltsverzeichnis	Vorwort 7 Einleitung 9 Wörterverzeichnis 10 Glossar 141	**D**
Contenido	Prólogo 27 Introducción 29 Indice alfabético 30 Diccionario 141	**E**
Table des matières	Préface 41 Introduction 43 Tableaux alphabétiques 44 Glossaire 141	**F**
Contents	Preface 55 Introduction 57 Index 58 Glossary 141	**GB**
Indice	Prefazione 70 Introduzione 72 Indice alfabetico 73 Glossario 141	**I**
Inhoud	Voorwoord 86 Inleiding 88 Trefwoordenlijst 89 Glossarium 141	**NL**
Innehållsförtecking	Förord 102 Inledning 104 Alfabetisk ordlista 105 Ordbok 141	**S**
Sisällysluettelo	Esipuhe 117 Johdanto 119 Termien aakkosellinen hakemisto 120 Sanasto 141	**SF**

D	Band	1	Zahnräder
		2	Zahnradgetriebe
		3	Stufenlos einstellbare Getriebe
		4	Zahnradfertigung und -kontrolle
		5	Kupplungen
E	Tomo	1	Ruedas dentadas
		2	Reductores de engranajes
		3	Variadores de velocidad
		4	Fabricación de engranages y verificación
		5	Acoplamientos y embragues
F	Volume	1	Engrenages
		2	Ensembles montés à base d'engrenages
		3	Variateurs de vitesse
		4	Fabrication des engrenages et contrôle
		5	Accouplements et embrayages
GB	Volume	1	Gears
		2	Gear Units
		3	Speed Variators
		4	Gear Manufacture and Testing
		5	Couplings and Clutches
I	Volume	1	Ingranaggi
		2	Riduttori di velocità ad ingranaggi
		3	Variatori di velocità
		4	Fabbricazione degli ingranaggi e loro controllo
		5	Giunti (accoppiamenti)
NL	Deel	1	Tandwielen
		2	Tandwielkasten
		3	Regelbare aandrijvingen (variatoren)
		4	Tandwielfabrikage en kwaliteitskontrole
		5	Koppelingen
S	Band	1	Kugghjul
		2	Kuggväxlar
		3	Steglöst inställbara växlar
		4	Produktion och kontroll av kugghjul
		5	Kopplingar
SF	Osa	1	Hammaspyörät
		2	Hammasvaihteet
		3	Portaattomasti säädettävät vaihteet
		4	Hammaspyörien valmistus ja tarkastus
		5	Kytkimet

Vorwort

Die europäischen Fachverbände der Hersteller von Getrieben und Antriebselementen haben 1967 unter dem Namen „Europäisches Komitee der Fachverbände der Hersteller von Getrieben und Antriebselementen", kurz EUROTRANS, ein Komitee gegründet. Die Ziele dieses Komitees sind:

a) die gemeinsamen wirtschaftlichen und technischen Fachprobleme zu studieren,
b) ihre gemeinschaftlichen Interessen gegenüber internationalen Organisationen zu vertreten,
c) das Fachgebiet auf internationaler Ebene zu fördern

Das Komitee stellt einen Verband ohne Rechtspersönlichkeit und ohne Erwerbszweck dar.

Die Mitgliedsverbände von EUROTRANS sind:

Fachgemeinschaft Antriebstechnik im VDMA
Lyoner Straße 18, D-6000 Frankfurt/Main 71,

Servicio Tecnico Comercial de Constructores de Bienes de Equipo (SERCOBE) –
Grupo de Transmision Mecanica
Jorge Juan, 47, E-Madrid-1,

SYNECOT – Syndicat National des Fabricants d'Engrenages et Constructeurs d'Organes de Transmission
9, rue des Celtes, F-95100 Argenteuil,

FABRIMETAL – groep 11/1 "Tandwielen, transmissie-organen"
Lakenweversstraat 21, B-1050 Brussel,

BGMA – British Gear Manufacturers Association
P.O. Box 121, GB-Sheffield S 1 3 AF,

ASSIOT – Associazione Italiana Costruttori Organi di Trasmissione e Ingranaggi
Via Cadamosto 2, I-20129 Milano,

FME – Federatie Metaal-en Elektrotechnische Industrie
Postbus 190, NL-2700 AD Zoetermeer,

Sveriges Mekanförbund
Storgatan 19, S-11485 Stockholm,

Suomen Metalliteollisuuden Keskusliitto, Voimansiirtoryhmä
Eteläranta 10, SF-00130 Helsinki 13.

D

EUROTRANS ist mit dieser Veröffentlichung in der glücklichen Lage, den zweiten Band eines fünfbändigen Wörterbuches in acht Sprachen (Deutsch, Spanisch, Französisch, Englisch, Italienisch, Niederländisch, Schwedisch und Finnisch) über Zahnräder, Getriebe und Antriebselemente vorzulegen.

Dieses Wörterbuch wurde von einer EUROTRANS-Arbeitsgruppe unter Mitarbeit von Ingenieuren und Übersetzern aus Deutschland, Spanien, Frankreich, England, Italien, den Niederlanden, Belgien, Schweden und Finnland ausgearbeitet. Es soll den wechselseitigen internationalen Informationsaustausch erleichtern und den Leuten vom Fach, die sich in aller Herren Länder mit ähnlichen Aufgaben befassen, die Möglichkeit bieten, einander besser zu verstehen und besser kennenzulernen.

Einleitung

Das vorliegende Werk umfaßt:

acht einsprachige alphabetische Register einschließlich Synonyme in den Sprachen Deutsch, Spanisch, Französisch, Englisch, Italienisch, Niederländisch, Schwedisch und Finnisch.

Im Glossar findet man hinter der Abbildung die Normbegriffe in den acht Sprachen. Jede Rubrik beginnt mit einer Kenn-Nummer.

Sucht man zu einem Stichwort, das in einer der acht Sprachen des Wörterbuches gegeben ist, die Übersetzung in eine der sieben anderen Sprachen, so braucht man nur die Kenn-Nummer des Stichwortes im betreffenden Register festzustellen und findet unter dieser Nummer die Übersetzung im Glossar.

Dieselbe Verfahrensweise gilt für Synonyme, die mit einem * gekennzeichnet sind. Hat ein Wort im alphabetischen Register mehrere Nummern, so ist es je nach dem Sinnzusammenhang verschieden zu übersetzen.

Beispiel: ,,Schaltgetriebe''

Suchen Sie im deutschen Register das Wort auf. Hinter dem Wort finden Sie die Nr. 5047

Suchen Sie nun im Glossar die Nr. 5047 auf. Hinter der Abbildung finden Sie die Normbegriffe in

Deutsch	– Schaltgetriebe
Spanisch	– Caja de velocidades
Französisch	– Boîte de vitesses
Englisch	– Speed change gear unit
Italienisch	– Cambio di velocità
Niederländisch	– Schakeltandwielkast
Schwedisch	– Omläggbar växel
Finnisch	– Monivälityksinen hammasvaihde

Die Begriffe mit den Nummern 1111 bis 4414 sind in Band 1 ,,Zahnräder'' enthalten.

Alphabetisches Wörterverzeichnis einschließlich Synonyme

D

Synonyme = *

Abgangseingriff*	2244	Angetriebene Maschine	6049
Ablaßhahn	6556	Angetriebenes Rad*	1125
Ablaßstopfen	6523	Ankermutter	6255
Ablaßventil	6563	Anlagefläche am Kegelrad	3133
Abmessungen l × b × h in mm	6003	Anschweißenden	6235
Abroll...*	1144	Ansicht	6010
Abrollfläche*	1141	Antriebsdrehmoment*	6023
Abstandsring	6301	Antriebsdrehzahl	6032
Abstand von Sehne zum		Antriebsleistung*	6018
Kopfkreis*	2162	Antriebsmoment*	6023
Abtriebsdrehmoment*	6024	Antriebsmotor	6044
Abtriebsdrehzahl	6033	Antriebsrad*	1124
Abtriebsleistung*	6019	Antriebsseitige Welle*	6102
Abtriebsmoment*	6024	Antriebswelle	6102
Abtriebsseitige Welle*	6103	Anweisungsschild	6056
Abtriebswelle	6103	Anwendungen	6600
Abwälz...*	1144	Anwendungsfaktor	6041
Abwälzfläche*	1141	Anzahl*	6015
Abwälzfräser*	2193	Anzahl der Anläufe pro Stunde	6051
Abwälzkreis*	2115.1	Anzahl der Starts pro Stunde*	6051
Abwälzkreis-Durchmesser*	2116.1	Anzahl der Zylinder	6046.1
Abwälzzylinder-Flankenlinie*	2122	Arbeitsflanken	1245
Abwasserkläranlagen	6636	Aufradlinie*	1416
Achsabrückungsfaktor*	2256	Aufsteckgetriebe	5008
Achsabstand	1117, 6005	Augenschraube	6230
Achsenabstand*	1117, 6005	Ausgangsdrehmoment*	6024
Achsenversatz*	1117.1	Ausgangsleistung*	6019
Achsenversetzung*	1117.1	Auslaufeingriff*	2244
Achsenwinkel	1118	Auslauf-Eingriffsstrecke*	2246
Achsgetriebe	5057	Ausrichtung der Wellen	6127
Achsgetriebe mit Differential	5059	Außendurchmesser	4321
Achshöhe	6004	Außendurchmesser*	3127
Achslinie*	2221	Außen-Geradstirnradpaar*	1225
Achsmodul*	4224	Außengetriebe*	1225
Achsprofil*	1236	Außenkegel*	3114
Achsschnittprofil*	4221	Außenkegelwinkel*	2125
Achsteilung*	2129	Außenkeilnabe	6306
Achsversatz	1117.1	Außenkreis*	2117
Achsverschiebungsfaktor*	2256	Außenkreis-Durchmesser*	2118
Achswinkel*	1118	Außenrad	1223
Äquistantes Punktrad*	2173	Außenradpaar	1225
Äußerer Ergänzungskegel*	3115	Außenstirnrad*	1223
Äußerer Kopfkreisabstand*	3135	Außenteile	5200
Äußerer Rückenkegel*	3115	Außenverzahnter Zahnkranz*	5121
Äußerer Spiralwinkel	3176.1	Außenverzahntes Rad*	1223
Äußere Teilkegellänge	3132	Außenzylinder	4314
Äußere Zahnhöhe am Kegelrad*	3141	Außenzylinder*	2113
Äußere Zahntiefe am Kegelrad*	3141	Austritt-Eingriffsstrecke	2246
Aktive Flanke	1252	Austrittseingriff	2244

Automatgetriebe*	5052	Bezugsrad mit konstanter	
Automatikgetriebe	5052	Zahnhöhe*	3172
Automatisches Getriebe*	5052	Bezugs-Stirnfläche am Kegelrad*	3133
Axialdichtring	6528	Bezugs-Zahnstange	2182
Axialer Wellenversatz	6128.3	Bezugszylinder*	2111
Axiale Teilung*	2129	Bezugszylinder-Flankenlinie*	2121
Axialgleitlager	6439.0	Blende	6566
Axialgleitlager, fest	6439.1	Bodenflansch	6138
Axialgleitlager mit Kippsegmenten	6439.2	Bodenplatte	6141
Axial-Kugellager	6409	Bogenverzahnung	1268
Axiallager	6403	Bogenzahnrad*	1263
Axialmodul	4224	Bombierte Zahnflanke am Fuß*	1314.1
Axial-Nadellager	6413	Bombierte Zahnflanke am Kopf*	1314
Axialprofil	1236, 4221	Brammenabstoßvorrichtungen*	6638
Axial-Rollenlager	6411	Brammeneinstoßvorrichtungen	6638
Axialschnittprofil*	4221	Brauereien und Brennereien	6603
Axialteilung	2129, 4223	Brecher	6612
Axial-Zylinderrollenlager	6429	Breitenballigkeit	1316
		Breitenbombierung (allmählich)*	1316
		Breitenwinkel*	4327
Bagger	6613	Buchse	6318
Bauart	6036		
Baukastengetriebe	5031	Circular Pitch	1214.4
Bedienungshebel	6343		
Befestigungen*	6200		
Befestigungselemente	6200	Deckel	6142
Belastungsarten	6050.0	Deckel mit Schmiernippel	6146
Berührungsaustritt		Diametral Pitch	1214.3
Eingriffsstrecke*	2246	Diametral Pitch am Normalschnitt	2155
Berührungseintritt*	2245	Diametral Pitch des Werkzeuges	2197
Berührungs-Flanke*	1252	Diametral Pitch im Stirnschnitt	2146
Berührungslinie*	1431	Dichtring mit Lippen	6527
Berührungspunkt auf der		Dichtung	6531.0
Eingriffsstrecke*	2241.1	Dichtungsfläche	6135
Berührung während des Austritts		Dicke der Verzahnung*	4326
aus dem Eingriff*	2244	Dicke des Schneckenrades*	4326
Berührung während des Eintritts		Differential	5058
in den Eingriff*	2243	Differentialgetriebe*	5058
Betriebsbedingungen	6054.0	Dimensionen	6001
Betriebsmodul*	1214.2	Doppelnippel	6549
Betriebstemperatur	6055.1	Doppelschrägverzahnte	
-(Bezugs ...*	1143	Ritzelwelle	5104
Bezugsdurchmesser*	4324	Doppelschrägverzahnung	1266
Bezugsebene*	2184	Doppelschrägzahnrad*	1266
Bezugsfläche*	1142	Doppelwinkelzahnrad*	1267
Bezugskegel*	3111	Dosenfüllmaschinen	6604
Bezugskegelspitze*	3112	Drehbares Verbindungsstück*	6555
Bezugskegelwinkel*	3121	Drehfläche*	1141
Bezugskreis*	2115	Drehmoment	6022
Bezugskreis am Kegelrad*	3123	Drehmomentbegrenzer	6344
Bezugskreis des Schnecken-		Drehmomentstütze	6349
rades*	4317	Drehmühlen	6628
Bezugskreisdurchmesser*	2116	Drehrichtung	6126.0
Bezugslinie*	2185	Drehrichtungsänderungsrad*	1125.1
Bezugsprofil	2181	Drehverschraubung	6555
Bezugsrad*	3171	Drehzahlen, pro Minute	6031

D

D

Drehzahlen, pro Sekunde	6031	Einseitig wirkendes	
Drehzahlverhältnis *	1132	Axial-Rillenkugellager	6427
Dreistufiges Kammwalzgerüst	5056	Einspritzschmierung	6510
Druckluftmotor	6048	Einstellmaß am Höhenschieber	
Druckluft-Kolbenmotor	6048.3	der Zahndickenlehre *	2164
Druckluft-Lamellenmotor	6048.2	Einstellwinkel des Werkzeuges	
Druckluft-Turbine	6048.4	(am Planrad-Zahnkopf) *	3191
Druckluft-Zahnradmotor	6048.1	Einstufiges Zahnradgetriebe	5002
Druckmaschinen	6633	Eintritteingriff	2243
Druckölschmierung	6509	Eintritt-Eingriffsstrecke	2245
Druckschalter	6565	Elektromotor	6045.0
Durchflußanzeiger	6562	Elliptische Stirnräder	1259
Durchhärtung	6155	Endrücknahme	1317
Durchmesser des Fußkreises *	4323	Entstehungskreis *	2175, 4112
Durchmesser-Teilung (inch) *	1214.3	Epitrochoide *	1416
Durchmesser-Teilung (mm) *	1214	Epizykloide	1416
Durchsichtiger Deckel	6148	Epizykloidgetriebe *	1119
		Ergänzungskegel *	3115
		Ergänzungszähnezahl *	3119.1
Ebene Evolvente *	1418	Erhöhung *	1211
Effektive Leistung	6020	Erhöhungsgetriebe *	1134
Effektiver Breitenwinkel	4327	Ersatzstirnrad *	3119
Effektive Zahnbreite	2119.1, 4326	Ersatzteil	6012
Effektive Zahnbreite am Kegelrad	3131.1	Ersatzteilliste	6013
Einbauabstand am Kegelrad *	3134	Ersatzteilnummer	6014
Einbaulage der Wellen	6123.0	Erzeugendes Rad	1311
Einbaumaß eines Kegelrades	3134	Erzeugungskreis des Torus	4112
Einfaches Kegelradgetriebe *	1115	Erzeugungsrad *	1311
Einfaches Zahnradgetriebe *	1112	Erzeugungs-Zahnstange	2183
Eingangsdrehmoment *	6023	Evolvente *	1418
Eingangsleistung *	6017	Evolventenfunktion	1418.1
Eingriffsbogen *	2235.1	Evolventen-Geradstirnradpaar	2213
Eingriffsdauer *	2238	Evolventen-Geradzylinderradpaar *	2213
Eingriffsebene	2241	Evolventen-Kegelrad *	3175
Eingriffsfeld *	2241	Evolventen-	
Eingriffsfläche *	2241	Kegelschraubenfläche *	1422
Eingriffslänge *	2242	Evolventenkeile	6111
Eingriffslinie	2232	Evolventenkurve	1418
Eingriffslinie *	2231	Evolventenschraubenfläche	1421
Eingriffspunkt	2231.1	Evolventen-Stirnrad	2174
Eingriffsstörung	1312	Evolventen-Zahnrad *	2174
Eingriffsstrecke	2242	Evolventen-Zylinderrad *	2174
Eingriffsstrecke *	2245	Evolventen-	
Eingriffsteilung *	2178.1	Zylinderschraubenfläche *	1421
Eingriffswinkel *	2142	Exzenterwelle	6121
Eingriffswinkel am Normalschnitt	2152	Exzentrische Welle *	6121
Eingriffswinkel im Stirnschnitt *	2142		
Einlaufeingriff *	2243		
Einlauf-Eingriffsstrecke *	2245	Fadenlinie *	1418
Einreihiges Rillenkugellager *	6414	Fächerscheibe	6277.0
Einreihiges Schrägkugellager *	6416	Fächerscheibe, außenverzahnt	6277.1
Einreihiges Tonnenlager *	6423	Fächerscheibe, innenverzahnt	6277.2
Einreihiges Zylinderrollenlager *	6419	Fächerscheibe, versenkt	6277.3
Einsatzhärtung	6152	Fahrzeuge	6642
Einseitig wirkendes		Fast stoßfrei	6050.1
Axial-Pendelrollenlager	6430	Federring	6273.0

Federring, aufgebogen	6273.1	
Federring, gewölbt	6273.2	
Federring mit Schutzmantel	6273.3	
Federscheibe	6274.0	
Federscheibe, gebogen	6274.1	
Federscheibe, gewölbt	6274.2	
Fellowsrad*	2192	
Fellowswerkzeug*	2192	
Festlager	6433	
Fett	6503	
Fett-Abschirmplatte	6541	
Fettstopfbüchse	6533	
Feuerungsvorrichtungen	6639	
Filzring	6525	
Flache Kronenmutter	6254.2	
Flache Rändelmutter	6260.2	
Flache Rändelschraube	6233.2	
Flache Sechskantmutter	6251.2	
Flachkopfschraube mit Schlitz	6220	
Fläche der Kehlung auf Außenzylinder*	4315	
Fläche der Kehlung auf Fußzylinder*	4316	
Fläche der Kehlung auf Kopfzylinder*	4315	
Fläche der Kehlung auf Teilzylinder*	4312	
Flankenform A (ZA-Schnecke)	4231	
Flankenform I (ZI-Schnecke)	4234	
Flankenform K (ZK-Schnecke)	4233	
Flankenform N (ZN-Schnecke)	4232	
Flankenlinie	1232	
Flankenlinie auf dem Grundzylinder*	2123	
Flankenprofil	1233.1	
Flankenprofil*	2181	
Flankenprofil am Rückenkegel*	3118	
Flankenrücknahme*	1317	
Flankenrücknahme am Zahnende*	1317	
Flansch	6340	
Flanschbuchse	6319	
Flanschdeckel	6144	
Flanschgetriebe	5005	
Flanschgetriebemotor	5043	
Flanschwelle	6116	
Flanschzylinder*	6319	
Flexibles Rohr	6543	
Flügelmutter	6261	
Flügelschraube	6232	
Flügelzellenpumpe	6538	
Förderanlagen	6610	
Formwelle	5110	
Formzahl	4226	
Freilauf	6346	
Freischnitt am Zahnfuß*	1315	
Führungslager	6434	
Füllstopfen	6522	
Fundament	6131	
Fußausrundungsfläche*	1254	
Fußfläche*	1222.1	
Fußflanke	1251.1	
Fußflankeneingriffsfläche*	2245	
Fußfreischnitt	1315	
Fußgetriebe	5006	
Fußgetriebemotor	5042	
Fußhöhe	2133, 4229	
Fußhöhe (bezogen auf den Mittelkreis)	4344	
Fußhöhe am Kegelrad	3144	
Fußkegel	3114.1	
Fußkegelwinkel	3125.1	
Fußkehlfläche	4316	
Fußkreis	2117.1, 4319	
Fußkreis am Kegelrad	3126.1	
Fußkreisdurchmesser	2118.1, 4323	
Fußkreisdurchmesser am Kegelrad	3127.1	
Fußmantelfläche	1222	
Fußplatte*	6141	
Fußrücknahme	1314.1	
Fußrundungsfläche	1254	
Fußwinkel	3145	
Fußzylinder	2113.1	
Gabel*	5128	
Ganghöhe*	1412	
Gangrichtung	1413.1	
Gangzahl	4211.1	
Gebläse	6602	
Gefräste Verzahnung	5131	
Gegenflanken	1241	
Gegengerichtete Flanken	1244	
Gegenlager*	6403	
Gegenmutter*	6264	
Gegenrad	1121	
Gegossene Verzahnung	5136	
Gehäuse	5201	
Gehäuse aus geschweißtem Blech	5204.3	
Gehäuse aus Gußeisen	5204.1	
Gehäuse aus Kunststoff	5204.5	
Gehäuse aus Leichtmetall	5204.4	
Gehäuse aus Stahl	5204.2	
Gehäuseflansch	6136	
Gehäusehälfte	5207	
Gehäuse mit (Kühl)rippen	5205	
Gehäuse mit Ölwanne	5208	
Gehäuseoberteil	5206.1	
Gehäuseunterteil	5206.3	
Gehäuseverstärkung*	5211	
Gehäusezwischenteil	5206.2	
Geläppte Verzahnung	5140	

D

D

Gelenklager	6435	Getriebe mit koaxialen Wellen	5018
Gemeine Zykloide*	1415	Getriebe mit n-Abgängen*	5014
Gemeinsame Zahndicke für Rad		Getriebe mit 1 Ausgangswelle*	5013
und Gegenrad*	2163	Getriebe mit einer Ausgangswelle	5013
Gemeinsame Zahnhöhe	2222, 4412	Getriebe mit n-Ausgangswellen	5014
Generatoren	6620	Getriebe mit n-Eingängen*	5012
Genormter Modul*	1214.1	Getriebe mit n-Eingangswellen	5012
Geradkegelrad	1262	Getriebe mit parallelen Achsen*	5016
Geradkegelradgetriebe*	5023	Getriebe mit parallelen Wellen	5016
Geradkegelradpaar*	1262	Getriebe mit parallel zueinander	
Geradkeile	6110	liegenden Wellen	5017
Geradstirnpaar mit		Getriebe mit rechtwinklig	
Evolventenverzahnung*	2213	zueinander angeordneten	
Geradstirnrad	1261	Wellen	5021
Geradstirnradgetriebe mit		Getriebe mit rechtwinklig	
Evolventenverzahnung*	2213	zueinander stehenden Achsen*	5021
Geradstirnradpaar*	1261	Getriebe mit	
Geradverbindung	6551	Triebstockverzahnung*	2173.1
Geradverzahnte Kegelritzelwelle	5106	Getriebe mit Übersetzung i = 1	5069
Geradverzahnte Ritzelwelle	5102	Getriebe mit Übersetzung ins	
Geradzahn-Kegelrad*	1262	Langsame*	1133, 5034
Geradzylinderrad*	1261	Getriebe mit Übersetzung ins	
Geradzylinderradpaar*	1261	Schnelle*	1134, 5045
Gerillte Buchse	6320	Getriebe mit	
Gerollte Verzahnung	5137	Zykloidenverzahnung*	2172.1
Gesamtüberdeckung	2237	Getriebemotor	5040
Gesamt-Überdeckungsgrad*	2234, 2237	Getriebenes Rad	1125
Gesamtüberdeckungs-		Getriebenummer	6038
Wälzkreisbogen	2234.1	Getriebezug	1113
Gesamt-Überdeckungswinkel	2234	Getriebezug mit Übersetzung	
Geschabte Verzahnung	5139	ins Langsame*	1133
Geschliffene Verzahnung	5138	Getriebezug mit Übersetzung	
Geschmiedete Verzahnung	5135	ins Schnelle*	1134
Geschweißtes Zahnrad aus Stahl	5115	Gewicht	6040
Geschweißtes Zahnrad aus Stahl		Gewindebuchse	6321
mit aufgeschrumpfter Bandage	5117	Gewindestange	6234
Geschwindigkeitsbegrenzer	6345	Gewindestift mit Innensechskant	
Gestrecktes Gehäuse	5203	und Kegelkuppe	6214
Geteilter Zahnkranz, n-Teile	5124	Gewindestift mit Innensechskant	
Getriebe aus einem Stück*	5035	und Ringschneide	6211
Cctriobokette*	1113	Gewindestift mit Innensechskant	
Getriebe mit achsversetzten		und Spitze	6212
Kegelrädern*	1116	Gewindestift mit Innensechskant	
Getriebe mit Bodenflansch	5007	und Zapfen	6213
Getriebe mit 1 Abgang*	5013	Gewindestift mit Schlitz und	
Getriebe mit einem Abgang*	5013	Kegelkuppe	6226
Getriebe mit 1 Eingang*	5011	Gewindestift mit Schlitz und	
Getriebe mit einem Eingang*	5011	Ringschneide	6228
Getriebe mit 1 Eingangswelle*	5011	Gewindestift mit Schlitz und Spitze	6229
Getriebe mit einer Eingangswelle	5011	Gewindestift mit Schlitz und	
Getriebe mit einteiligem Gehäuse	5035	Zapfen	6227
Getriebe mit gestreckten		Gewollter Unterschnitt*	1315
parallelen Achsen*	5017	Gleiche Übersetzung i = 1	6028
Getriebe mit hintereinander		Gleichgerichtete Flanken	1243
liegenden Wellen*	5017	Gleichstrommotor	6045.2
Getriebe mit koaxialen Achsen*	5018	Gleichwertiges Wälzgetriebe*	4421

Gleitlager	6404	
Globoidschnecke	1325.2, 4124	
Globoidschneckengetriebe	5027	
Globoidschneckengetriebe*	4126	
Globoidschneckenrad	1326.1, 4125	
Globoidschnecken-Radsatz	4126	
Größe	6037	
Großrad	1123	
Grund der Zahnlücke	1222.1	
Grundfläche l × b in mm	6002	
Grundflankenlinie*	2123	
Grundkreis	2175	
Grundkreisdurchmesser	2177	
Grundkreisteilung*	2178	
Grundkreisteilung im Normalschnitt*	2178.1	
Grundkreis-Zahndicke*	2179	
Grundkreiszylinder*	2123, 2176	
Grundplatte	6140	
Grundschrägungswinkel	2125	
Grundsteigungswinkel	2127	
Grundteilung in Normalschnitt*	2178.1	
Grundteilung im Stirnschnitt*	2178	
Grundzahndicke im Normalschnitt*	2179.1	
Grundzahndicke im Stirnschnitt*	2179	
Grundzylinder	2176	
Grundzylinder-Flankenlinie	2123	
Grundzylinder-Normalteilung	2178.1	
Grundzylinder-Schrägungswinkel*	2125	
Grundzylinder-Steigungswinkel*	2127	
Grundzylinder-Stirnteilung	2178	
Gummidichtung	6531.3	
Gummiindustrie	6635	
Gußeisernes Gehäuse*	5204.1	
Hahn	6557	
Halber Ring	6304	
Halber Zahndickenwinkel*	3158	
Halber Zahnlückenwinkel*	3159	
Halbmesser der Kehlung am Kopfzylinder	4328	
Halbrundniet	6338	
Halbrundschraube	6219	
Hammermühlen	6621	
Hammerschraube	6206.0	
Hammerschraube, normal	6206.1	
Hammerschraube mit Nase	6206.3	
Hammerschraube mit Vierkant	6206.2	
Hauptdeckel	6143	
Hauptgetriebe	5038	
Hebewerke	6615	
Hebewinden	6643	
Heftige Stöße	6050.3	
Heizschlange	6572	
Hilfsgetriebe	5039	
Hobelkamm	2191	
Höhe des Zahnes*	2131	
Höhenballigkeit am Fuß*	1314.1	
Höhenballigkeit am Kopf*	1314	
Höhenballigkeit der Zähne*	1314.2	
Höhe über der konstanten Sehne	2164	
Höhe über der Sehne	2162	
Höhe über Teilkreis*	2132	
Hohe Rändelmutter	6260.1	
Hohe Rändelschraube	6233.1	
Hohlrad	1224	
Hohlrad eines Planetengetriebes	1127, 5067	
Hohlwelle	6108	
Hohlwellengetriebe	5033	
Holzindustrie	6625	
Horizontal	6123.1	
Horizontalgetriebe	5009	
Horizontales Getriebe*	5009	
Hüllkreisradius	3174	
Hutmutter	6253.0	
Hutmutter, hohe Form	6253.1	
Hutmutter, niedrige Form	6253.2	
Hutmutter, selbstsichernd	6253.3	
Hydraulikmotor*	6047.0	
Hydraulikmotor, ausgeführt als Axialkolbenpumpe*	6047.3	
Hydraulikmotor, ausgeführt als Radialkolbenpumpe*	6047.2	
Hydraulikmotor, ausgeführt als Zahnradpumpe*	6047.1	
Hydromotor	6047	
Hydrodynamisches Gleitlager	6441	
Hydrostatisches Gleitlager	6442.0	
Hydrostatisches Gleitlager, mit Luftdruck	6442.2	
Hydrostatisches Gleitlager, mit Öldruck	6442.1	
Hypoidgetriebe*	1328	
Hypoidrad	1329	
Hypoidradpaar	1328	
Hypoidradpaar*	1116	
Hypoidradsatz*	1328	
Hypoidritzel	1330	
Hypoid-Zahnradpaar*	1328	
Hypoid-Zahnradtrieb*	1328	
Hypotrochoide*	1417	
Hypozykloide	1417	
Hydro-Axialkolbenmotor	6047.3	
Hydro-Radialkolbenmotor	6047.2	
Hydro-Zahnradmotor	6047.1	
Induktionshärtung*	6151.2	
Innengetriebe*	1226	

D

Innenrad*	1126, 1224
Innenradlinie*	1417
Innenradpaar	1226
Innensechskantschraube*	6208
Innenstirnrad*	1224
Innenteile	5100
Innen- und außenverzahnter Zahnkranz*	5123
Innenverzahnter Zahnkranz*	5122
Innenverzahntes Rad*	1124
Innenzahnradpaar*	1226
Innenzahnradsatz*	1226
Innenzykloide*	1417
Innerer Ergänzungskegel	3116
Innerer Kreis des Torus	4115
Innere Teilkegellänge	3132.1
Inspektionsdeckel*	6149
Instruktionsschild*	6056
Interferenz*	1312
Kaltpressung	6119.1
Kammstahl*	2191
Kammwalzgerüst	5054
Kammwalzgerüst, dreistufig*	5056
Kammwalzgerüst, zweistufig*	5055
Karbonitrierung	6154
Kegelkeile	6112
Kegelrad	1322, 5063
Kegelradgetriebe*	1324
Kegelradgetriebe mit Geradverzahnung	5023
Kegelradgetriebe mit Spiralverzahnung	5024
Kegelrad mit gekrümmten Zähnen*	3173
Kegelrad mit Gerad-Verzahnung*	1262
Kegelrad mit 90° Teilkreiswinkel	3171
Kegelrad mit Oktoidenverzahnung	3175
Kegelrad mit schrägen Zähnen*	3173
Kegelradpaar	1324
Kegelradpaar*	1115
Kegelradsatz*	1324
Kegelradtrieb*	1324
Kegelräder mit sich kreuzenden Achsen*	1116
Kegelritzelwelle	5105
Kegelrollenlager	6425
Kegelschraubenrad (klein)*	1330
Kegelschraubenritzel*	1330
Kegelschraubgetriebe*	1328
Kegelschraubrad (groß)	1329
Kegelschraubradpaar*	1328
Kegelschraubradsatz*	1328
Kegelstift	6313
Kegelstirnradgetriebe	5028
Kegelzahnrad*	1322
Kegelzahnrad mit geraden Zähnen*	1262
Kehlkreis am Fuß des Schneckenrades*	4319
Kehlkreis am Kopf des Schneckenrades*	4318
Keilpaar	6335
Keilwelle	6109
Kenndaten	6000
Kerbstift	6314
Kerbzähne	6114
Kerbzahnwelle	6113
Kettenrad	1331
Kettenritzel	1331.1
Kettenzahnrad*	1331
Kläranlagen	6606
Klassiersiebe	6607
Kleine Außenzykloide*	1416
Kleinrad*	1122
Koaxiale Wellen	6125.1
Kolbenpumpe	6537
Kombiniertes Getriebe	5015
Kompaktes Gehäuse	5202
Kompressoren	6609
Konischer Stift*	6313
Konstante Sehne	2163
Konstante Sehnenhöhe*	2164
Konstante Zahndickensehne*	2163
Kontermutter	6264
Kopffläche	1221.1, 4313
Kopfflanke	1251
Kopfflanken-Eingriffslänge*	2246
Kopfhöhe	2132, 4228
Kopfhöhe (bezogen auf den Teilkreis)	4342
Kopfhöhe am Kegelrad	3142
Kopfhöhe über der Sehne*	2162
Kopfkante	1221.2
Kopfkegel	3114
Kopfkegelwinkel	3125
Kopfkehlfläche	4315
Kopfkehlhalbmesser	4328
Kopfkreis	2117
Kopfkreisabstand eines Kegelrades	3135
Kopfkreisabstand zur Bezugsebene*	3135
Kopfkreisabstand zur Bezugs-Stirnfläche*	3135
Kopfkreisabstand zur Kegelspitze	3135.1
Kopfkreis am Kegelrad	3126
Kopfkreisdistanz zur Bezugs-Stirnfläche*	3135
Kopfkreisdurchmesser	2118

Kopfkreisdurchmesser*	4321	Längenballigkeit*	1316
Kopfkreisdurchmesser am		Längsballigkeit*	1316
Kegelrad	3127	Längskorrektur am Zahnende*	1317
Kopfkreisdurchmesser im		Lage der Wellen	6125.0
Mittelschnitt	4322	Lager	6400
Kopfkreis im Mittelschnitt	4318	Lagerbuchse	6436
Kopflängskante*	1221.2	Lagerdeckel	6147
Kopfmantelfläche	1221	Lagergehäuse	6438
Kopfrücknahme	1314	Lagerkappe	6145
Kopfschraube*	6218	Lager mit Dichtscheibe(n)	6437.0
Kopfspiel	2223, 4413	Lager mit 1 Dichtscheibe	6437.1
Kopfwinkel	3143	Lager mit 2 Dichtscheiben	6437.2
Kopfzylinder	2113	Langsamlaufende Welle	6105
Kopfzylinder*	4314	Lastringschraube*	6231
Kopfzylinder-Fläche*	1221.1	Laterne	6134
Kopfzylinder-Mantelfläche*	1221	Laternenrad*	2173
Korrigierte Kopfhöhe*	2162	Laufflanke*	1245
Kraftübertragende Flanke*	1245	Lauf-Modul	1214.1
Krane	6611	Lauftemperatur*	6055.1
Kranzbreite	4326.1	Laufübersetzung*	1132
Kreiselpumpe	6536	Laufzeit pro Tag	6052
Kreisevolvente	1418	Lebensdauer	6053
Kreiswulst*	4111	Lehrzahnrad	1111.1
Kreuzende Wellen	6125.4	Leichtmetallgehäuse*	5204.4
Kreuzlochmutter	6258	Leistung	6016
Kreuzlochschraube mit Schlitz	6224	Lenkgetriebe	5060
Kreuzungsabstand der		Lenkung*	5060
Flankenlinie*	3174	Linien und Flächen am Torus	4110
Kreuzungsebene	4311	Linksdrehend	6126.2
Kreuzungswinkel der Achsen*	1118	Linksflanke	1242.1
Kritischer Biegequerschnitt*	2156.2	Linkssteigende Verzahnung	1265
Kritischer Querschnitt am		Linsenschraube mit Kreuzschlitz	6217
Zahnfuß*	2156.2	Linsensenkschraube*	6222
Kronenmutter	6254.0	Linsensenkschraube mit	
Kronenmutter, normal	6254.1	Kreuzschlitz	6215
Kronenrad*	3172	Linsensenkschraube mit Schlitz	6222
Kühler	6569.0	Loslager	6432
Kühler mit Luft	6569.1	Lückenweite am Normalschnitt	2157
Kühler mit Öl	6569.3	Lückenweite im Stirnschnitt	2148
Kühler mit Wasser	6569.2	Lüfter*	6617
Kühlschlange	6571		
Künstlicher Unterschnitt*	1315		
Kugelevolvente*	1419	Madenschraube*	6229
Kugellager	6405	Mäßige Stöße	6050.2
Kunststoffdichtung	6531.2	Magnetgleitlager (ohne Kontakt)	6443
Kunststoffgehäuse	5204.5	Manometer	6564
Kunststoffindustrie	6632	Mantel des Außenzylinders*	4313
Kupplungsring	5126	Mantel des Kopfzylinders*	4313
Kurbelwelle	6120	Masse	6039
Kurvenverzahnung*	1268	Maßstab	6007
Kurvenzahnrad*	1263	Mehrfache Radpaarung*	1113
		Mehrfachübersetzung	6030
		Mehrstufiges Zahnradgetriebe*	1113
Labyrinthdichtung	6529	Meisterrad*	1111.1
Länge der Eingriffsstrecke*	2242	Meisterzahnrad*	1111.1
Länge der Schnecke*	4215	Metallmühlen	6627

D

Mineralfett	6503.1	
Mineralöl	6502.1	
Mischer	6629	
Mit Formfräser erzeugte		
Verzahnung	5134	
Mit Ritzel erzeugte Verzahnung	5133	
Mittelebene des Torus	4113	
Mittengerade*	2221	
Mittenkehlfläche	4312	
Mittenkreis	4317	
Mittenkreis des Torus*	4114	
Mittenkreisdurchmesser	4213, 4324	
Mittenkreisteilung	4325	
Mittenlinie	2221	
Mittenzylinder	4212	
Mittenzylinder-Schraubenlinie	4214	
Mittlerer Ergänzungskegel	3116.1	
Mittlerer Kreis des Torus	4114	
Mittlerer Spiralwinkel	3176.2	
Mittlere Teilkegellänge	3132.2	
Mit Zahnstange erzeugte		
Verzahnung	5132	
Modifiziertes Profil am Fuß*	1314.1	
Modifiziertes Profil am Kopf*	1314	
Modul	1214	
Modul der Achsteilung*	4224	
Momentan-Achse*	1431	
Montagefläche	6139	
Montagemethode	6119.0	
Motorflansch	6341	
Motorgetriebe	5041	
Motorleistung	6017	
Motorspannschlitten	6133	
Mühlen, drehende Ausführung*	6628	
Multipliziergetriebe*	5045	
Muttern	6250	
Nabe	5119	
Nabe mit Zahnkranz verschraubt	5118	
Nachgeschaltetes Getriebe*	5037	
Nach links	6124.4	
Nach oben	6124.1	
Nach rechts	6124.3	
Nachschaltgetriebe	5037	
Nach unten	6124.2	
Nadellager	6407, 6412	
Nahrungsmittelindustrie	6619	
Nasenkeil	6333	
Naß	6054.2	
Naßbagger*	6613	
Nebengetriebe*	5039	
Nenn-Abtriebsdrehmoment	6024	
Nenn-Abtriebsleistung	6019	
Nenn-Antriebsdrehmoment	6023	
Nenn-Antriebsleistung	6018	
Nenn-Ausgangsleistung*	6019	

Nenndrehmoment*	6023, 6019	
Nenn-Eingangsleistung*	6018	
Nennleistung*	6018, 6019	
N-Gang-Getriebe	5048	
Nicht übertragende Flanke*	1246	
Niet mit Halbrundkopf*	6338	
Niet mit Senkkopf*	6339	
Nippel	6548	
Nitrierung	6153	
Normal-Diametral Pitch*	2155	
Normaleingriffswinkel*	2152	
Normalflankenspiel	2225	
Normalgrundteilung*	2178.1	
Normallückenweite*	2157	
Normalmodul	2154	
Normal-Pressungswinkel*	2151	
Normalprofil	1235	
Normalprofilwinkel*	2151	
Normalspiel*	2225	
Normalteilung	2153	
Normalzahndicke*	2156	
Normiertes Bezugsprofil*	2181	
Norm-Modul	1214.2	
N-stufiges Zahnradgetriebe	5004	
Null-Achsabstand	2253	
Null-Getriebe*	2254	
Null-Rad	2188	
Null-Radpaar	2251	
Nut	6337	
Nutmutter	6259	
Nutzbare Flanke	1253	
Nutzbare Zahnhöhe*	2222	
Oberflächenhärtung*	6151.0	
Oberflächenhärtung*, durch		
Flamme	6151.1	
Oberflächenhärtung*, durch		
Induktion	6151.2	
Öl	6502.0	
Ölabstreifer	6508	
Ölbehälter	6514	
Öldichtungsring	6524	
Ölfangblech	6532	
Ölfilter	6515.0	
Ölfilter mit Magnet	6515.2	
Ölfilter mit Patrone	6515.1	
Ölfilter mit Spalt	6515.3	
Ölindustrie	6630	
Ölkühler*	6569.2	
Ölleitblech	6513	
Ölluftkühler*	6569.1	
Ölmenge	6517	
Ölmeßstab	6519	
Ölpressung	6119.3	
Ölpumpe	6535	

D

D

19

Rändelmutter	6260.0	Rückflanken	1246
Rändelschraube	6233.0	Rückflußleitung (Öl)	6545
Räumliche Evolvente *	1419	Rückkegel *	3115
Randschichthärtung	6151.0	Rücklaufsperre	6347
Randschichthärtung durch		Rückschlagventil	6559
Induktion	6151.2	Rückwärtige Flanke *	1246
Randschichthärtung mit Flamme	6151.1	Rührwerke	6601
Rechtsdrehend	6126.1	Runddraht-Sprengring	6292
Rechtsflanke	1242		
Rechtssteigende Verzahnung	1264	Satellitenrad *	1128
Reduktionsgetriebe *	1133	Satzrad *	2188
Reduziergetriebe *	5034	Schaftschraube mit Schlitz und	
Reduziernippel	6550	Kegelkuppe	6225
Reduzierstück *	6550	Schaltgabel	5128
-(Referenz . . .*	1143	Schaltgetriebe	5047
Referenzbezugslinie	2185	Schaltgetriebe – schaltbar bei	
Referenzebene *	2184	Stillstand	5049
Referenzfläche *	1142	Schaltgetriebe – schaltbar	
Referenzgerade *	2185	während des Betriebes	5050
Referenzkegel *	3111	Schaltklaue	5127
Referenzkegelspitze *	3112	Schaudeckel *	6149
Referenzkegelwinkel *	3121	Schaulochdeckel	6149
Referenzkreis *	2115	Scheibenfeder	6334
Referenzkreis am Kegelrad *	3123	Scheinbare Zähnezahl *	3119.2
Referenzkreisdurchmesser *	2116	Schlitzmutter	6256
Referenzprofil *	2181	Schmiermittel	6501
Referenzrad *	3171	Schmiernippel	6534
Referenzrad mit konstanter		Schmierrad	6507
Zahnhöhe *	3172	Schmierung	6500
Referenzteilung im Stirnschnitt *	2143	Schnecke	1325, 5064
Referenz-Zahnstange *	2182	Schneckenfräser *	2193
Referenzzylinder *	2111	Schneckengang *	4211
Referenzzylinder Flankenlinie *	2121	Schneckengetriebe	5026
Reversiergetriebe *	5053	Schneckengetriebe *	1327
Rillenkugellager	6414	Schneckenlänge	4215
Ring	6300	Schneckenplanetengetriebe	5030
Ring mit Außennuten *	6306	Schneckenrad	1326, 5065
Ring mit Schulter	6305	Schneckenradpaar *	1327
Ringmutter	6262	Schneckenradsatz	1327, 4000
Ringschmierung	6505	Schneckenradsatz *	1116
Ringschraube	6231	Schneckenradtrieb *	1327
Ritzel	1122	Schneckenstirnradgetriebe	5029
Ritzelwelle	5101	Schneckentrieb *	5026
Ritzelwelle *	1122	Schneckenwelle	5109
Rohr	6542	Schneckenzahn	4211
Rohrmutter	6252	Schneidende Wellen	6125.3
Rollenlager	6406	Schneidrad	2192
Rollkegel *	3113	Schnellaufendes Getriebe	5032
Rollkegelwinkel *	3122	Schnellaufendes Getriebe mit	
Rollkreis *	2115.1	Übersetzung ins Langsame *	5044
Rollkreis-Durchmesser *	2116.1	Schnellaufendes Getriebe mit	
Rollpunkt *	2233	Übersetzung ins Schnelle *	5046
Rollzylinder *	2112	Schnellaufendes	
Rollzylinder-Flankenlinie *	2122	Multipliziergetriebe *	5046
Rückenflanke *	1246	Schnellaufendes	
Rückenkegel	3115	Reduziergetriebe *	5044

Schnellaufendes Übersetzungsgetriebe	5044
Schnellaufendes Untersetzungsgetriebe	5044
Schnellaufende Welle	6104
Schnitt	6009
Schnittlinie mit Walzfläche *	1232
Schräg	6123.3
Schrägen-Überdeckung *	2239, 2247
Schrägkegelrad *	1263, 3173
Schrägkegelradpaar *	1263
Schrägkugellager	6416
Schrägstirnrad	1263
Schrägstirnradpaar	2214
Schrägstirnradpaar *	1263
Schrägungswinkel	1412
Schrägungswinkel am Teilzylinder	2124
Schrägungswinkel auf dem Grundzylinder *	2125
Schrägverzahnte Ritzelwelle	5103
Schrägzahn-Kegelrad	3173
Schrägzahn-Stirnrad *	1263
Schrägzylinderrad *	1263
Schrägzylinderradpaar *	1263, 2214
Schrauben	6201
Schraubenbolzen	6237
Schraubenlinie	1411
Schraubenlinie auf Mittenzylinder *	4214
Schraubenradpaar *	2215
Schraubgetriebe *	2215
Schraubradpaar *	1116
Schrittschaltgetriebe	5061
Schulter	6129
Schulterabstand *	3134
Schulterdistanz *	3134
Schulterfläche *	3133
Schulterkugellager	6431
Schutzhaube	6132
Schwungrad	6348
Sechskantmutter	6251.0
Sechskantmutter, normal	6251.1
Sechskant-Paßschraube	6204
Sechskantschraube	6202.0
Sechskantschraube mit Ansatzsspitze	6202.3
Sechskantschraube mit dünnem Schaft	6203
Sechskantschraube mit Zapfen	6202.2
Sechskantschraube, normal	6202.1
Seewasser	6054.5
Sehnenmaß im Teilkreis *	2161
Seitliche Achsenverschiebung *	1117.1
Senkniet	6339
Senkschraube *	6221
Senkschraube mit Innensechskant	6210
Senkschraube mit Kreuzschlitz	6216
Senkschraube mit Schlitz	6221
Senkschraube mit Schlitz (für Stahlkonstruktion)	6223
Service-Faktor	6042
Sicherungen	6270
Sicherungsblech	6278.0
Sicherungsblech mit 1 Lappen	6278.1
Sicherungsblech mit Innennase	6279.2
Sicherungsblech mit Nase	6279.1
Sicherungsblech mit 2 Lappen	6278.2
Sicherungsmutter	6263
Sicherungsring für Bohrungen	6291
Sicherungsring für Wellen	6290
Sicherungssscheibe für Wellen	6293
Sicherungsstift	6316
Siebe	6637
Sonnenrad	5066
Spannhülse	6315
Spannscheibe	6275
Sphärische Evolvente	1419
Sphärische Evolventenschraubenfläche	1422
Spiralkegelrad	3173.1
Spiralkegelradgetriebe *	5024
Spiralkegelradpaar *	1328
Spiralverzahnte Kegelritzelwelle	5107
Spiralverzahnung *	1268
Spiralwinkel	3176
Spiralzahnrad *	1263
Spitzenabstand zum Kegelkopfkreis *	3135.1
Spitzenabstand zur Bezugs-Stirnfläche *	3134
Spitzendrehmoment	6025
Spitzenentfernung *	3132
Spitzengrenze	2156.2
Splint	6311
Sprung	2247
Sprungüberdeckung	2239
Sprung-Überdeckungsgrad *	2236
Sprung-Überdeckungswälzkreisbogen	2236.1
Sprung-Überdeckungswinkel	2236
Stahlgehäuse *	5204.2
Standard-Modul *	1215.1
Standgetriebe *	5007
Staubig	6054.3
Steg	5210
Steg *	1129
Steigung *	1414, 4222
Steigungshöhe	1414, 4222
Steigungsrichtung *	1413.1
Steigungswinkel	1413
Steigungswinkel am Schrägstirnrad *	2126
Steigungswinkel am Teilzylinder	2126

D

21

Steigungswinkel auf dem		
Grundzylinder*	2127	
Steinschraube	6238	
Stellring	6302	
Stift	6310	
Stiftschraube	6236	
Stirn-Diameter Pitch*	2146	
Stirneingriffswinkel	2142	
Stirnfläche der Nabe*	3133	
Stirngrundteilung*	2178	
Stirngrundzahndicke*	2179	
Stirnlückenweite*	2148	
Stirnmodul	2145	
Stirnpressungswinkel*	2141	
Stirnprofil	1234	
Stirnprofil am Ergänzungskegel*	3118	
Stirnprofil am Rückenkegel	3118	
Stirnprofilwinkel	2141	
Stirnrad	1321, 5062	
Stirnradgetriebe	5020	
Stirnradgetriebe*	1323	
Stirnrad mit		
Doppelschrägverzahnung*	1266	
Stirnrad mit		
Evolventen-Verzahnung*	2174	
Stirnrad mit Geradverzahnung*	1261	
Stirnrad mit schrägen Zähnen*	1263	
Stirnrad mit Zykloidenverzahnung	2172	
Stirnradpaar	1323	
Stirnradpaar*	1114	
Stirnradsatz*	1323	
Stirnradtrieb*	1323	
Stirnschraubenradpaar*	2215	
Stirnschraubradpaar*	2215	
Stirnschraubradsatz*	2215	
Stirnteilung	2143	
Stirnzahndicke*	2147	
Stirn-Zahnlückenweite*	2148	
Stöpsel	6521	
Störung des Eingriffs*	1312	
Stöße	6050.0	
Stopfbuchse	6526	
Stoßrad*	2192	
Strangpressen	6616	
Stückzahl	6015	
Stützflansch	6342	
Stufenkeil	6331	
Summe der Teilkreis-Radien*	2253	
Symmetrie-Ebene*	4113	
Synchrongetriebe	5051	
Synchronisierring*	5129	
Synchronisiertes Getriebe*	5051	
Synchronring	5129	
Synthetikfett	6503.2	
Synthetiköl	6502.2	
Tangentialgeschwindigkeit	6035	
Tangentialkeil	6332	
Tatsächliche Zahnbreite*	3131.1	
Tauchschmierung	6504	
Tauchsieder	6573	
Teil ...	1143	
Teile	6100	
Teilfläche	1142	
Teilgerade*	2185	
Teilkegel	3111	
Teilkegellänge*	3132	
Teilkegelspitze	3112	
Teilkegelwinkel	3121	
Teilkreis	2115	
Teilkreisabstandsfaktor	2256	
Teilkreis am Kegelrad	3123	
Teilkreisdurchmesser	2116	
Teilkreisdurchmesser am		
Kegelrad	3124	
Teilkreisdurchmesser an		
Schneckenrädern		
für Zylinderschnecken*	4324	
Teilkreisdurchmesser an		
Zylinderschnecke*	4213	
Teilkreis-Radiussumme*	2253	
Teilkreisteilung*	2143	
Teilkreisverschiebungsfaktor*	2256	
Teilkreiszylinder*	2111	
Teilschraubenlinie*	2121	
Teilung	4220	
Teilung auf dem Grundkreis im		
Stirnschnitt*	2178	
Teilung auf der Teilgeraden		
des Werkzeuges*	2195	
Teilung auf Mittenkreis*	4325	
Teilung im Achsschnitt*	2129, 4223	
Teilung im Stirnschnitt*	2143	
Teilung in der Umfangsrichtung		
des Zahnes*	2143	
Teilungswinkel	2144	
Teilwinkel*	2144	
Teilzylinder	2111	
Teilzylinder an Schneckenrädern*	4212	
Teilzylinder-Flankenlinie	2121	
Teilzylinder-Schrägungswinkel*	2124	
Teilzylinder-Steigungswinkel*	2126	
Tellerrad*	1329	
Temperatur	6055.0	
Temperaturregler	6568	
Textilindustrie	6641	
Thermische Leistung	6021	
Thermometer	6567	
Thermostat*	6568	
Tiefe der Zahnlücke unter dem		
Teilkreis*	2133	
T-Nutenschraube	6207	

Tonnenlager	6423	Unterschnitt	1313
Tonverarbeitungsmaschine	6608	Untersetzung	1135
Torsionswelle	6115	Untersetzungsgetriebe	5034
Torus	4111		
Trabantenrad*	1128		
Transmissionswellen	6624	Ventil	6558
Treibende Flanke*	1245	Ventilator	6573
Treibendes Rad	1124	Ventilatoren	6617
Triebling*	1124	Verbindungsflansch*	6136
Triebstockrad	2173	Verbindungsstück	6547
Triebstocksatz	2173.1	Verbindungswelle	6118
Trocken	6054.1	Verbrennungsmotor	6046.0
Trockendockkrane	6614	Verdrehflankenspiel	2224, 4414
Trommeltrockner	6623	Verdrehspiel*	2224
Tropisch	6054.4	Verschiebbare Klauenkupplung	5125
Turbogetriebe (v > 40 m/s)*	5032	Verschraubbare Feder	6336
Turbomultipliziergetriebe*	5046	Verstärkte Welle	6117
Turboreduziergetriebe*	5044	Verstärkungsauge	6137
T-Verbindungsstück	6554	Verstärkungsrippe	5211
Typ*	6036	Vertiefung*	1212
Typenschild	6011	Vertikal	6123.2
		Vertikales Getriebe*	5010
		Vertikalgetriebe	5010
Überdeckung	2230	Verzahnung	1210, 5130
Überdeckungsgrad*	2230	Verzahnungs-Werkzeug*	2190
Überdruckventil	6560	Verzahnungs-Werkzeug-Modul*	2196
Überlaufrohr	6546	Verzahnwerkzeug	2190
Übersetzung	1132, 4411	V-Getriebe*	2252
Übersetzung ins Langsame	1135, 6027	Vierkantschraube	6205.0
Übersetzung ins Schnelle	1136, 6029	Vierkantschraube mit Bund	6205.2
Übersetzungsgetriebe	5045	Vierkantschraube mit Bund	
Übersetzungsverhältnis	6026	und Ansatzkuppe	6205.3
Übersetzungsverhältnis*	1132	Vierkantschraube mit Kernansatz	6205.1
Überströmventil	6561	Vierpunktlager	6418
Umdrehungsfläche*	1141	Virtuelles Ersatzstirnrad*	3119
Umfassungswinkel	4327.1	Virtuelles Geradzahn-Stirnrad*	3119
Umgebungsbedingungen*	6054.0	Virtuelles Stirnrad eines	
Umgebungstemperatur	6055.2	Kegelrades	3119
Umkehrrad*	1125.1	Virtuelle Zähnezahl	3119.2
Umkehrzahnrad*	1125.1	V-Null-Radpaar	2254
Umlaufarm*	1129	V-Null-Verzahnung*	2254
Umlaufgetriebe*	1119	Vollwelle	6107
Umlauf-Getriebezug*	1119	Vollzähnezahl	3119.1
Umlaufrad*	1128	Vorgeschaltetes Getriebe*	5036
Umlaufrädergetriebe*	1119	Vorschaltgetriebe	5036
Unbelastete Flanke*	1246	Vorwärtsflanke*	1245
Unechte Pfeilverzahnung*	1266	Vou-Null-Radpaar*	2254
Unterlegscheibe	6271.0	Vou-Radpaar*	2252
Unterlegscheibe mit Fase	6271.2	V-Rad	2189
Unterlegscheibe ohne Fase	6271.1	V-Radpaar*	2252
Unterlegscheibe, viereckig	6272.0	V-Radpaar mit negativer	
Unterlegscheibe viereckig für		Profilverschiebung	2255.1
I-Profil	6272.2	V-Radpaar mit positiver	
Unterlegscheibe viereckig für		Profilverschiebung	2255
U-Profil	6272.1	V-Verzahnung*	2252
Unterschneidung*	1313	V-Zahnrad*	2189

D

Wälz ...	1144
Wälzachse	1431
Wälzfläche	1141
Wälzflankenlinie*	2122
Wälzfräser	2193
Wälzkegel	3113
Wälzkegelwinkel	3122
Wälzkreis	2115.1
Wälzkreisdurchmesser	2116.1
Wälzkreiszylinder*	2112
Wälzlager	6401
Wälzlinie*	1431
Wälzpunkt	2233
Wälzschraubenlinie*	2122
Wälzwerkzeuge	2190.1
Wälzzylinder	2112
Wälzzylinder-Flankenlinie	2122
Wärmebehandlung	6150
Waggonkipper	6605
Wand	5209
Warmpressung	6119.2
Waschmaschinen	6622
Wechselrad	1111.2
Wechselstrommotor	6045.1
Wegschnitt*	1313
Welle	6101
Wellenende	6122
Wellenendenlänge	6006
Wellenrichtung	6124
Wellenstumpf*	6122
Wellenstumpflänge*	6006
Wellenversatz	6128.0
Wellenversatz axial*	6128.3
Wellenversatz radial*	6128.2
Wellenversatz winklig*	6128.1
Wendegetriebe	5053
Werkzeug-Diametral Pitch*	2197
Werkzeug-Eingriffswinkel	2194
Werkzeugmaschinen	6626
Werkzeug-Modul	2196
Werkzeug-Teilung	2195
Winden	6643
Winkelgeschwindigkeit	6034
Winkelgeschwindkeitsverhältnis*	1132
Winkelgetriebe	5022
Winkelgetriebe i = 1	5025
Winkelstirnrad*	1267
Winkeltrieb*	5022
Winkelverbindung	6552
Winkelverbindungsstück	6553
Winkliger Wellenversatz	6128.1
Wirkliche Zahnbreite am Kegelrad*	3131.1
Wirkungsgrad	6043
Wirkungslinie*	2231
X-Null-Rad*	2188
X-Null-Radpaar*	2251
X-Rad*	2189
X-Radpaar*	2252
Zähnezahlverhältnis	1131
Zahn	1211
Zahnbreite	2119, 4326
Zahnbreite am Kegelrad	3131
Zahndicke*	2147
Zahndicke am Grundzylinder im Normalschnitt	2179.1
Zahndicke am Grundzylinder im Stirnschnitt	2179
Zahndicke am Normalschnitt	2156
Zahndicke auf dem Teilkreis*	2156
Zahndicke im Sehnenmaß*	2161
Zahndicke im Stirnschnitt	2147
Zahndicken-Einstellwinkel des Werkzeuges	3191
Zahndicken-Halbwinkel am Kegelrad	3158
Zahndickensehne	2161
Zahndickensehne im Normalschnitt*	2161
Zahnflanke	1231
Zahnform-Korrektur	1314.2
Zahnformzahl*	4226
Zahnfußhöhe*	2133, 4229
Zahnfußhöhe am Kegelrad*	3144
Zahnfußhöhen	4340
Zahnfuß-Schwächung*	1313
Zahnfußwinkel am Kegelrad*	3145
Zahngrund*	1222.1
Zahngrunddurchmesser*	2118.1
Zahngrundkreis*	2117.1
Zahngrundspiel*	2223
Zahngrundspiel der Schnecke*	4413
Zahngrundspiel des Schneckenrades*	4413
Zahngrundzylinder*	2113.1
Zahnhöhe	2131, 4227, 4341
Zahnhöhe am Kegelrad	3141
Zahnhöhenwinkel	3146
Zahnhöhe über der konstanten Sehne*	2164
Zahnhöhe über der Sehne*	2162
Zahnhöhe über Teilkreis*	2132
Zahnkopfdicke	2156.1
Zahnkopfhöhe*	2132, 4228
Zahnkopfhöhe am Kegelrad*	3142
Zahnkopfhöhen	4340
Zahnkopfspiel*	4413
Zahnkopfwinkel am Kegelrad*	3143
Zahnkranz	1123.1, 5120

D

Zahnkranz, außenverzahnt	5121	
Zahnkranz, innenverzahnt	5122	
Zahnkranz, innen- und außenverzahnt	5123	
Zahnkranz, n-Teile*	5124	
Zahnkurve*	1233	
Zahnlücke	1212	
Zahnlückengrund	1222.1	
Zahnlücken-Halbwinkel am Kegelrad	3159	
Zahnlückentiefe*	2131	
Zahnlückenweite*	2148	
Zahnlückenweite auf dem Teilkreis*	2157	
Zahnlückenweite im Normalschnitt*	2157	
Zahnplatte*	2171	
Zahnprofil	1233	
Zahnprofil am Rückenkegel*	3118	
Zahnrad	1111	
Zahnrad aus Stahlguß oder Grauguß mit aufgeschrumpfter Bandage	5116	
Zahnradgetriebe	5000, 5001	
Zahnradgetriebe*	1113	
Zahnrad mit Evolventen-Verzahnung*	2174	
Zahnrad mit Profilverschiebung*	2189	
Zahnrad (oder Zahnritzel) aus legiertem Stahl	5114	
Zahnrad (oder Zahnritzel) aus Schmiedestahl oder Preßstahl	5112	
Zahnrad (oder Zahnritzel) aus Stahlguß oder Grauguß	5111	
Zahnrad (oder Zahnritzel) aus Walzstahl	5113	
Zahnrad ohne Profilverschiebung*	2188	
Zahnradpaar	1112	
Zahnradpaar mit Außenverzahnung*	1225	
Zahnradpaar mit Innenverzahnung*	1226	
Zahnradpaar mit sich kreuzenden Achsen*	1115	
Zahnradpaar mit Zykloidenverzahnung*	2172.1	
Zahnradpumpe	6539	
Zahnradsatz*	1112	
Zahnrädergetriebekette*	1113	
Zahnscheibe	6276.0	
Zahnscheibe, außenverzahnt	6276.1	
Zahnscheibe, innenverzahnt	6276.2	
Zahnscheibe, versenkt	6276.3	
Zahnschrägungswinkel*	1412	
Zahnsehne*	2161	
Zahnstärke*	2147	
Zahnstange	2171	
Zahnstangen-Getriebe*	2171.1	
Zahnstangensatz	2171.1	
Zahnstangenwerkzeug*	2191	
Zahntiefe*	2131, 4227	
Zahntiefe am Kegelrad*	3141	
Zahntiefe unter Teilkreis*	2133	
Zahnweite	2165	
Zapfenrad*	2173	
Zapfenradsatz*	2173.1	
Zapfenstirnrad*	2173	
Zeichnungs-Nr.	6008	
Zeichnungsnummer*	6008	
Zentrale*	2221	
Zentrales Ritzel*	1126	
Zentralrad (groß)*	1127	
Zentralrad (klein)*	1126	
Zentrierring	6303	
Zentrierstift	6317	
Zentrierung	6130.1	
Zentrierung mit Gewinde	6130.2	
Zuckerindustrie	6640	
Zuflußleitung (Öl, Fett)	6544	
Zuführschmierung	6506	
Zuführvorrichtungen	6618	
Zugflanke*	1245	
Zulaufeingriff*	2243	
Zweilochmutter	6257	
Zwei- oder Viertakt	6046.2	
Zweireihiges Kegelrollenlager	6426	
Zweireihiges Nadellager	6421	
Zweireihiges Rillenkugellager	6415	
Zweireihiges Schrägkugellager	6417	
Zweireihiges Zylinderrollenlager	6420	
Zweiseitig wirkendes Axial-Rillenkugellager	6428	
Zweistufiges Kammwalzgerüst	5055	
Zweistufiges Zahnradgetriebe	5003	
Zwischenrad	1125.1	
Zwischenraum*	1212	
Zwischenwelle	6106	
Zwischen-Zahnrad*	1125.1	
Zykloide	1415	
Zykloiden-Zahnrad	2172	
Zykloiden-Zahnradpaar	2172.1	
Zykloorthoide*	1418	
Zylinder-Gerad-Zahnrad*	1261	
Zylinderkopfschraube*	6218	
Zylinderkopfschraube mit Innensechskant*	6208	
Zylinderrad*	1321	
Zylinderradgetriebe*	5020	
Zylinderrad mit Doppelschrägverzahnung*	1266	

D

D

Zylinderrad mit	
Geradverzahnung*	1261
Zylinderrad mit schrägen	
Zähnen*	1263
Zylinderradpaar*	1323
Zylinderradtrieb*	1323
Zylinderrollenlager	6419
Zylinderschnecke	1325.1, 4121
Zylinderschneckengetriebe*	4123
Zylinderschneckenrad	4122
Zylinderschnecken-Radsatz	4123
Zylinderschraube*	6218
Zylinderschraube mit	
Innensechskant	6208

Zylinderschraube mit	
Innensechskant und niedrigem	
Kopf	6209
Zylinderschraube mit Schlitz	6218
Zylinderschraubenlinie*	1411
Zylinderschraubenradpaar	2215
Zylinderstift	6312
Zylinder-Zahnrad*	1321
Zylinderzahnrad mit schrägen	
Zähnen*	1263
Zylindrisches Radialgleitlager	6440.1
Zylindrische Schnecke*	4121
Zylindrisches Schraubenradpaar	2215

Prólogo

Las asociaciones profesionales de constructores europeos de engranajes y elementos de transmisión crearon en 1967, con el nombre de "Comisión Europea de Asociaciones de Fabricantes de Engranajes y Elementos de Transmisión", en abreviatura EUROTRANS, una Comisión que tiene por objetivos:

a) el estudio de los problemas económicos y técnicos comunes al sector;
b) la defensa de sus intereses comunitarios ante las organizaciones internacionales;
c) el fomento del sector a nivel internacional.

La Comisión constituye una asociación sin personalidad jurídica ni fines lucrativos.

Las asociaciones miembros de EUROTRANS son:

Fachgemeinschaft Antriebstechnik im VDMA
Lyoner Straße 18, D-6000 Frankfurt/Main 71,

Servicio Técnico Comercial de Constructores de Bienes de Equipo (SERCOBE) –
Grupo de Transmisión Mecánica
Jorge Juan, 47, E-Madrid-1,

SYNECOT – Syndicat National des Fabricants d'Engrenages et Constructeurs
d'Organes de Transmission
9, rue des Celtes, F-95100 Argenteuil,

FABRIMETAL – groupe 11/1 Section „Engrenages, appareils et organes de transmission"
21 rue des Drapiers, B-1050 Bruxelles,

BGMA – British Gear Manufacturers Association
P.O. Box 121, GB-Sheffield S 1 3 AF,

ASSIOT – Associazione Italiana Costruttori Organi di Trasmissione e Ingranaggi
Via Cadamosto 2, I-20129 Milano,

FME – Federatie Metaal-en Elektrotechnische Industrie
Postbus 190, NL-2700 AD Zoetermeer,

Sveriges Mekanförbund
Storgatan 19, S-11485 Stockholm,

Suomen Metalliteollisuuden Keskusliitto, Voimansiirtoryhmä
Eteläranta 10, SF-00130 Helsinki 13.

E

E

EUROTRANS se congratula al hallarse en condiciones de presentar con esta publicación el segundo tomo de un diccionario, integrado por cinco volúmenes, relativo a términos del engranaje y elementos de transmisión.

Este diccionario ha sido elaborado por un grupo de trabajo de EUROTRANS, con la colaboración de ingenieros y traductores en Alemania, España, Francia, Inglaterra, Italia, Paises Bajos, Bélgica, Suecia y Finlandia. Su finalidad es facilitar el intercambio de mutuas informaciones, en el terreno internacional, ofreciendo al mismo tiempo al personal de este sector en todos los paises, la posibilidad de conocerse y comprenderse.

Introducción

La presente obra se compone de:

ocho registros alfabéticos incluyendo sinónimos en los siguientos idiomas: alemán, español, francés, inglés, italiano, holandés, sueco y finlandés.

E

En el diccionario, junto a cada figura se encuentra su denominación en ocho idiomas. Cada linea comienza con un número de referencia.

Al buscarse, para una palabra determinada en uno de los ocho idiomas, el término correspondiente en una de las siete restantes lenguas, sólo habrá que averiguar el número de referencia en el indice y se encontrará gracias al citado número, el término traducido a los diferentes idiomas, en el diccionario.

El mismo procedimiento se aplica para los sinónimos, los cuales están señalados con un asterisco. Caso de llevar una palabra en el diccionario varios números, ello significa que se traduce, de acuerdo con el contexto, con diferentes términos.

Ejemplo: "Caja de velocidades"

Se busca la palabra en el índice. El término va seguido del n° 5047.

Entonces se busca en el diccionario en n° 5047, junto al que se encuentra el dibujo seguido del término tipo traducido en los siguientes idiomas:

Alemán   – Schaltgetriebe
Español   – Caja de velocidades
Francés   – Boîte de vitesses
Inglés   – Speed change gear unit
Italiano – Cambio di velocità
Holandés – Schakeltandwielkast
Sueco   – Omläggbar växel
Finlandés – Monivälityksinen hammasvaihde

Los términos númerados del 1111 al 4414 se encuentran en Tomo 1 "Engranajes".

Indice alfabético de términos, incluyendo sinónimos

Sinónimos = *

E

Aceite	6502.0
Aceite mineral	6502.1
Aceite sintético	6502.2
Acoplamiento dentado	5127
Acuerdo de fondo del diente	1254
Agitadores	6601
Aireador	6563
Alineación	6127
Altura de cabeza	2132, 4340
Altura de cabeza (referida a la circunferencia de funcionamiento)	4342
Altura de cabeza del diente	3142
Altura de cabeza del diente sobre cuerda	2162
Altura de cabeza del diente sobre cuerda constante	2164
Altura de cabeza del filete	4228
Altura de diente	4341
Altura del diente	2131
Altura del diente de la rueda cónica	3141
Altura del eje	6004
Altura del filete	4227
Altura de pie	2133
Altura de pie (referida a la circunferencia primitiva)	4344
Altura de pie de filete	4229
Altura útil	2222
Altura útil H′	4412
Ambiente de trabajo	6054.0
Seco	6054.1
Húmedo	6054.2
Polvoriento	6054.3
Tropical	6054.4
Marino	6054.5
Anchura de la rueda	4326.1
Angular	2128.1
Angulo de altura del diente	3146
Angulo de anchura	4327.1
Angulo de cabeza	3125
Angulo de cabeza de diente	3143
Angulo de cabeza de la herramienta	3191
Angulo de contacto aparente	2235
Angulo de ejes	1118
Angulo de espiral	3176
Angulo de hélice	1412
Angulo de hélice base	2125

Angulo de hélice primitiva	2124
Angulo de inclinación	1413
Angulo de inclinación base	2127
Angulo de inclinación primitivo	2126
Angulo de pie	3125.1
Angulo de pie de diente	3144
Angulo de pie del diente	3145
Angulo de presión	2142, 2152
Angulo de presión aparente en un punto	2141
Angulo de presión de la herramienta	2194
Angulo de presión en un punto	2151
Angulo de recubrimiento	2236
Angulo efectivo de anchura	4327
Angulo exterior de espiral	3176.1
Angulo medio de espiral	3176.2
Angulo primitivo de funcionamiento	3122
Angulo total de contacto	2234
Anillo	6300
Anillo de apoyo	6305
Anillo de centraje	6303
Anillo de fieltro	6525
Anillo de reglaje	6307
Anillo de retención circular	6292
Anillo de sincronización	5129
Anillo de tope	6302
Anillo distanciador	6301
Anillo elástico para agujeros	6291
Anillo elástico para ejes	6290
Anillo estriado	6306
Antirretroceso	6347
Aplicaciones	6600
Arandela	6271.0
Arandela achaflanada	6271.2
Arandela cuadrada en cuña	6272.0
Arandela cuadrada en cuña perfil en I	6272.2
Arandela cuadrada en cuña perfil en U	6272.1
Arandela de abanico	6277.0
Arandela de abanico dentado exterior	6277.1
Arandela de abanico dentado interior	6277.2
Arandela de abanico embutida y dentada	6277.3
Arandela de platillo	6275

Arandela de seguridad	6278.0	Caja de velocidades	5047
Arandela de seguridad	6279.0	Caja de velocidades con cambio	
Arandela de seguridad con dos		automático	5052
aletas	6278.2	Caja de velocidades con cambio	
Arandela de seguridad con		en marcha	5050
pestaña exterior	6279.1	Caja de velocidades con cambio	
Arandela de seguridad con		en paro	5049
pestaña interior	6279.2	Caja de velocidades de n trenes	
Arandela de seguridad con una		de engranajes	5048
aleta	6278.1	Caja de velocidades sincronizadas	5051
Arandela de seguridad para ejes	6293	Caja puente	5057
Arandela elástica dentada	6276.0	Cara de referencia de la rueda	
Arandela elástica dentada exterior	6276.1	cónica	3133
Arandela elástica dentada interior	6276.2	Calado en caliente	6119.2
Arandela elástica embutida y		Calado en frio	6119.1
dentada	6276.3	Calado hidraúlico	6119.3
Arandela embutida de seguridad	6263	Calentador de inmersión	6573
Arandela plana	6271.1	Cambio de sección	6129
Arandela resorte	6273.0	Cambio de velocidades	5125
Arandela resorte	6274.0	Cantidad	6015
Arandela resorte con anillo de		Cantidad de aceite	6517
seguridad	6273.3	Características	6000
Arandela resorte curvada	6274.1	Cara de fijación (mecanizada o	
Arandela resorte ondulada	6273.2	en bruto)	6139
Arandela resorte ondulada	6274.2	Carbonitruración	6154
Arandela resorte plana (grower)	6273.1	Cargadoras (apiladoras)	6639
Arandelas	6270	Carril tensor motor	6133
Arco de contacto aparente	2235.1	Cárter	5201
Arco de recubrimiento	2236.1	Cárter alargado	5203
Arco total de contacto	2234.1	Cárter con aletas	5205
Arista de cabeza de diente	1222.2	Cárter con depósito de aceite	5208
Asiento interior	5210	Cárter de fundición	5204.1
Axial	6128,3	Cárter en acero moldeado	5204.2
		Cárter en aleación ligera	5204.4
		Cárter en chapa soldada	4204.3
Bancada	6140	Cárter en plástico	5204.5
Base	6138	Cárter inferior	5206.3
Bloque de cimentación	6141	Cárter intermedio	5206.2
Bomba centrífuga	6536	Cárter monobloc	5202
Bomba de aceite	6535	Cárter superior	5206.1
Bomba de engranajes	6539	Casquillo	6318
Bomba de paletas	6538	Casquillo con valona	6319
Bomba de pistones	6537	Casquillo extriado	6320
Bombas	6634	Casquillo roscado	6321
Bombeado longitudinal	1316	Casquillos de cojinete	6436
Brazo de reacción	6349	Cementación	6152
Brida	6340	Cervecerías y destilerías	6603
Brida de apoyo	6342	Chaveta	6330.0
Brida de motor	6341	Chaveta con cabeza	6333
		Chaveta cónica	6330.2
		Chaveta de media-luna	6334
Cabrestantes de elevación	6643	Chaveta escalonada	6331
Caja de piñones	5054	Chaveta para atornillar	6336
Caja de piñones dúo	5055	Chaveta paralela	6330.1
Caja de piñones trio	5056	Chaveta regulable de media caña	6335
Caja de rodamiento	6438	Chaveta tangencial	6332

E

Chavetero	6337	Cojinete liso radial de lóbulos	6440.2
Choques importantes	6050.3	Cojinete liso de patines	
Choques moderados	6050.2	radiales oscilantes	6440.3
Choques uniformes	6050.1	Colector de aceite	6532
Ciclóide	1415	Componentes	6100
Cilindro base	2176	Componentes externos	5200
Cilindro de cabeza	2113	Componentes internos	5100
Cilindro de pie de diente	2113.1	Compresores	6609
Cilindro exterior	4314	Concurrentes	6125.3
Cilindro primitivo	4212	Cono complementario	3115
Cilindro primitivo de		Cono complementario interior	3116
funcionamiento	2112	Cono complementario medio	3116.1
Cilindro primitivo de referencia	2111	Cono de cabeza de diente	3114
Circlip*	6290, 6291	Cono de fondo de diente	3114.1
Círculo de punta	2156.2	Cono primitivo de funcion	
Circunferencia base	2175	amiento	3113
Circunferencia de cabeza	2117, 4318	Cono primitivo de referencia	3111, 3121
Circunferencia de cabeza		Cono primitivo de referencia	
de la rueda cónica	3126	de la rueda cónica	3123
Circunferencia de pie	4319	Contacto de entrada	2243
Circunferencia de pie de diente	2717.1	Contacto de salida	2244
Circunferencia de pie de la		Contorno exterior	5209
rueda cónica	3126.1	Contrario agujas reloj	2126.2
Circunferencia generatriz del toro	4112	Contratuerca	6264
Circunferencia interior del toro	4115	Corona	1123.1
Circunferencia media del toro	4114	Corona compuesta de n	
Circunferencia primitiva		segmentos	5124
de funcionamiento	2115.1	Corona dentada	5067
Circunferencia primitiva de		Corona dentada	5120
referencia	2115	Corona dentada exterior	5121
Clarificadores	6606	Corona dentada exterior e interior	5123
Clasificadores	6607	Corona dentada interior	5122
Clavija de rotura	6316	Corona interior	1127
Coaxial	6125.1	Corrección de perfil	1314.2, 2186
Cociente diametral	4226	Corredera	5126
Coeficiente de corrección	2187	Cremallera	2171
Coeficiente de modificación de		Cremallera generatriz	2183
la distancia entre centros	2256	Cremallera de referencia	2182
Coeficiente de recubrimiento	2239	Cruzados	6125.4
Cojinete	6400	Cuerda constante	2163
Cojinete de deslizamiento	6404	Cuerda normal	2161
Cojinete de empuje axial	6439.0		
Cojinete de empuje axial con			
patines fijos	6439.1	Deflector de aceite	6513
Cojinete de empuje axial con		Dentado	1210
patines oscilantes	6439.2	Dentado afeitado	5139
Cojinete liso hidrodinámico	6441	Dentado en bruto de fundición	5136
Cojinete liso hidrostático	6442.0	Dentado continuo chevrón	1267
Cojinete liso hidrostático con		Dentado a derecha	1264
presión de aceite	6442.1	Dentado doble – helicoidal	1266
Cojinete liso hidrostático con		Dentado de espiral	1268
presión de aire	6442.2	Dentado forjado	5135
Cojinete liso magnético		Dentado a izquierda	1265
(sin contacto)	6443	Dentado lapeado	5140
Cojinete liso radial	6440.0	Dentado rectificado	5138
Cojinete liso radial cilíndrico	6440.1	Dentado rodado	5137

Dentado de sierra	6114	Dragas	6613
Dentado tallado	5130	Duración de vida	6053
Dentado tallado con fresa madre	5131		
Dentado tallado con peine o cremallera	5132	Eje	6101
		Eje brida	6116
Dentado tallado con útil o fresa de forma	5134	Eje de entrada	6102
		Eje instantáneo de rotación	1431
Dentado tallado con útil piñón	5133	Eje de manivela	6120
Depósito de aceite	6514	Eje dentado de sierra	6113
Desalineación	6128.0	Eje de salida	6103
Angular	6128.1	Eje de torsión	6115
Radial	6128.2	Eje de unión	6118
Axial	6128.3	Eje estriado	6109
Despulla de cabeza	1314	Eje estriado cónico	6112
Despulla de pie	1414.1	Eje estriado helicoidal	6111
Despulla del extremo	1317	Eje estradio recto	6110
Diafragma	6566	Eje excéntrico	6121
Diámetro base	2177	Eje hueco	6108
Diámetro de cabeza	2118, 4322	Eje intermedio	6106
Diámetro de fondo de la rueda cónica	3127.1	Eje lento	6105
		Eje macizo	6107
Diámetro de pie de la rueda cónica	3127	Eje rápido	6104
		Eje reforzado	6117
Diámetro de pie	2118, 4323	Eje satélite	5108
Diámetro exterior	4321	Ejes de transmisión	6624
Diámetro primitivo	4213, 4323	Elevadores	6615
Diámetro primitivo de funcionamiento	2116.1	Empujadoras de lingotes	6638
		Engranaje	1112
Diámetro primitivo de referencia	2116	Engranaje cero	2251
Diámetro primitivo de referencia de la rueda cónica	3124	Engranaje cicloidal	2172.1
		Engranaje cilíndrico	1323
Diente	1211	Engranaje cilíndrico helicoidal para ejes cruzados	2215
Difusor de aceite	6512		
Dimensiones	6001	Engranaje cilíndrico recto	2213
Dimensiones en planta. 1 × b (en mm)	6002	Engranaje cónico	1324
Dimensiones totales 1 × b × h (en mm)	6003	Engranaje corregido con desplazamiento positivo de la distancia entre ejes	2255
Disposición de los ejes	6125.0	Engranaje corregido con desplazamiento negativo de la distance entre ejes	2255.1
Coaxiales	6125.1		
Concurrentes	6125.3		
Cruzados	6125.4	Engranaje corregido con distancia nominal entre ejes	2254
Paralelos	6125.2		
Distancia de la circunferencia de cabeza al vértice	3135.1	Engranaje corregido	2252
		Engranaje de cremallera	2171.1
Distancia entre ejes	6005	Engranaje de ejes concurrentes	1115
Distancia de referencia de la circunferencia de cabeza	3135	Engranaje de ejes paralelos	1114
		Engranaje de linterna	2173.1
Distancia de referencia del vértice de la rueda cónica	3134	Engranaje de tornillo sinfín	1327, 4000
		Engranaje de tornillo sinfín cilíndrico	4123
Distancia entre ejes	1117		
Distancia nominal entre centros	2253	Engranaje de tornillo sinfín globoidal	4126
Distribuidor de aceite	6511		
Distribuidores (Alimentadores)	6618	Engranaje elíptico	1259
Dos o cuatro tiempos	6046.2	Engranaje exterior	1225

E

Engranaje hipoidal	1116	Forma de flancos K (Tornillo	
Engranaje hipoide	1328	sinfín ZK)	4233
Engranaje interior	1226	Forma de flanco N (Tornillo	
Engranaje multiplicador	1134	sinfín ZN)	4232
Engranaje reductor	1133	Fresa madre	2193
Engrasador a grasa Stauffer	6533	Función de evolvente	1418.1
Engrasador de bola	6534	Fundación	6131
Escala	6007		
Espárrago	6236	Generadores	6620
Espárrago con doble garanta,		Grasa	6503.0
doble filete y tetón	6237	Grasa mineral	6503.1
Espárrago filetado	6234	Grasa sintética	6503.2
Espárrago para soldar	6235	Grifo	6557
Epicicloide	1416	Grifo de vaciado	6556
Espesor aparente	2147	Grower	6273
Espesor normal	2156	Gruas	6611
Espesor normal de cabeza de		Gruas de dique seco	6614
diente	2156.1		
Espesor base aparente	2179	Hacia abajo	6124.2
Espesor base normal	2179.1	Hacia arriba	6124.1
Estaciones depuradoras	6636	Hacia la derecha	6124.3
Evolvente de círculo	1418	Hacia la izquierda	6124.4
Evolvente esférica	1419	Hélice	1411
Evolvente esférica helicoidal	1422	Hélice base	2123
Evolvente helicoidal	1421	Hélice primitiva	4214
Excentricidad de las lineas		Hélice primitiva de funcionamiento	2122
de flancos	3174	Hélice primitiva de referencia	2121
Extremo de eje	6122	Herramienta circular	2192
		Herramienta de cremallera	2191
Fábricas de papel	6631	Herramienta de tallar	2190
Factor de aplicación	6041	Herramienta de tallar por	
Factor de servicio	6042	generación	2190.1
Fijaciones	6200	Hipocicloide	1417
Filete	4211	Holgura de fondo	2223
Filtro de aceite	6515.0	Holgura de fondo de diente	4413
Filtro de aceite de cartucho	6515.1	Horizontal	6123.1
Filtro de aceite magnético	6515.2	Horquilla de mando	5128
Filtro de aceite de láminas	6513.3	Hueco entre dientes	1212
Filtros (Cribas)	6637	Húmedo	6054.2
Flanco	1231	Husillo sinfin	5109
Flanco activo	1252		
Flancos conjugados	1241	Inclinado	6123.3
Flanco de cabeza	1251	Indicador de circulación	
Flanco derecho	1242	de líquido	6562
Flanco de pie	1251.1	Industrias alimentarias	6619
Flancos de trabajo	1245	Industria azucarera	6640
Flancos homólogos	1243	Industria de la madera	6625
Flanco izquierdo	1242.1	Industria del caucho	6635
Flancos opuestos	1244	Industria de plásticos	6632
Flancos posteriores	1246	Industria metalúrgica	6627
Flanco útil	1253	Industria petrolífera	6630
Forma de flancos A (Tornillo		Industria textil	6641
sinfín ZA)	4231	Interferencia de engrane	1312
Forma de flancos I (Tornillo		Interferencia de tallado	1313
sinfín ZI)	4234		

E

Intérvalo aparente	2148	Máquina motriz	6044
Intérvalo normal	2157	Maquinaria para ladrillería	6608
Inversor de marcha	5053	Máquinas de extrusión	6616
		Máquinas de rellenar latas de conserva	6604
Juego aparente entre dientes	2224	Máquinas-herramienta	6626
Juego de circunferencia primitiva	4414	Máquinas industriales de lavar	6622
		Marino	6054.5
Juego normal entre dientes	2225	Masa	6039
Junta	6531.0	Medida entre diente	2165
Junta de caucho	6531.3	Método de montaje	6119.0
Junta de estanquidad	6524	Calado en frio	6119.1
Junta de estanquidad axial	6528	Calado en caliente	6119.2
Junta de papel	6531.1	Calado hidráulico	6119.3
Junta de plástico	6531.2	Mezcladores	6629
Junta laberíntica	6529	Modo de funcionamiento	6050.0
Junta líquida	6531.4	Choques uniformes	6050.1
Junta tórica	6530	Choques moderados	6050.2
		Choques importantes	6050.3
		Módulo	1214
Limitador de par	6344	Módulo aparente	1214.1, 2145
Limitador de sobre-velocidad	6345	Módulo axial	4224
Linea de acción	2231	Módulo de la herramienta	2196
Linea de centros	2221	Módulo normal	1214.2, 2154
Linea de engrane	2232	Molinos rotativos	6628
Linea de flanco	2232	Montaje monobloc de varios reductores	5031
Linea de referencia	2185		
Lineas y superficies tóricas	4110	Motor de combustión interna	6046.0
Lista de piezas de recambio	6013	Número de cilindros	6046.1
Longitud de engrane	2242	Dos o cuatro tiempos	6046.2
Longitud de entrada	2245	Motor eléctrico	6045.0
Lóngitud extremo del eje	6006	Motor eléctrico corriente alterna	6045.1
Longitud de recubrimiento	2247	Motor eléctrico corriente continua	6045.2
Longitud de salida	2246	Motor hidráulico	6047.0
Longitud de la generatriz de cabeza	3132	Motor hidráulico de engranajes	6047.1
		Motor hidráulico de pistones axiales	6047.3
Longitud de la generatriz media	3132.2		
Longitud de la generatriz de pie	3132.1	Motor hidráulico de pistones radiales	6047.2
Longitud del diente	2119		
Longitud del diente de la rueda cónica	3131	Motor neumático	6048.0
		Motor neumático de engranajes	6048.1
Longitud del tornillo sinfín	4215	Motor neumático de pistones	6048.3
Longitud efectiva del diente	2119.1, 4326	Motor neumático centrífugo	6048.2
Longitud efectiva de diente de la rueda cónica	3131.1	Motorreductor	5040
		Motorreductor	5041
Lubricación	6500	Motorreductor de brida	5043
Lubricación ayudada	6506	Motorreductor de patas	5042
Lubricación forzada	6509	Multiplicador de alta velocidad	5046
Lubricación por anillo de aceite	6505	Multiplicador de velocidad	5045
Lubricación por barboteo	6504		
Lubricación por inyección	6510		
Lubricante	6501	Nervios de refuerzo	5211
		Nitruración	6153
		Nivel de aceite	6516
Manómetro	6564	Núcleo	5119
Máquina accionada	6049	Número de arranques por hora	6051

E

Número de cilindros	6046.1	Piezas de recambio	6012
Número de entradas	4211.1	Piñón	1122
Número de fabricación	6038	Piñón de cadena	1331.1
Número de la pieza de recambio	6014	Piñón hipoide	1330
Número del plano	6008	Piñón múltiple	5110
Número real de dientes	3119.1	Piñón satélite	1128, 5068
Número de revoluciones		Piñón-eje	5101
por segundo (r.p.s.),		Piñón-eje con dentado doble	
por minuto (r.p.m.)	6031	helicoidal	5104
Número virtual de dientes	3119.2	Piñón-eje con dentado helicoidal	5103
		Piñón-eje con dentado recto	5102
		Piñón-eje cónico	5105
Orientación de los ejes	6123.0	Piñón-eje cónico con dentado	
Horizontal	6123.1	espiral	5107
Vertical	6123.2	Piñón-eje cónico con dentado	
Inclinado	6123.3	recto	5106
		Pitón roscado	6225
		Placa de características	6011
Palanca de mando	6343	Placa de instrucciones	6056
Par	6022	Placa de retención de grasa	6541
Paralelos	6125.2	Plano de acción	2241
Par de punta	6025	Plano de referencia	2184
Par nominal sobre el eje de		Plano medio	4311
entrada	6023	Plano medio del toro	4113
Par nominal sobre el eje de salida	6024	Plano de unión	6135
Pasador	6310	Polvoriento	6054.3
Pasador cilíndrico	6312	Portasatélites	1129
Pasador cónico	6313	Posición de los ejes	6124.0
Pasador de aletas	6311	Hacia abajo	6124.2
Pasador de centraje	6317	Hacia arriba	6124.1
Pasador elástico	6315	Hacia la derecha	6124.3
Pasador estriado	6314	Hacia la izquierda	6124.4
Paso	4220		
Paso angular	2144		
Paso aparente	2143	Potencia	6016
Paso axial	2129, 4223, 4325	Potencia absorbida	6020
Paso base aparente	2178	Potencia calorífica *	6021
Paso base normal	2178.1	Potencia del motor	6017
Paso circunferencial	1214.4	Potencia nominal a la entrada	6018
Paso de hélice	1414	Potencia nominal a la salida	6019
Paso diametral	1214.3	Potencia térmica	6021
Paso diametral aparente	2146	Prensaestopas	6526
Paso diametral normal	2155	Prensas de imprimir	6633
Paso diametral de la herramienta	2197	Presostato	6565
Paso helicoidal	4222	Protección	6132
Paso nominal de la herramienta	2195	Protector de aceite	6540
Paso normal	2153	Puente diferencial	5059
Perfil aparente	1234, 3118	Punto de centrado	6130.1
Perfil axial	1236, 4221	Punto de centrado roscado	6130.2
Perfil del diente	1223	Punto de contacto	2231.1
Perfil del flanco	1233.1	Punto de rodadura	2233
Perfil de referencia	2181		
Perfil normal	1235		
Pernos de anclaje	6238	Racor *	6547
Peso	6040	Racor orientable	6555
Pestañas de unión	6136	Radial	6128.2

E

Radio de garganta	4328	Refrigerador de aire	6569.1
Rascador de aceite	6508	Refrigerador de agua	6569.2
Rebosadera*	6546	Refrigerador de aceite	6569.3
Reductor auxiliar	5039	Relación de contacto	2231
Reductor combinado	5015	Relación de contacto aparente	2238
Reductor con brida	5005	Relación de contacto total	2237
Reductor con n entradas	5012	Relación de engranaje	4411
Reductor con n salidas	5014	Relación de engranaje	1131
Reductor con patas	5006	Relación de multiplicación	1136, 6029
Reductor con placa base	5007	Relación de reducción	1135, 6027
Reductor con relación i = 1	5069	Relación de transmisión	1132, 6026
Reductor con una entrada	5011	Relación de transmisión i = 1	6028
Reductor con una salida	5013	Relación de transmisión múltiple	6030
Reductor de alta velocidad	5032	Remache de cabeza avellanada	6339
Reductor de alta velocidad	5044	Remache de cabeza redonda	6338
Reductor de dirección	5061	Rendimiento	6043
Reductor de dos etapas		Retén de grasa a labios	6527
de reducción	5003	Rodamiento	6401
Reductor de eje hueco	5033	Rodamiento axial	6403
Reductor de ejes coaxiales	5018	Rodamiento axial de agujas	6413
Reductor de ejes horizontales	5009	Rodamiento axial de bolas	6409
Reductor de ejes paralelos	5016	Rodamiento axial de bolas	
Reductor de ejes paralelos no		de doble efecto	6428
coaxial	5017	Rodamiento axial de bolas	
Reductor de ejes perpendiculares	5021	de simple efecto	6427
Reductor de ejes superpuestos	5010	Rodamiento axial de rodillos	6411
Reductor de engranajes	5001	Rodamiento axial de rodillos	
Reductor de engranajes cilíndricos	5020	a rótula	6430
Reductor de engranajes cilíndricos		Rodamiento axial de rodillos	
y cónicos	5028	cilíndricos	6429
Reductor de n etapas de		Rodamiento con dos hileras	
reducción	5004	de agujas	6421
Reductor de sinfín-globoidal	5027	Rodamiento con dos hileras	
Reductor de tornillo sinfín	5026	de rodillos cilíndricos	6420
Reductor de tornillo sinfín y		Rodamiento con una hilera	
engranaje cilíndrico	5029	de rodillos cilíndricos	6419
Reductor de tornillo sinfín y		Rodamiento de agujas	6407
engranaje planetario	5030	Rodamiento de bolas	6405
Reductor de una etapa de		Rodamiento de bolas con cuatro	
reducción	5002	puntos de contacto	6418
Reductor de velocidad	5034	Rodamiento de bolas de contacto	
Reductor diferencial	5058	angular	6431
Reductores	5000	Rodamiento de contacto angular	
Reductor flotante	5008	con dos hileras de bolas	6417
Reductor monoblac	5035	Rodamiento de contacto angular	
Reductor planetario	5019	con una hilera de bolas	6416
Reductor primario	5036	Rodamiento de rodillos	6406
Reductor principal	5038	Rodamiento de rodillos cónicos	6425
Reductor secundario	5037	Rodamiento doble de rodillos	
Reenvío en ángulo	5022	cónicos en oposición	6426
Reenvío en ángulo	5025	Rodamiento estanco	6437.0
Reenvío en ángulo cónico		Rodamiento estanco con dos	
de engranaje espiral	5024	placas de obturación	6437.2
Reenvío en ángulo de engranajes		Rodamiento estanco con una	
cónicos de dientes rectos	5023	placa de obturación	6437.1
Refrigerador	6569.0	Rodamiento fijo	6433

E

Rodamiento guia	6434	Rueda con núcleo de fundición o acero	
Rodamiento libre	6432	moldeado y llanta calada	5116
Rodamiento oscilante con dos hileras de rodillos	6424	Rueda octoide	3175
Rodamiento oscilante con una hilera de rodillos	6423	Rueda patrón	1111.1
		Rueda plana	3171
Rodamiento oscilante de bolas	6422	Rueda para sinfín cilíndrico	1326
Rodamiento radial	6402	Rueda solar	1126, 5066
Rodamiento radial de agujas	6412	Rueda para tornillo sinfín	5065
Rodamiento radial de bolas	6408	Rueda para tornillo sinfín cilíndrico	4122
Rodamiento radial de rodillos	6410		
Rodamiento rígido con dos hileras de bolas	6415	Rueda para tornillo sinfín globoidal	4125
Rodamiento rígido con una hilera de bolas	6414	Rueda para tornillo sinfín globoidal	1326.1
Rótula	6435		
Rueda	1123		
Rueda de acero soldado	5115	Saliente	6137
Rueda (o piñón) de acero aleado	5114	Secadoras centrífugas	6623
Rueda (o piñón) de acero forjado	5112	Sección	6009
Rueda (o piñón) de acero laminado	5113	Seco	6054.1
		Según agujas reloj	6126.1
Rueda (o piñón) de acero moldeado o hierro fundido	5111	Semi-ángulo de espesor	3158
		Semi-ángulo de intérvalo	3159
Rueda de cadena	1331	Semianillo	6304
Rueda cero	2188	Semicárter	5207
Rueda cicloidal	2172	Sentido de la hélice	1413.1
Rueda cilíndrica	1321, 5062	Sentido de rotación	6126.0
Rueda cilíndrica equivalente	3119	Según agujas reloj	6126.1
Rueda cilíndrica evolvente	2174	Contrario agujas reloj	6126.2
Rueda cilíndrica recta	1261	Separación de ejes	1117.1
Rueda conducida	1125	Serpentín calefactor	6572
Rueda cónica	1322, 5063	Serpentín refrigerador	6571
Rueda cónica en espiral	3173.1	Servo dirección	5060
Rueda cónica helicoidal	3173	Soplantes	6602
Rueda cónica recta	1262	Soporte de cojinete	6145
Rueda conjugada	1121	Soporte para motor-brida	6134
Rueda sin corrección	2188	Superficie de cabeza	1221, 4313
Rueda corregida	2189	Superficie de cabeza del diente	1221.1
Rueda dentada	1111	Superficie de fondo del diente	1222.1
Rueda dentada exterior	1223	Superficie de pie	1222
Rueda dentada interior	1223	Superficie primitiva de funcionamiento	1141, 1144
Rueda de engrase	6507		
Rueda frontal	3172	Superficie primitiva de referencia	1142, 1143
Rueda generatriz	1311		
Rueda helicoidal	1263		
Rueda hipoide	1329		
Rueda intermedia	1125.1	Tamaño	6037
Rueda inversora	1111.2	Tapa	6142
Rueda libre	6346	Tapa brida	6144
Rueda de linterna	2173	Tapa con engrasador	6146
Rueda con llante atornillada al núcleo	5118	Tapa de cojinete	6147
		Tapa de plástico	6148
Rueda motriz	1124	Tapa de registro	6149
Rueda con núcleo de acero soldado y llanta calada	5117	Tapa principal	6143
		Tapón	6521

E

Tapón de llenado	6522	Tornillo de cabeza gota de sebo	
Tapón de vaciado	6523	ranurada	6222
Temperatura	6055.0	Tornillo de cabeza moleteada	6233.0
Temperatura ambiente	6055.2	Tornillo de cabeza moleteada alta	6233.1
Temperature de funcionamiento	6055.1	Tornillo de cabeza moleteada	
Temple superficial	6151.0	plana	6233.2
Temple superficial a la llama	6151.1	Tornillo de cáncamo	6231
Temple superficial por inducción	6151.2	Tornillo de mariposa	6232
Temple total	6155	Tornillo de martillo	6206.0
Termómetro	6567	Tornillo de martillo, normal	6206.1
Termostato	6568	Tornillo de martillo con cuello	
Tiempo de funcionamiento diario	6052	cuadrado	6206.2
Tipo de aceite	6518	Tornillo de martillo con prisionero	6206.3
Tipo de aparato	6036	Tornillo prisionero sin cabeza con	
Tornillo acanalado en T	6207	exágono interior y punta cóncava	6211
Tornillo alomado con		Tornillo prisionero sin cabeza con	
mortaja cruzada	6217	exágono interior y punta cónica	6212
Tornillo alomado con ranura		Tornillo prisionero sin cabeza con	
longitudinal	6220	exágono interior y punta plana	6214
Tornillo avellanado con exágono		Tornillo prisionero sin cabeza con	
interior	6210	exágono interior y tetón cilíndrico	6213
Tornillo avellanado con ranura		Tornillo redondo con ranura	
longitudinal	6221	longitudinal	6219
Tornillo con ojo	6230	Tornillo sinfín	5064
Tornillo de cabeza Allen *	6208, 6209	Tornillo sinfín	1325
Tornillo de cabeza avellanada		Tornillo sinfín cilíndrico	1325.1, 4121
ranurada	6223	Tornillo sinfín globoidal	1325.2, 4124
Tornillo de cabeza avellanada		Tornillo sinfín globoidal	4124
con mortaja cruzada	6216	Tornillos	6201
Tornillo de cabeza baja cilíndrica		Tornillos de ajuste de cabeza	
con exágono interior	6209	exagonal	6204
Tornillo de cabeza cilíndrica con		Toro	4111
exágono interior	6208	Toro de cabeza de diente	4315
Tornillo de cabeza cilíndrica		Toro de pie de diente	4316, 4317
ranurada	6218	Toro de referencia	4312
Tornillo de cabeza cilíndrica		Transportadores	6610
ranurada y perforada en cruz	6224	Tratamiento térmico	6150
Tornillo de cabeza cuadrada	6205.0	Tren de engranajes	1113
Tornillo de cabeza cuadrada con		Tren planetario	1119
cuello corto	6205.1	Trituradoras	6612
Tornillo de cabeza cuadrada con		Trituradoras de martillos	6621
reborde	6205.2	Tropical	6054.4
Tornillo de cabeza cuadrada con		Tubería de rebose	6546
reborde y cuello corto con punta		Tubería de retorno (aceite)	6545
redonda	6205.3	Tubo	6542
Tornillo de cabeza exagonal	6202.0	Tubo de aspiración (aceite-grasa)	6544
Tornillo de cabeza exagonal,		Tubo flexible	6543
normal	6202.1	Tuerca	6250
Tornillo de cabeza exagonal con		Tuerca almenada	6254.0
cuello liso	6203	Tuerca almenada alta	6254.1
Tornillo de cabeza exagonal		Tuerca almenada delgada	6254.2
de cuello corto y punta cónica	6202.3	Tuerca amortajada	6256
Tornillo de cabeza exagonal		Tuerca cáncamo	6262
de cuello largo y tetón	6202.2	Tuerca cilíndrica con dos	
Tornillo de cabeza gota de sebo		taladros ciegos	6257
con mortaja cruzada	6215	Tuerca cilíndrica taladrada en cruz	6258

E

Tuerca cuadrada	6255	Unión macho-hembra de reducción	6548
Tuerca de sombrerete	6253.0	Unión recta*	6551
Tuerca de sombrerete alta	6253.1		
Tuerca de sombrerete baja	6253.2	Vaciado de fondo para el	
Tuerca de mariposa	6261	rectificado	1315
Tuerca exagonal	6251.0	Válvula	6558
Tuerca exagonal delgada	6251.2	Válvula by-pass	6561
Tuerca exagonal con autoseguro	6253.3	Válvula de retención	6559
Tuerca exagonal normal	6251.1	Válvula de sobre-presión	6560
Tuerca moleteada	6260.0	Varilla de nivel de aceite	6519
Tuerca moleteada alta	6260.1	Varilla roscada con chaflán	6226
Tuerca moleteada baja	6260.2	Varilla roscada con chaflán	
Tuerca para tubería	6252	cóncavo	6228
Tuerca ranurada	6259	Varilla roscada con tetón	6227
		Vehículos	6642
		Velocidad de entrada	6032
Unión	6547	Velocidad de salida	6033
Unión de reducción*	6550	Velocidad tangencial	6035
Unión de vaciado*	6556	Ventilador	6570
Unión doble hembra	6551	Ventiladores	6617
Unión doble macho	6549	Vertical	6123.2
Unión doble macho de reducción	6550	Vértice del cono primitivo	3112
Unión en T	6554	Visor de nivel de aceite	6520
Unión escuadra doble macho	6553	Vista	6010
Unión escuadra doble macho	6552	Volante	6348
Unión libre*	6555	Volcadores de vagones	6605

E

Préface

Les associations professionnelles des constructeurs européens d'engrenages et d'éléments de transmission ont fondé en 1967 un Comité dénommé. «Comité Européen des Associations de Constructeurs d'Engrenages et d'Eléments de Transmission», dit EUROTRANS.

Ce Comité a pour but:

a) d'étudier les problèmes économiques et techniques communs à leur profession;
b) de défendre leurs intérêts communautaires à l'égard des organisations internationales;
c) de promouvoir la profession sur le plan international.

Le Comité constitue une association de fait, sans personnalité juridique ni but lucratif.

Les associations membres d'EUROTRANS:

Fachgemeinschaft Antriebstechnik im VDMA
Lyoner Straße 18, D-6000 Frankfurt/Main 71,

Servicio Tecnico Comercial de Constructores de Bienes de Equipo (SERCOBE) – Grupo de Transmision Mecanica
Jorge Juan, 47, E-Madrid-1,

SYNECOT – Syndicat National des Fabricants d'Engrenages et Constructeurs d'Organes de Transmission
9, rue des Celtes, F-95100 Argenteuil,

FABRIMETAL – groupe 11/1 Section «Engrenages, appareils et organes de transmission»
21 rue des Drapiers, B-1050 Bruxelles,

BGMA – British Gear Manufacturers Association
P.O. Box 121, GB-Sheffield S 1 3 AF,

ASSIOT – Associazione Italiana Costruttori Organi di Trasmissione e Ingranaggi
Via Cadamosto 2, I-20129 Milano,

FME – Federatie Metaal-en Elektrotechnische Industrie
Postbus 190, NL-2700 AD Zoetermeer,

Sveriges Mekanförbund
Storgatan 19, S-11485 Stockholm,

Suomen Metalliteollisuuden Keskusliitto, Voimansiirtoryhmä
Eteläranta 10, SF-00130 Helsinki 13.

F

EUROTRANS est heureux de présenter avec cette publication le second dictionnaire d'un ouvrage en cinq volumes et huit langues, consacré aux termes d'engrenages et d'éléments de transmission.

Ce dictionnaire a été élaboré par un groupe de travail d'EUROTRANS en collaboration avec des ingénieurs et traducteurs d'Allemagne, d'Espagne, de France, d'Angleterre, d'Italie, des Pays-Bas, de Belgique, de Suède et de Finlande. Il contribuera à faciliter l'échange réciproque d'informations et permettra aux hommes de métier appelés à des tâches semblables dans leurs pays respectifs de mieux se comprendre, donc de mieux se connaître.

F

Introduction

Le présent ouvrage est composé de la manière suivante:

Huit tableaux alphabétiques complétés des synonymes dans les langues suivantes: allemande, espagnole, française, anglaise, néerlandaise, italienne, suédoise et finnoise.

Les dessins du glossaire précédent les termes normalisés dans les huit langues. Le numéro de code de chaque ensemble est inscrit en tête de la rubrique.

Connaissant un terme dans l'une des langues du glossaire, il suffit de consulter l'index de la langue de ce terme, de relever le numéro inscrit à la suite et de rechercher la ligne correspondante du tableau synoptique afin d'y trouver le dessin et le terme traduit dans les autres langues différentes.

Il arrive parfois que le terme cherché soit marqué d'un astérisque; cela signifie qu'il s'agit d'un synonyme.

Exemple: «Boîte de vitesses»

Dans l'index ce terme est marqué du numéro 5047 sous lequel on trouve dans le glossaire le dessin et le terme standardisé traduit en

allemand	– Schaltgetriebe
espagnol	– Caja de velocidades
français	– Boîte de vitesses
anglais	– Speed change gear unit
italien	– Cambio di velocità
néerlandaise	– Schakeltandwielkast
suédois	– Omläggbar växel
finnois	– Monivälityksinen hammasvaihde

Les termes numerotés de 1111 à 4414 se trouvent dans volume 1 «Engrenages».

F

Tableaux alphabétiques complétés des synonymes

Synonymes = *

Agitateur	6601	Anneaux de feutre	6525
Air réfrigérant	6569.1	Anneau de levage *	6231
Alignement	6127	Anneau de retenue circulaire	6292
Ambiance de fonctionnement	6054.0	Anti-dévireur	6347
Ambiance de fonctionnement		Applications	6600
humide	6054.2	Arbre	6101
Ambiance de fonctionnement		Arbre cannelé	6109
marine	6054.5	Arbre creux	6108
Ambiance de fonctionnement		Arbre dentelé	6113
poussiéreuse	6054.3	Arbre d'entrée	6102
Ambiance de fonctionnement		Arbre excentrique	6121
sèche	6054.1	Arbre grande vitesse	6104
Ambiance de fonctionnement		Arbre intermédiaire	6106
tropicale	6054.4	Arbre de liaison	6118
Angle des axes	1118	Arbre manivelle	6120
Angle de conduite apparent	2235	Arbre petite vitesse	6105
Angle de creux	3145	Arbre à plateau	6116
Angle d'hélice	1412	Arbre plein	6107
Angle d'hélice de base	2125	Arbre primaire	6102
Angle d'hélice primitive	2124	Arbre renforcé	6117
Angle de hauteur de dent	3146	Arbre de sortie	6103
Angle d'incidence apparent	2141	Arbre de torsion	6115
Angle d'incidence normal *	2151	Arbre de transmission	6624
Angle d'inclinaison	1413	Arc de conduite apparent	2235.1
Angle d'inclinaison de base	2127	Arc de recouvrement	2236.1
Angle d'inclinaison primitive	2126	Arc total de conduite	2234.1
Angle de largeur	4327.1	Axe instantané	1431
Angle de largeur effective	4327	Axe instantané de rotation *	1431
Angle nominal d'outil	2194	Axial	6128.3
Angle de pied	3125.1		
Angle de pression apparent	2142	Bac à graisse	6533
Angle de pression nominal *	2194	Bague	6300
Angle de pression normal *	2152	Bague d'ajustage	6307
Angle de pression réel	2152	Bague d'arrêt	6302
Angle primitif de fonctionnement	3122	Bague cannelée	6306
Angle primitif de référence	3121	Bague de centrage	6303
Angle de recouvrement	2236	Bague épaulée	6305
Angle de saillie	3143	Bague de synchronisation	5129
Angle de spirale	3176	Baladeur	5126
Angle de spirale extérieur	3176.1	Boitard (b)	6438
Angle de spirale moyen	3176.2	Boîte de vitesses	5047
Angle de tête	3125	Boîte de vitesses à changement	
Angle de tête d'outil	3191	à l'arrêt	5049
Angle de tête d'outil *	3173	Boîte de vitesses à changement	
Angle total de conduite	2234	automatique	5052
Angulaire	6128.1	Boîte de vitesses à changement	
Anneaux élastiques pour alésage *	6291	en marche	5050
Anneaux élastiques pour arbres *	6290	Boîte de vitesses à n rapports	5040

Boîte de vitesses synchronisées	5059	Carter avec ailettes	5205
Boitier de direction	5060	Carter en alliage léger	5204.4
Bombé longitudinal	1316	Carter compact	5202
Bossage	6137	Carter déployé	5203
Bouchon	6521	Carter en fonte	5204.1
Bouchon à graisse *	6533	Carter inférieur	5206.3
Bouchon de remplissage	6522	Carter intermédiaire	5206.2
Bouchon de vidange	6523	Carter en matière plastique	5204.5
Boudineuses	6616	Carter avec réservoir d'huile	5208
Boulon à oeil	6230	Carter supérieur	5206.1
Boulon de scellement	6238	Carter en tôle soudée	5204.3
Boulon en T de clamage	6207	Cémentation	6152
Boulon à tête en T	6206.0	Centrage	6130.1
Boulon à tête en T, normal	6206.1	Cercle de base	2175
Boulon à tête en T avec carré	6206.2	Cercle à fond de gorge	4318
Boulon à tête en T avec ergot		Cercle générateur du tore	4112
double	6206.3	Cercle intérieur du tore	4115
Bout d'arbre	6122	Cercle moyen du tore	4114
Braquette (a)	6348	Cercle de pied	4319
Bras de réaction	6349	Cercle de pied de la roue conique	3126
Brasseries	6603	Cercle de pied	2117.1
Bride	6340	Cercle de pointe	2156.2
Bride d'assemblage	6136	Cercle primitif de fonctionnement	2115.1
Bride de moteur	6341	Cercle primitif de référence	2115
Briqueteries	6608	Cercle primitif de référence de la	
Broyeurs *	6612	roue conique	3123
Broyeurs à marteaux	6621	Cercle de référence	4317
Broyeurs type rotatif	6628	Cercle de tête	2117
Buselure	6318	Cercle de tête de la roue conique	3126
Butée à aiguilles	6413	Chapeau de palier	6145
Butée axiale	6403	Chargeurs mécaniques	6639
Butée axiale à patins	6439.0	Châssis	1129
Butée axiale à patins fixes	6439.1	Châssis	6140
Butée axiale à patins oscillants	6439.2	Chocs importants	6050.3
Butée à billes	6409	Chocs modérés	6050.2
Butée à billes à double effet	6428	Circular Pitch	1214.4
Butée à billes à simple effet	6427	Clapet de décharge	6560
Butée hydrodynamique *	6441	Clapet de retenue	6559
Butée hydrostatique *	6442	Clavette	6330.0
Butée à rotule à rouleaux	6436	Clavette parallèle	6330.1
Butée à rouleaux	6411	Clavette inclinée	6330.2
Butée à rouleaux cylindriques	6429	Clavette articulée *	6335
By pass	6561	Clavette arrêtée *	6336
		Clavette demi-lune	6334
		Clavette disque *	6334
Cage à pignon	5054	Clavette étagée	6331
Cage à pignon duo	5055	Clavette réglable	6335
Cage à pignon trio	5056	Clavette à talon	6333
Canne de chauffage	6573	Clavette tangentielle	6332
Cannelures coniques	6112	Clavette à visser	6336
Cannelures en développante	6111	Clavette woodruff *	6334
Cannelures droites	6110	Cloison	5210
Caractéristiques	6000	Coaxial	6125.1
Carbonitruration	6154	Coefficient de modification	
Carter	5201	d'entraxe	2256
Carter en acier moulé	5204.2	Collecteur d'huile	6532

F

Composants	6100	Cylindre de pied	2113.1
Composants externes	5200	Cylindre primitif de	
Composants internes	5100	fonctionnement	2112
Compresseurs	6609	Cylindre primitif de référence	2111
Concasseurs	6612	Cylindre de référence	4212
Concourant	6125.3	Cylindre de tête	2113
Cône complémentaire extérieur	3115		
Cône complémentaire intérieur	3116		
Cône complémentaire moyen	3116.1	Décalé	6125.4
Cône de pied	3114.1	Déflecteur d'huile	6513
Cône primitif de fonctionnement	3113	Dégagement de pied	1315
Cône primitif de référence	3111	Demi angle de la roue conique	3158
Cône de tête	3114	Demi angle d'intervalle de la	
Contact d'approche	2243	roue conique	3159
Contact de retraite	2244	Demi-bague	6304
Contre écrou	6264	Demi-carter	5207
Convoyeurs*	6610	Dent	1211
Corde constante normale*	2163	Dentelures	6114
Corde constante réelle	2163	Denture	1210
Corde normale*	2161	Denture brute de fonderie	5136
Corde réelle	2161	Denture forgée	5135
Couple	6022	Denture rasée	5139
Couple nominal sur l'arbre		Denture rectifiée	5138
d'entrée	6023	Denture rodée	5140
Couple nominal sur l'arbre		Denture roulée	5137
de sortie	6024	Denture taillée	5130
Couple de pointe	6025	Denture taillée par fraise mère	5131
Courant alternatif	6045.1	Denture taillée par outil	
Courant continu	6045.2	crémaillère	5132
Couronne	5120	Denture taillée par outil de forme	5134
Couronne à denture extérieure	5121	Denture taillée par outil pignon	5133
Couronne à denture intérieure	5122	Désalignement	6128.0
Couronne à denture intérieure	1224	Déplacement de profil	2186
Couronne à denture intérieure		Déport	2187
et extérieure	5123	Dépouille d'extrémité	1317
Couronne en n parties	5124	Dépouille de pied	1314.1
Couvercle	6142	Dépouille de tête	1314
Couvercle à bride	6144	Désaxage	1117.1
Couvercle avec graisseur	6146	Deux ou quatre temps	6046.2
Couvercle de palier	6147	Développante de cercle	1418
Couvercle principal	6143	Développante sphérique	1419
Couvercle transparent	6148	Diamétral Pitch	1214.3
Crabot	5127	Diamétral Pitch apparent	2146
Crémaillère	2171	Diamétral Pitch d'outil	2197
Crémaillère génératrice	2183	Diamétral Pitch normal*	2155
Crémaillère de référence	2182	Diamétral Pitch reél	2155
Creux	4229	Diamètre de base	2177
Creux	2133	Diamètre extérieur	4321
Creux*	1251.1	Diamètre à fond de gorge	4322
Creux de référence	4344	Diamètre de pied	4323
Creux de la roue conique	3144	Diamètre de pied	2118.1
Cribles	6637	Angulaire*	6128.1
Culbuteurs de wagons	6605	Axial*	6128.3
Cycloïde	1415	Radial*	6128.2
Cylindre de base	2176	Diamètre de pied de la roue	
Cylindre extérieur	4314	conique	3127

F

Diamètre primitif de fonctionnement	2116.1	Ecrou crénaux	6254.0
Diamètre primitif de référence	2116	Ecrou crénaux haut	6254.1
Diamètre primitif de référence		Ecrou crénaux mince	6254.2
de la roue conique	3124	Ecrou crénelé*	6254.0
Diamètre de référence	4213	Ecrou cylindrique à deux trous sur une face	6257
Diamètre de référence	4324	Ecrou cylindrique moleté	6260.0
Diamètre de tête	2118	Ecrou cylindrique moleté, haut	6260.1
Diamètre de tête de la roue conique	3127	Ecrou cylindrique moleté, bas	6260.2
Diaphragme	6566	Ecrou cylindrique perforé en croix	6258
Différentiel	5058	Ecrou cylindrique à quatre encoches	6259
Diffuseur d'huile	6512	Ecrou cylindrique à rainure	6256
Dimensions	6001	Ecrou hexagonal	6251.0
Direction des arbres	6123.0	Ecrou hexagonal, normal	6251.1
Direction des arbres horizontale	6123.1	Ecrou hexagonal mince	6251.2
Direction des arbres oblique	6123.3	Ecrou de levage*	6262
Direction des arbres verticale	6123.2	Ecrou à oreilles	6261
Disposition des arbres	6125.0	Ecrou de sécurité embouti	6263
Disposition des arbres coaxiaux	6125.1	Ecrou pour tube	6252
Disposition des arbres concourants	6125.3	Elévateurs	6615
Disposition des arbres parallèles	6125.2	Emmanchement à chaud	6119.2
Disposition des arbres décalés	6125.4	Emmanchement à froid	6119.1
Distance d'axes*	1117	Emmanchement à pression d'huile	6119.3
Distance de la tête de référence de la roue conique	3135	Encombrement au sol	6002
Distance de tête (par rapport au sommet)	3135.1	Encombrement total	6003
Distilleries	6603	Engrenage	1112
Distributeur	6618	Engrenage à entraxe normal*	2254
Douille	6318	Engrenage concourant	1115
Douille cannelée	6320	Engrenage concourant*	1324
Douille épaulée	6319	Engrenage conique	1324
Douille vissée	6321	Engrenage conique gauche	1328
Dragues	6613	Engrenage corrigé avec augmentation d'entraxe	2255
Durée de fonctionnement par jour	6052	Engrenage à crémaillère	2171.1
Durée de vie	6053	Engrenage cycloïdal	2172.1
		Engrenage cylindrique	1323
Eau réfrigérante	6569.2	Engrenage cylindrique gauche	2215
Ecart angulaire	6128.1	Engrenage avec déport	2252
Ecart axial	6128.3	Engrenage sans déport	2251
Ecartement	2165	Engrenage elliptique	1259
Ecartement sur K dents*	2165	Engrenage à entraxe de référence	2254
Ecart radial	6128.2	Engrenage extérieur	1225
Echelle	6007	Engrenage à fuseau	2173.1
Ecran de protection d'huile	6540	Engrenage gauche	1116
Ecrou	6250	Engrenage gauche hélicoïdal*	2215
Ecrou d'ancrage	6255	Engrenage hypoïde*	1328
Ecrou à anneaux	6262	Engrenage intérieur	1226
Ecrou borgne	6253.0	Engrenage parallèle	1114
Ecrou borgne, haut	6253.1	Engrenage parallèle*	1323
Ecrou borgne, bas	6253.2	Engrenage parallèle à denture droite en développante	2213
Ecrou borgne de sécurité avec bague en nylon	6253.3	Engrenage parallèle à denture hélicoïdale	2214
		Engrenage ou train multiplicateur	1134
		Engrenage ou train réducteur	1133

F

Engrenage à vis	1327	Epaisseur apparente	2147
Engrenage à vis	4000	Epaisseur de base apparente	2179
Engrenage à vis cylindrique	4123	Epaisseur de base normale *	2179.1
Engrenage à vis globique	4126	Epaisseur normale *	2156
Engrenage à vis tangente *	4123	Epaisseur de base réelle	2179.1
Ensemble à arbre creux	5033	Epaisseur réelle	2156
Ensemble à arbres parallèles	5016	Epaisseur réelle de tête	2156.1
Ensemble à arbres parallèles	5017	Epaisseur de tête normale *	2156.1
Ensemble à arbres		Epaulement	6129
perpendiculaires	5021	Epicycloïde	1416
Ensemble coaxial	5018	Essoreuses	6623
Ensemble combiné	5015	Excentrement des lignes	
Ensemble cylindro-conique	5028	de flancs	3174
Ensemble à engrenages	5000	Extrudeuses	6616
Ensemble à engrenages			
(sous carter)	5002		
Ensemble à 1 engrenage		Fabrique de papier	6631
(sous carter)	5002	Face de référence de la roue	
Ensemble à 2 engrenages		conique	3133
(sous carter)	5003	Facteur d'application	6041
Ensemble à n engrenages		Facteur de service	6042
(sous carter)	5004	Filets	4211
Ensemble à engrenages		Filtre à huile	6515.0
cylindriques	5020	Filtre à huile à cartouche	6515.1
Ensemble à engrenages à 1		Filtre à huile à lamelles	6515.3
entrée	5011	Filtre à huile magnétique	6515.2
Ensemble à engrenages à n		Fixation	6200
entrées	5012	Flancs	1213
Ensemble à engrenages flasque		Flanc actif	1252
disque	5005	Flancs anti-homologues	1244
Ensemble à engrenages		Flancs arrières	1246
horizontal	5009	Flancs avants	1245
Ensemble à engrenages à pattes	5006	Flancs conjugués	1241
Ensemble à engrenages		Flancs de creux	1251.1
au rapport i = 1	5069	Flancs définis en profil axial	
Ensemble à engrenages à semelle	5007	(type ZA)	4231
Ensemble à engrenages à 1 sortie	5013	Flancs définis en profil normal	
Ensemble à engrenages à n sorties	5014	(type ZN)	4232
Ensemble à engrenages		Flancs de droite	1242.1
superposés	5010	Flancs engendrés par outil disque	
Ensemble flottant	5008	(type ZK)	4233
Ensemble grande vitesse	5032	Flancs de gauche	1242
Ensemble modulaire	5031	Flancs en hélicoïde développable	
Ensemble planétaire	5019	(type ZI)	4234
Ensemble à vis cylindrique	5026	Flancs homologues	1234
Ensemble à vis globique	5027	Flancs menants *	1245
Ensemble à vis sans fin		Flanc de pied *	1254
et engrenage cylindrique	5029	Flancs de raccord	1254
Ensemble à vis sans fin		Flancs retro *	1246
et engrenage planétaire	5030	Flancs de saillie	1251
Entraxe	6005	Flancs utilisables	1253
Entraxe	1117	Flasque d'appui	6342
Entraxe normal *	2253	Fonction développante	1318.1
Entraxe de référence	2253	Fonction involute *	1418.1
Entredent	1212	Fonctionnement	1144
Entretoise	6301	Fonctionnement	6050.0

F

Fonctionnement uniforme	6050.1	Industrie du bois	6625	
Fondation	6131	Industrie du caoutchouc	6635	
Fourchette de commande	5128	Industrie des matières plastiques	6632	
Fraise mère	2193	Industrie du pétrole	6630	
Frettage à chaud *	6119.2	Industrie sucrière	6640	
Frettage à froid *	6119.1	Industrie textile	6641	
		Interférence de taillage	1313	
		Intervalle apparent	2148	
Génératrices	6620	Intervalle normal *	2157	
Génératrice extérieure	3132	Intervalle réel	2157	
Génératrice intérieure	3132.1	Inverseur de marche	5053	
Génératrice moyenne	3132.2			
Gorge	4315			
Goujon	6236	Jauge de niveau d'huile	6519	
Goujon à deux gorges et à téton	6237	Jauge de température *	6567	
Goupille	6310	Jeu entre dents	2225	
Goupille cannelée	6314	Jeu primitif	2224	
Goupille de centrage	6317	Jeu primitif	4414	
Goupille conique	6313	Jeu à fond de dent *	2223	
Goupille cylindrique	6312	Joint	6531.0	
Goupille élastique	6315	Joint caoutchouc	6531.3	
Goupille fendue	6311	Joint liquide	6531.4	
Goupille de sécurité	6316	Joint papier	6531.1	
Graisse	6503	Joint plastique	6531.2	
Graisse minérale	6503.1	Joint d'étanchéité	6524	
Graisse synthétique	6503.2	Joint d'étanchéité axial	6528	
Graisseur à bille	6534	Joint labyrinthe	6529	
Graisseur Stauffer *	6533	Joint à lèvres	6527	
Grues	6611	Joint torique	6530	
Grues pour cales sèches	6614			
		Lanterne	6134	
Hauteur d'axe	6004	Largeur de denture	2119	
Hauteur de dent	4341	Largeur de denture de la roue		
Hauteur de dent	2131	conique	3131	
Hauteur de la dent de la roue		Largeur de denture effective		
conique	3141	de la roue conique	3131.1	
Hauteur de filet	4227	Largeur effective de denture	4326	
Hauteur de saillie *	2132	Largeur de la roue	4326.1	
Hauteur utile	4412	Levier de commande	6343	
Hauteur utile	2222	Ligne d'action	2231	
Hélice	1411	Ligne d'engrènement *	2231	
Hélice de base	2123	Ligne de centres	2221	
Hélice primitive de fonctionnement	2122	Ligne de conduite	2232	
Hélice primitive de référence	2121	Ligne de flanc	1232	
Hélice de référence	4214	Ligne de référence	2185	
Hélicoïde développable	1421	Limiteur d'effort	6344	
Hélicoïde développante sphérique	1421	Limiteur de survitesse	6345	
Huile	6502.0	Liste de pièces de rechange	6013	
Huile minérale	6502.1	Longueur d'action *	2242	
Huile réfrigérante	6569.3	Longueur d'action *	2232	
Huile synthétique	6502.2	Longueur d'approche	2245	
Hypocycloïde	1417	Longueur du bout d'arbre	6006	
		Longueur de conduite	2242	
Indicateur de circulation de liquide	6562	Longueur de conduite *	2232	
Industrie alimentaire	6619	Longueur de recouvrement	2247	

F

Longueur de retraite	2246	Moto-réducteur à pattes	5042
Longueur de vis	4215	Moyeu	5119
Lubrifiant	6501	Multiplicateur grande vitesse	5046
Lubrification	6500	Multiplicateur de vitesse	5045
Lubrification aménagée	6506		
Lubrification par bague	6505		
Lubrification par barbotage	6504	Nervure de renforcement	5211
Lubrification par injection	6510	Nitruration	6153
Lubrification sous pression	6509	Niveau d'huile	6516
		Nombre de ...	6011.5
		Nombre de cylindres	6046.1
Machine de clarification	6606	Nombre de démarrages par heure	6051
Machine entraînée	6049	Nombre de dents virtuel	3119.2
Machines à laver industrielles	6622	Nombre de filets	4211.1
Machines outils	6626	Nombre de pas *	4211.1
Machine à remplir les boîtes de		Nombre de tours à l'entrée	6032
conserve	6604	Nombre de tours à la sortie	6033
Machine de tri	6607	Nombre de tours par minute	6031
Mamelon	6548	Nombre de tours par seconde	6031
Mamelon double	6549	Numéro de fabrication	6038
Manchon	6436	Numéro de la pièce de rechange	6014
Manille *	6231	Numéro de plan	6008, 5778
Manomètre	6564		
Manostat *	6565		
Masse	6039	Orientation des arbres	6124.0
Mélangeurs	6629	Orientation des arbres vers le haut	6124.1
Méthode de montage	6119.0	Orientation des arbres vers le bas	6124.2
Mode de fonctionnement	6050.0	Orientation des arbres vers	
Module	1214	la droite	6124.3
Module apparent	2145	Orientation des arbres vers	
Module axial	4224	la gauche	6124.4
Module de fonctionnement	1214.1	Outil crémaillère	2191
Module normal *	2154	Outil de génération	2190.1
Module normalisé	1214.2	Outil pignon	2192
Module d'outil	2196		
Module réel	2154		
Moteur à combustion interne	6046.0	Palier	6400
Moteur courant alternatif	6045.1	Palier hydrodynamique	6441
Moteur courant continu	6045.2	Palier hydrostatique	6442.0
Moteur électrique	6045.0	Palier hydrostatique à pression	
Moteur d'entraînement	6044	d'air	6442.2
Moteur hydraulique	6047.0	Palier hydrostatique à pression	
Moteur hydraulique à engrenages	6047.1	d'huile	6442.1
Moteur hydraulique à pistons		Palier lisse	6404
axiaux	6047.3	Palier lisse radial	6440.0
Moteur hydraulique à pistons		Palier lisse radial cylindrique	6440.1
radiaux	6047.2	Palier lisse radial à lobes	6440.2
Moteur pneumatique	6048.0	Palier lisse radial à patins	
Moteur pneumatique centrifuge	6048.4	radiaux oscillants	6440.3
Moteur pneumatique à engrenages	6048.1	Palier magnétique (sans contact)	6443
Moteur pneumatique à palettes	6048.2	Palier à rotule	6435
Moteur pneumatique à pistons	6048.3	Palier à roulement	6401
Moteur réducteur	5041	Parallèle	6125.2
Moteur thermique	6046.0	Paroi	5209
Moto-réducteur	5040	Pas	4220
Moto-réducteur à bride	5043	Pas angulaire	2144

F

Pas apparent	2143	Pont moteur	5057
Pas de base normal *	2178.1	Porte de visite	6149
Pas de base réel	2178.1	Pousseurs de lingots	6638
Pas hélicoïdal	1414	Presse étoupe	6526
Pas hélicoïdal	4222	Presses à imprimer	6633
Pas nominal d'outil	2195	Pressostat	6565
Pas normal *	2153	Profil apparent	3118
Pas réel	2153	Profil apparent	1234
Pas de référence	4325	Profil axial	1236
Période d'approche *	2243	Profil axial	4221
Période de retraite *	2244	Profil bombé	1314.2
Pièce de rechange	6012	Profil de dent	1233
Pied de centrage *	6317	Profil de flanc	1233.1
Pignon	1122	Profil normal *	1235
Pignon en acier allié	5114	Profil réel	1235
Pignon en acier ou fonte moulé	5111	Profondeur de creux *	2133
Pignon en acier forgé ou estampé	5112	Protection	6132
Pignon en acier laminé	5113	Puissance	6016
Pignon arbré	5101	Puissance absorbée	6020
Pignon arbré à denture double		Puissance moteur	6017
hélicoïdale	5104	Puissance nominale sur l'arbre	
Pignon arbré à denture droite	5102	d'entrée	6018
Pignon arbré à denture		Puissance nominale sur l'arbre	
hélicoïdale	5103	de sortie	6019
Pignon de chaîne	1331.1	Puissance thermique	6021
Pignon conique arbré	5105		
Pignon conique arbré à denture			
droite	5106	Quantité d'huile	6517
Pignon conique arbré à denture		Quatre temps	6046.2
spirale	5107	Quotient diamétral	4226
Pignon étagé	5110		
Pignon hypoïde	1330		
Plan d'action	2241	Raccord	6547
Plan d'engrènement *	2241	Raccord coudé	6553
Plan de joint	6135	Raccord droit	6551
Plan médian	4311	Raccord équerre	6552
Plan médian du tore	4113	Raccord de réduction	6550
Plan méridien du tore *	4113	Raccord en T	6554
Plan de pose	6139	Raccord tournant	6555
Plan de référence	2184	Racleur d'huile	6508
Plaque d'instructions	6056	Radial	6128.2
Plaque signalétique	6011	Rainure de clavette	6337
Plaque de retenue de graisse	6541	Rampe de lubrification	6511
Plaquette oblique	6272.0	Rapport de conduite	2230
Plaquette oblique pour profilé en U	6272.1	Rapport de conduite apparent	2238
Plaquette oblique pour profilé en I	6272.2	Rapport d'engrenage	1131
Poids	6040	Rapport de multiplication	6029
Point de contact	2231.1	Rapport de réduction	6027
Point primitif	2233	Rapport de recouvrement	2239
Pompes	6634	Rapport de transmission	6026
Pompe centrifuge	6536	Rapport de transmission	1132
Pompe à engrenages	6539	Rapport de transmission	4411
Pompe à huile	6535	Rapport de transmission égal	
Pompe à palettes	6538	à un	6028
Pompe à piston	6537	Rapport de transmission multiple	6030
Pont différentiel	5059	Rapport total de conduite	2237

F

Rayon de gorge	4328	Rondelle à ressort fendue normale	6273.1
Réducteur auxiliaire	5039	Rondelle à ressort fendue ondulée	6273.2
Réducteur grande vitesse	5044	Rondelle à ressort et anneau	
Réducteur monobloc	5035	de protection	6273.3
Réducteur à pas inversé	5061	Rondelle de sécurité à aileron	6278.0
Réducteur primaire	5036	Rondelle de sécurité à un aileron	6278.1
Réducteur principal	5038	Rondelle de sécurité à deux	
Réducteur secondaire	5037	ailerons	6278.2
Réducteur de vitesse	5034	Roue	1123
Référence	1143	Roue en acier allié	5114
Réfrigérant	6569.0	Roue en acier ou fonte moulée	5111
Refroidisseur*	6569.0	Roue en acier forgé ou estampé	5112
Rendement	6043	Roue en acier laminé	5113
Reniflard	6563	Roue en acier soudé	5115
Renvoi d'angle	5022	Roue d'assortiment	1111.2
Renvoi d'angle conique à		Roue de chaine	1331
denture droite	5023	Roue de champ	3172
Renvoi d'angle conique à		Roue conique	1322
denture spirale	5024	Roue conique à denture droite*	1262
Renvoi d'angle à i = 1/1	5025	Roue conique à denture oblique	3173
Réservoir d'huile	6514	Roue conique droite	1262
Rivet à tête conique	6339	Roue conique spirale	3173.1
Rivet à tête ronde	6338	Roue conjugué	1121
Robinet	6557	Roue creuse*	1326
Robinet de vidange	6556	Roue creuse*	4122
Rondelles	6270	Roue cycloïdale	2172
Rondelle d'ajustage	6307	Roue cylindrique	1321
Rondelle élastique	6274.0	Roue cylindrique à denture droite*	1261
Rondelle élastique galbée	6274.1	Roue cylindrique à développante	2175
Rondelle élastique voilée	6274.2	Roue cylindrique droite	1261
Rondelle élastique conique	6275	Roue cylindrique équivalente	3119
Rondelle élastique à denture	6276.0	Roue cylindrique à fuseaux	2173
Rondelle élastique à denture		Roue à denture extérieure	1223
extérieure	6276.1	Roue à denture frontale*	3172
Rondelle élastique à denture		Roue à denture octoïde	3175
intérieure	6276.2	Roue sans déport*	2188
Rondelle élastique à denture		Roue déportée	2189
en cuvette	6276.3	Roue d'engrenage	1111
Rondelle élastique éventail	6277.0	Roue étalon	1111.1
Rondelle élastique éventail		Roue frettée avec centre	
à denture extérieure	6277.1	en acier soudé	5117
Rondelle élastique éventail		Roue frettée à centre en fonte	
à denture intérieure	6277.2	ou en acier moulé	5116
Rondelle élastique éventail		Roue hypoïde	1329
en cuvette	6277.3	Roue intermédiaire	1125.1
Rondelle frein d'écrou à ergot	6279.0	Roue avec jante boulonnée	5118
Rondelle frein d'écrou à ergot		Roue libre	6346
extérieur	6279.1	Roue de lubrification	6507
Rondelle frein d'écrou à ergot		Roue menante	1124
intérieur	6279.2	Roue menée	1125
Rondelle plate	6271.0	Rapport de multiplication	1136
Rondelle plate avec chanfrein	6271.2	Roue non déportée	2188
Rondelle plate sans chanfrein	6271.1	Roue à denture intérieure	1224
Rondelle plate chanfreinée*	6271.2	Roue plate	3171
Rondelle plate non chanfreinée	6271.1	Roue satellite	1128
Rondelle à ressort fendue	6273.0	Roue solaire	1126

F

Roue à vis cylindrique	1326	Section	6009
Roue à vis cylindrique	4122	Segment d'arrêt (alésage)	6291
Roue à vis globique	4125	Segment d'arrêt (arbre)	6290
Roue à vis globique	1326.1	Segment d'arrêt (montage radial)	6293
Roue à vis tangente*	4122	Semelle	6138
Roue à vis tangente*	1326	Sens du filet	1413.1
Roulement à aiguilles	6407	Sens de rotation	6126.0
Roulement sur deux rangées		Sens des aiguilles d'une montre	6126.1
d'aiguilles	6421	Sens inverse des aiguilles d'une	
Roulement à aiguilles radial	6412	montre	6126.2
Roulement à billes	6405	Serpentin de chauffage	6572
Roulement à billes (contact radial)	6408	Serpentin refrigérant	6571
Roulement à double rangée		Solaire*	1126
de billes	6415	Sommet (cône primitif)	3112
Roulement à deux rangées		Sommet de dent	1221.2
de billes à contact oblique	6417	Soufflante	6602
Roulement à bille simple rangée	6414	Soupape de retenue	6555
Roulement à bille à épaulement	6431	Soupape de décharge*	6560
Roulement buté	6433	Support moteur ajustable	6133
Roulement à contact oblique	6416	Sureté d'écrou à aileron*	6278
Roulement coulissant	6432	Surfaces et lignes toriques	4110
Roulement double en opposition	6426	Surface de pied	1222
Roulement étanche	6437.0	Surface de pied de dent	1222.1
Roulement étanche à joint à une		Surface primitive de référence	1142
lèvre	6437.1	Surface de tête	4313
Roulement étanche à joint à deux		Surface de tête	1221
lèvres	6437.2	Surface de tête de dent	1221.1
Roulement à galets cylindriques		Stations d'épuration	6636
à simple rangée	6419		
Roulement à galets cylindriques			
sur deux rangées	6420	Taille	6037
Roulement de guidage	6434	Taque	6141
Roulement magnéto*	6431	Température	6055.0
Roulement à quatre points		Température ambiante	6055.2
de contact	6418	Température de fonctionnement	6055.1
Roulement radial	6402	Temps (deux ou quatre ...)	6046.2
Roulement à rotule à deux		Thermomètre	6568
rangées de billes	6422	Thermostat	6568
Roulement à rotule sur rouleaux	6424	Tige filetée	6234
Roulement à rouleaux	6406	Tige filetée à six pans creux	
Roulement à rouleaux coniques	6425	et bout plat	6214
Roulement à rouleaux à contact		Tige filetée à six pans creux	
radial	6410	et bout pointeau	6212
Roulement à rouleaux tonneaux	6423	Tige filetée à six pans creux	
		et bout téton	6213
Saillie	2132	Tige filetée à six pans creux	
Saillie	4228	et extrémité à cuvette	6211
Saillie*	1251	Tige à souder	6235
Saillie à la corde constante	2164	Tore	4111
Saillie à la corde normale*	2162	Tore de pied	4316
Saillie à la corde réelle	2162	Tore de référence	4312
Saillie, creux	4340	Tracé de référence	2181
Saillie de référence	4342	Train d'engrenages	1113
Saillie de la roue conique	3142	Train épicycloïdal*	1119
Satellite*	1128	Train planétaire	1119
Satellite arbré	5108	Train baladeur	5125

F

Traitement thermique 6150
Transporteur 6610
Trempe superficielle 6151.0
Trempe superficielle à la flamme 6151.1
Trempe superficielle par induction 6151.2
Trempe totale 6155
Treuils de levage 6643
Trou de centrage 6130.1
Trou de centrage taraudé 6130.2
Tuyau 6542
Tuyau d'admission (huile, graisse) 6544
Tuyau flexible 6543
Tuyau de retour (huile) 6545
Tuyau de trop plein 6546
Type d'appareil 6036
Type de l'huile 6518

Uniforme 6050.1
Usines métallurgiques 6267

Valve de retenue 6559
Vanne 6558
Véhicules 6642
Ventilateur 6617
Vide à fond de dent 2223
Vide à fond de dent 4413
Vis 6201
Vis ajustée à tête six pans 6204
Vis à anneau 6231
Vis cylindrique 4121
Vis cylindrique 1325.1
Vis globique 1325.2
Vis globique 4124
Vis à oreilles 6232
Vis à tête carrée 6205.0
Vis à tête carrée et bout téton 6205.1
Vis à tête carrée avec embase et à bout chanfreiné 6205.2
Vis à tête carrée avec embase et bout téton 6205.3
Vis à tête cylindrique bombée avec empreinte cruciforme 6217
Vis à tête cylindrique mince rainurée 6220

Vis à tête cylindrique rainurée et perforée en croix 6224
Vis à tête cylindrique à six pans creux 6208
Vis sans tête rainurée 6225
Vis sans tête rainurée et bout cuvette 6228
Vis sans tête rainurée et bout plat 6226
Vis sans tête rainurée et bout pointu 6229
Vis sans tête rainurée et bout téton 6227
Vis sans tête à six pans creux et bout plat * 6214
Vis à six pans creux et tête cylindrique réduite 6209
Vis à six pans creux et tête fraisée 6210
Vis tangente * 4121
Vis tangente * 1325.1
Vis tangente arbrée 5109
Vis à tête fraisée avec empreinte cruciforme 6216
Vis à tête fraisée rainurée 6221
Vis à tête fraisée rainurée (pour construction métallique) 6223
Vis à tête goutte de suif fraisée avec empreinte cruciforme 6215
Vis à tête goutte de suif rainurée 6222
Vis à tête hexagonale 6202.0
Vis à tête hexagonale, normale 6202.1
Vis à tête hexagonale avec bout pointeau 6202.3
Vis à tête hexagonale avec tige mince 6203
Vis à tête hexagonale avec tourillon 6202.2
Vis à tête moletée 6233.0
Vis à tête moletée haute 6233.1
Vis à tête moletée plate 6233.2
Vis à tête ronde 6219
Vis avec bout pointeau 6202.3
Vitesse angulaire 6034
Vitesse tangentielle 6035
Volant 6348
Voyant de niveau d'huile 6250
Vue 6010

F

Preface

The European professional Association of gear and transmission element manufacturers have in 1967 founded a committee named "The European Committee of Associations of Gear and Transmission Element Manufacturers" designated EUROTRANS. The objectives of this committee are:

a) The study of economic and technical problems common to the profession;
b) to represent their common interests in negotiations with international organisations;
c) to promote the profession at international level.

The Committee constitutes an association with neither legal standing nor economic goal.

The member associations of EUROTRANS are:

Fachgemeinschaft Antriebstechnik im VDMA
Lyoner Straße 18, D-6000 Frankfurt/Main 71,

Servicio Tecnico Comercial de Constructores de Bienes de Equipo (SERCOBE) – Grupo de Transmision Mecanica
Jorge Juan, 47, E-Madrid-1,

SYNECOT – Syndicat National des Fabricants d'Engrenages et Constructeurs d'Organes de Transmission
9, rue des Celtes, F-95100 Argenteuil,

FABRIMETAL – groupe 11/1 Section ,,Engrenages, appareils et organes de transmission"
21 rue des Drapiers, B-1050 Bruxelles,

BGMA – British Gear Manufacturers Association
P.O. Box 121, GB-Sheffield S 1 3 AF,

ASSIOT – Associazione Italiana Costruttori Organi di Trasmissione e Ingranaggi
Via Cadamosto 2, I-20129 Milano,

FME – Federatie Metaal-en Elektrotechnische Industrie
Postbus 190, NL-2700 AD Zoetermeer,

Sveriges Mekanförbund
Storgatan 19, S-11485 Stockholm,

Suomen Metalliteollisuuden Keskusliitto, Voimansiirtoryhmä
Eteläranta 10, SF-00130 Helsinki 13.

GB

EUROTRANS with this publication is, pleased to present the second volume of a set of five, comprising a glossary in eight languages, of terms of gearing and transmission elements.

This glossary has been prepared by a EUROTRANS working group in collaboration with German, Spanish, French, English, Italian, Dutch, Belgian, Swedish and Finnish engineers and translators. It will facilitate reciprocal exchange of information and enable people of the profession and similar fields in their respective countries better to understand and know each other.

GB

Introduction

This glossary is divided into two parts:

the first part consists of alphabetical indices including synonyms in eight languages (German, Spanish, French, Italian, English, Netherlands, Swedish and Finnish).

In the glossary the drawing is followed by the standard terms of the eight different languages. The code-number is shown at the beginning of each item.

Given a term in one of the eight languages set out in the dictionary it is only necessary to consult the index in that language, in order to ascertain the number(s) shown against it, thus enabling the corresponding entry, or entries, in the general list and therefore the appropriate translation into any of the other seven languages, to be found.

The same procedure is followed for terms marked with an asterisk.

In certain cases several numbers are shown in the indices for one and the same term; this indicates that there are several possible translations, or that the word is contained in a number of expressions which modify its meaning.

Example: "Speed change gear unit"

Look for the term in the English alphabetical index. With the term will be found the No 5047.

Under No 5047 in the general list, the term in the following languages will be found:

German	– Schaltgetriebe
Spanish	– Caja de velocidades
French	– Boîte de vitesses
English	– Speed change gear unit
Italian	– Cambio di velocità
Netherlands	– Schakeltandwielkast
Schwedish	– Omläggbar växel
Finnish	– Monivälityksinen hammasvaihde

Technical terms numbered 1111 to 4414 appear in Volume 1 "Gears".

GB

Alphabetical index including synonyms

Synonyms = *

Absorbed power	6020
Abutment*	6129
Active flank	1252
Active flanks*	1245
Addendum	2132, 4228
Addendum*	4342
Addendum angle	3143
Addendum circle*	2117, 3126
Addendum correction*	2186
Addendum corrected gear*	2189
Addendum flank	1251
Addendum modification	2186
Addendum modification coefficient	2187
Addendum of bevel gear	3142
Agitators	6601
Air cooler	6569.1
Air motor	6048.0
Air motor centrifugal type	6048.4
Air motor gear type	6048.1
Air motor piston type	6048.3
Alignment	6127
Alternating current motor	6045.1
Ambient temperature	6055.2
Angle of action*	2235
Angle of contact	2235
Angular pitch	2144
Angular speed	6034
Annulus (gear)	1127
Annulus	5067
Annulus*	5122
Apex to back	3134
Apex to crown	3135.1
Application factor	6041
Applications	6600
Approach action	2243
Arc of action*	2235.1
Arc of contact	2235.1
Automatic change speed gear box	5052
Auxiliary gear reducer (A)	5039
Axial module	4224
Axial pitch	2129, 4223
Axial profile	4221
Axle differential gear unit	5059
Axle drive	5057
Back cone	3115
Back flanks*	1246
Backlash*	4414
Backstop	6347
Ball bearing	6405
Barreling	1316
Barrelled profile*	1314
Base circle	2175
Base cylinder	2176
Base diameter	2177
Base helix	2123
Base helix angle	2125
Base lead angle	2127
Base plate	6140
Base tangent length	2165
Basic rack	2182
Bearing	6400
Bearing end cover	6147
Bearing housing	6438
Bearing housing (top half)	6145
Bearing sleeve	6436
Bed plate	6141
Bell housing	6134
Bevel and cylindrical gear unit	5028
Bevel gear	1322, 5063
Bevel gear pair	1324
Bevel gear unit	5023
Bevel gear with offset teeth*	3173
Bevel pinion	1322.1
Blowers	6602
Bolted wheel	5118
Boss	6137
Bottom clearance	2223, 4413
Bottom flange	6138
Bottom land*	1222
Breather	6563
Brewing and distilling	6603
Bush	6318
By-pass valve	6561
Can filling machines	6604
Cap nut	6253.0
Cap nut self locking	6253.3
Cap nut with high dome	6253.1
Cap nut with low dome	6253.2
Carbo-nitriding	6154
Cartridge oil filter	6515.1
Case carburizing	6152
Cast iron gear case	5204.1
Castle nut	6254.0
Castle nut normal	6254.1

Castle nut thin 6254.2
Cast teeth 5136
Centering ring 6303
Central plane* 4311
Centre distance 1117, 6005
Centre distance modification
   coefficient 2256
Centre height 6004
Centre hole 6130.1
Centre hole with thread 6130.2
Centrifugal pump 6536
Chain pinion* 1331.1
Chain sprocket 1331.1
Chain wheel 1331
Change gear 1111.2
Change gear train (dog clutch) 5125
Characteristics 6000
Chased helicoid* 4232
Chordal addendum* 2162
Chordal height 2162
Circle at root of gorge 4318
Circle at root of throat* 4318
Circular backlash* 4414
Circular pitch 1214.4
Circular pitch* 2143
Circular pitch of cutter* 2195
Circular tooth thickness* 2147
Circumferential backlash 2224, 4414
Clamp ring 6302
Clarifiers 6606
Classifiers 6607
Clay working machinery 6608
Clearance* 2223, 4413
Clutch fork 5128
Clutch hub 5127
Clutch ring 5126
Co-axial gear unit 5018
Combined gear unit 5015
Compact gear case 5202
Components 6100
Compressors 6609
Cone distance 3132
Cone worm gearing* 4126
Conical spring washer 6275
Connecting shaft 6118
Connector 6547
Constant chord 2163
Constant chord height 2164
Contact ratio 2230
Continuous double helical teeth 1267
Continuous herringbone gear* 1267
Contracted centre distance* 2256
Contrate gear 3172
Control lever 6343
Conveyors 6610
Cooler 6569.0

Cooler air* 6569.1
Cooler oil 6569.3
Cooler water* 6569.2
Cooling coil 6571
Cooling fan 6570
Corrected gear* 2189
Corrected gear pair* 2252
Corresponding flanks 1243
Counter nut* 6264
Counter part rack 2183
Countersunk head bolt with slot
   (for steel structures) 6623
Cover 6142
Cranes 6611
Crankshaft 6120
Crowned teeth* 1316
Crossed helical gear pair 2215
Cross recessed countersunk
   (flat) head screw 6216
Cross recessed countersunk
   (oval) head screw 6215
Cross recessed raised cheese
   head screw 6217
Crown circle* 3126
Crowning 1316
Crown to back* 3135
Crown wheel 3171
Crushers 6612
Cut teeth 5130
Cutter interference 1313
Cutter nominal pitch 2195
Cutter nominal pressure angle 2194
Cutter tip angle 3191
Cylindrical gear 1321, 5062
Cylindrical gear pair 1323
Cylindrical gear unit 5020
Cylindrical involute gear 2174
Cylindrical lantern gear 2173
Cylindrical worm 1325.1
Cylindrical worm gear pair 4123
Cycloid 1415
Cycloidal gear 2172
Cycloidal gear pair 2172.1
Cylindrical dowel 6312
Cylindrical roller thrust bearing 6429

Datum circle* 4317
Datum cylinder* 4212
Datum dia* 4324
Datum diameter 4213
Datum line 2185
Datum plane 2184
Datum toroid* 4312
Dedendum 2133, 3144, 4229
Dedendum* 4344

GB

Dedendum angle	3145	Enlarged gear*	2189
Dedendum flank	1251.1	Enlarged gear set*	2252
Diameter at root of gorge*	4322	Enveloping worm	1325.2, 4124
Diameter at root of throat*	4322	Epicyclic gear train*	1119
Diameter pitch	1214.3	Epicyclic gear unit*	5019
Diameter quotient	4226	Epicycloid	1416
Diametral pitch*	2146	Equivalent number of teeth*	3119.2
Differential gear	5058	Equivalent spur gear	
Dimensions	6001	(of bevel gear)*	3119
Dip lubrication	6504	External circlip	6290
Dipstick	6519	External components	5200
Direct current motor	6045.2	External gear	1223
Double ended stud with full shank	6237	External gear pair	1225
Double enveloping worm gear pair	4126	Extruders	6616
Double enveloping worm gear unit	5027	Eye bolt	6230
Double enveloping wormwheel*	4125	Eye nut	6262
Double helical teeth	1266		
Double nipple	6549		
Double row angular contact ball		Fabricated gear case	5204.3
bearing	6417	Fabricated steel wheel	5115
Double row cylindrical roller		Face advance*	2236.1
bearing	6420	Face angle*	3125
Double row deep groove ball		Face cone*	3114
bearing	6415	Face contact ratio*	2239
Double row needle roller bearing	6421	Face gear*	3172
Double row self aligning ball		Face seal	6528
bearing	6422	Facewidth	2119
Double row self aligning roller		Facewidth (of bevel gear)	3131
bearing	6424	Fans	6617
Double row taper roller bearing	6426	Feeders	6618
Double thrust ball bearing	6428	Fellows cutter*	2192
Dowel pin	6310	Felt sealing ring	6525
Drain pipe (oil)	6545	Filler plug	6522
Drain plug	6523	Fillet surface	1254
Drain tap	6556	Finned gear case	5205
Drawing number	6008	Fitted key	6335
Dredges	6613	Fixed bearing	6433
Driven gear	1125	Fixed flow controller	6566
Driven machine	6049	Fixings	6200
Driving gear	1124	Flame hardening	6151.1
Dry dock cranes	6614	Flange	6340
Dumpers	6605	Flanged bush	6319
		Flanged cover	6144
Eccentric shaft	6121	Flanged eye bolt	6231
Effective facewidth (bevel gear)	3131.1	Flanged shaft	6116
Effective facewidth (spur, helical)	2119.1	Flange mounted gear motor	5043
Effective facewidth (worm gear)	4326	Flange mounted gear unit	5005
Effective width angle	4327	Flat knurled thumb screw	6233.2
Efficiency	6043	Flat washer	6271.0
Elbow connector	6553	Flat washer with chamfer	6271.2
Electric motor	6045.0	Flat washer without chamfer	6271.1
Elevators	6615	Flexible pipe	6543
Elliptical gears	1259	Floating bearing	6432
End cover with grease nipple	6146	Flow indicator	6562
End relief	1317	Flywheel	6348
Enlarged centre distance*	2255	Food industry	6619

Foot mounted gear motor	5042	Gear unit with parallel shafts	5017
Foot mounted gear unit	5006	Gear unit with ratio i = 1	5069
Forced lubrication	6509	(Gear)wheel	1123
Forged teeth	5135	Generant of toroid	4112
Form milled teeth	5134	Generated pitch circle*	2115
Front cone*	3116	Generated pitch diameter*	2116
Foundation	6131	Generating gear	1311
Four point contact bearing	6418	Generating pressure angle*	2194
Freewheel	6346	Generating rack*	2183
Freeze fit	6119.1	Generating tool	2190.1
		Generators	6620
Gasket	6531.0	Gib head key	6333
Gasket liquid*	6531.4	Globoid worm*	1325.2
Gasket paper*	6531.1	Globoid worm	4124
Gasket plastic*	6531.2	Globoid worm gear pair*	4126
Gasket rubber*	6531.3	Gorge*	4315
Gear	1111	Gorge diameter*	4322
Gear*	1123	Gorge radius*	4328
Gear box*	5001	Grease	6503.0
Gearcase	5201	Grease mineral*	6503.1
Gearcase bottom section (c)	5206.3	Grease nipple	6534
Gearcase in plastic material	5204.5	Grease retaining plate	6541
Gearcase middle section	5206.2	Grease stuffing box	6533
Gearcase reinforcing rib	5211	Grease synthetic*	6503.2
Gearcase upper section	5206.1	Grinding relief	1315
Gearcase with sump	5208	Grooved bush	6320
Gear cutting tool	2190	Grooved dowel pin	6314
Gearmotor	5040	Guard	6132
Gear pair	1112		
Gear pair at extended centres	2255	Half case	5207
Gear pair at reduced centres	2255.1	Half ring	6304
Gear pair at reference centre		Half round key*	6334
distance	2254	Hammer mills	6621
Gear pair at standard centre		Hand of thread (or helix)	1413.1
distance*	2254	Heat exchanger*	6569.0
Gear pair with intersecting axes	1115	Heating coil	6572
Gear pair with non-parallel		Heat treatment	6150
non-intersecting axes	1116	Heavy shock	6050.3
Gear pair with parallel axes*	1114	Helical gear	1263
Gear pump	6539	Helical gear pair*	1323
Gear ratio	1131	Helical parallel gear pair	2214
Gear rim	1123.1	Helical spur gear*	1263
Gear rim (b)	5120	Helix	1411
Gear rim with external teeth	5121	Helix angle	1412
Gear rim with external and		Helix on datum cylinder*	4214
internal teeth	5123	Herringbone gear*	1266
Gear rim with internal teeth	5122	Hexagon headed bolt with reduced	
Gear set at standard centre		shank	6203
distance*	2254	Hexagon headed fitted bolt	6204
Gear with long addendum or		Hexagon headed screw	6202.0
short addendum teeth*	2189	Hexagon headed screw normal	6202.1
Gear teeth	1210	Hexagon headed screw with full	
Gear unit	5001	dog point	6202.2
Gear unit assemblies	5000	Hexagon headed screw with half	
Gear unit of modular construction	5031	dog point and cone end	6202.3
Gear unit with bottom flange	5007	Hexagon nut	6251.0

GB

Hexagon nut normal	6251.1	Integral bevel pinion shaft with	
Hexagon nut thin	6251.2	spiral teeth	5107
Hexagon socket cap screw	6208	Integral bevel pinion shaft with	
Hexagon socket countersunk head		straight teeth	5106
screw	6210	Integral double helical pinion shaft	5104
Hexagon socket head cap screw		Integral helical pinion shaft	5103
with reduced head	6209	Integral herringbone pinion shaft*	5104
Hexagon socket set screw with		Integral pinion shaft	5101
cone end	6211	Integral planet wheel shaft	5108
Hexagon socket set screw with		Integral spur pinion shaft	5102
cone point	6212	Integral stepped gear shaft	5110
Hexagon socket set screw with		Integral worm shaft	5109
dog point	6213	Intermediate shaft	6106
Hexagon socket set screw with		Internal circlip	6291
flat point	6214	Internal combustion engine	6046.0
High speed gear unit	5032	Internal components	5100
High speed increaser	5046	Internal number of cylinders	6046.1
High speed reducer	5044	Internal two or four stroke	6046.2
High speed shaft (H.S.S.)	6104	Internal gear	1224
Hindley worm*	1325.2, 4124	Internal gear*	1127
Hindley worm gear pair*	4126	Internal gear pair	1226
Hob	2193	Intersections circle (of opposed	
Hobbed teeth	5131	involutes)	2156.2
Hollow shaft	6108	Involute function	1418.1
Hollow shaft gear unit	5033	Involute helicoid	1421
Horizontally geared unit	5009	Involute helicoid flanks	4234
Hourglass worm*	1325.2, 4124	Involute splines	6111
Hourglass worm gear pair*	4126	Involute to a circle	1418
Hydraulic motor	6047.0		
Hydraulic motor axial piston type	6047.3		
Hydraulic motor gear type	6047.1	Joint face	6135
Hydraulic motor radial piston type	6047.2	Joint flange	6136
Hypocycloid	1417		
Hypoid gear*	1329		
Hypoid gearing*	1328	Key	6330.0
Hypoid gear pair	1328	Key parallel	6330.1
Hypoid gear set*	1328	Key tapered	6330.2
Hypoid pinion	1330	Keyway	6337
Hypoid wheel	1329	Key with retaining screw(s)	6336
		Knurled nut	6260.0
		Knurled nut high	6260.1
Idler gear	1125.1	Knurled nut shallow	6260.2
Immersion heater	6573	Knurled thumb screw	6233.1
Indexing gear unit	5061		
Induction hardening	6151.2		
Inner circle of the toroid	4115	Labyrinth seal	6529
Inner cone	3116	Laminated oil filter	6515.3
Inner cone distance	3132.1	Land width*	2156.1
Input shaft	6102	Lantern gear pair	2173.1
Input speed	6032	Lapped teeth	5140
Inside cylinder (internal gear)*	2113	Laundry tumblers	6623
Inside diameter (internal gear)*	2118	Laundry washers	6622
Inspection cover	6149	Layshaft*	6106
Instantaneous axis	1431	Lead	1414, 4222
Instruction plate	6056	Lead angle	1413
Integral bevel pinion shaft	5105	Left flank	1242.1

GB

Left hand teeth	1265	Mineral oil	6502.1
Length of action*	2242	Misalignment	6128.0
Length of approach*	2245	Misalignment angular	6128.1
Length of approach path	2245	Misalignment axial	6128.3
Length of path of contact	2242	Misalignment radial	6128.2
Length of recess*	2245	Mixers	6629
Length of recess path	2246	Moderate shock	6050.2
Life	6053	Modified gear pair*	2252
Lifting devices	6643	Module	1214
Light alloy gear case	5204.4	Motor flange	6341
Line of action	2231	Motor gear unit	5041
Line of centres	2221	Motor power	6017
Line shafts	6624	Motor slide rail	6133
Lip seal	6527	Mounting distance*	3134
Liquid gasket	6531.4	Mounting face	6139
Load classification	6050.0	Mounting method	6119.0
Load classification heavy shock	6050.3	Mounting method freeze fit	6119.1
Load classification moderate shock	6050.2	Mounting method oil injection fit	6119.3
Load classification uniform	6050.1	Mounting method shrink fit	6119.2
Locating bearing	6434	Multiple speed ratio	6030
Locating distance (of bevel gear)*	3134		
Locating dowel	6317		
Locating face (of bevel gear)	3133	n-inputs gear unit	5012
Locating pin*	6317	n-outputs gear unit	5014
Lock nut	6264	n-speeds gear unit	5048
Long addendum or short		n-stage gear unit	5004
addendum teeth*	2186	Name plate	6011
Low speed shaft (L.S.S.)	6105	Needle roller bearing	6407
Lubricant	6501	Nipple	6548
Lubrication	6500	Nitriding	6153
Lubrication by pick-up ring	6505	Nominal input power	6018
Lubricating wheel	6507	Nominal input torque	6023
Lumber industry	6625	Nominal output power	6019
		Nominal output torque	6024
		Non-return valve	6559
Machine tools	6626	Non working flank (s)	1236
Magnetic oil filter	6515.2	Normal backlash	2225
Magneto type ball bearing	6431	Normal base pitch	2178.1
Main cover	6143	Normal base thickness	2179.1
Main gear reducer (B)	5038	Normal chordal addendum*	2162
Mass	6039	Normal chordal tooth thickness	2161
Master gear	1111.1	Normal circular pitch*	2153
Mating flanks	1241	Normal circular tooth thickness*	2156
Mating gear	1121	Normal crest width	2156.1
Mean cone distance*	3132.2	Normal diametral pitch	2155
Mechanical stokers	6639	Normal module	2154
Metal mills	6627	Normal pitch	2153
Middle circle (of toroid)	4114	Normal pressure angle	2152
Middle cone	3116.1	Normal pressure angle (at a point)	2151
Middle cone distance	3132.2	Normal profile	1235
Mid-face spiral angle	3176.2	Normal space width	2157
Mid-plane (of toroid)	4113	Normal tip thickness*	2156.1
Mid-plane (of wormshaft)	4311	Normal tip width*	2156.1
Milled helicoid flank	4233	Normal tooth thickness	2156
Mills rotary type	6628	Normal top land*	2156.1
Mineral grease	6503.1	Number of starts per hour	6051

GB

Number of teeth of a gear	3119.1	Pan head rivet		6339
Number of cylinders	6046.1	Paper gasket		6531.1
Nuts	6250	Paper mills		6631
		Parallel gears		1114
		Parallel helical gears*		2214
O-Ring	6530	Parallel shaft gear unit		5016
Octoid bevel gear	3175	Path of action*		2231
Offset	1117.1	Path of contact		2232
Offset tooth trace	3174	Peak torque		6025
Oil	6502.0	Peripheral speed*		6035
Oil cartridge*	6515.1	Pinion		1122
Oil catcher	6532	Pinion stand		5054
Oil circulating system	6506	Pinion type cutter		2192
Oil cooler	6569.3	Pipe		6542
Oil deflector*	6513	Pipe nut		6252
Oil filter	6515.0	Piston pump		6537
Oil flinger	6513	Pitch		4220
Oil grade	6518	Pitch angle*		3121
Oil industry	6630	Pitch circle*	2115.1,	4317
Oil injection fit	6119.3	Pitch circle of bevel gear*		3123
Oil laminated*	6515.3	Pitch circle of operation*		2115.1
Oil level	6516	Pitch cone		3113
Oil level sight gauge	6520	Pitch cone*	1141,	3111
Oil magnetic*	6515.2	Pitch cone angle		3122
Oil mineral*	6502.1	Pitch cone angle*		3121
Oil pump	6535	Pitch cone apex*		3112
Oil quantity	6517	Pitch cylinder		2112
Oil scraper	6508	Pitch cylinder*		4212
Oil seal	6524	Pitch cylinder of operation*		2112
Oil spray nozzle	6512	Pitch diameter*	3124, 4213,	4324
Oil spray pipe	6511	Pitch diameter		2116.1
Oil synthetic*	6502.2	Pitch diameter of bevel gear*		3124
Oil tank	6514	Pitch element*		1431
One piece case reducer	5035	Pitch helix		2122
One to one speed ratio	6028	Pitch helix*	4214,	2121
Operating addendum*	4343	Pitch helix angle*		2124
Operating dedendum*	4345	Pitch lead angle*		2126
Operating pitch circle*	2115.1	Pitch line*		2185
Operating pitch cylinder*	1141.2, 2112	Pitch plane*		2184
Operating pitch diameter	2116.1	Pitch point		2233
Opposite flanks	1244	Pitch surface		1141
Outer cone distance*	3132	Pitch surface of operation*		1141
Outer spiral angle	3176.1	Plain hydrodynamic bearing		6441
Output shaft	6103	Plain hydrostatic bearing		6442.0
Output speed	6033	Plain hydrostatic bearing by air		
Outside diameter*	4321, 2118	pressure		6442.2
Outside cylinder*	2113, 4314	Plain hydrostatic bearing by oil		
Outside diameter of bevel gear*	3127	pressure		6442.1
Outside diameter of wormwheel	4321	Plain magnetic bearing (without		
Overall dimensions l × b × h in mm	6003	contact)		6443
Overdrive flanks*	1246	Plain plug		6521
Overflow pipe	6546	Plain radial bearing		6440.0
Overlap angle	2236	Plain radial bearing cylindrical		6440.1
Overlap arc	2236.1	Plain radial bearing with lobes		6440.2
Overlap length	2247	Plain bearing with radial tilt pads		6440.3
Overlap ratio	2239	Plain thrust bearing		6439.0

Plain thrust bearing fixed	6439.1	Reference diameter (bevel gear)	3124
Plain thrust bearing tilt pads	6439.2	Reference diameter (spur, helical)	2116
Plan dimensions l × b in mm	6002	Reference diameter	
Plane of action	2241	(worm gears)	4213, 4324
Planed teeth	5132	Reference helix (spur, helical)	2121
Planetary gear train	1119	Reference helix (worm)	4214
Planetary gear unit	5019	Reference helix angle	2124
Planet carrier	1129	Reference lead angle	2126
Planet gear	1128, 5068	Reference pitch	4325
Plastic gasket	6531.2	Reference surface	1142
Plastics industry	6632	Reference toroid	4312
Point of contact	2231.1	Relief valve	6560
Power	6016	Reversing gear unit	5053
Pressed self locking counter nut	6263	Revolutions per minute	6031
Pressure controller	6565	Revolutions per second	6031
Pressure gauge	6564	Right angle connector	6552
Primary gear reducer (A)	5036	Right angled drive gear unit	5021
Prime mover	6044	Right angled drive gear unit	5022
Printing presses	6633	Right angled gear unit (i = 1)	5025
Profile ground teeth	5138	Right flank	1242
Profile modification	1314.2	Right hand teeth	1264
Pumps	6634	Rim width	4326.1
		Rim width angle	4327
		Ring	6300
Quantity	6015	Ring gear *	1127
Quill shaft	6115	Rolled teeth	5137
		Roller bearing	6406
		Roller thrust bearing	6411
		Rolling element bearing	6401
Rack	2171	Root angle	3125.1
Rack and pinion drive	2171.1	Root clearance *	2223, 4413
Rack type cutter	2191	Root circle (bevel gears)	3126.1
Radial ball bearing	6408	Root circle (spur, helical)	2117.1
Radial bearing	6402	Root circle (worm gears)	4319
Radial needle roller bearing	6412	Root diameter (bevel gear)	3127.1
Radial retaining ring for shafts	6293	Root diameter (spur, helical)	2118.1
Radial roller bearing	6410	Root diameter (worm gears)	4323
Recess action	2244	Root cone	3114.1
Reducer with n gear pairs *	5004	Root cylinder	2113.1
Reducer with one gear pair *	5002	Root relief	1314.1
Reducer with two gear pairs *	5003	Root surface	1222
Reducing connector	6550	Root toroid	4316
Reduction gear	1133	Rotating joint	6555
Reduction ratio *	6027, 1135	Round headed screw	6219
Reference	1143	Round head rivet	6338
Reference addendum	4342	Round nut with holes in one face	6257
Reference centre distance	2253	Round nut with radial holes	6258
Reference circle (bevel gear)	3123	Round wire snap ring	6292
Reference circle (spur, helical)	2115	Rubber gasket	6531.3
Reference circle (worm gears)	4317	Rubber industry	6635
Reference cone	3111	Running temperature	6055.1
Reference cone angle	3121	Running time per day	6052
Reference cone apex	3112		
Reference cylinder (spur, helical)	2111		
Reference cylinder (worm)	4212	Scale	6007
Reference dedendum	4344	Screens	6637

GB

Screw helicoid* 4231
Screwed bush 6321
Screws 6201
Sealed bearing 6437.0
Sealed bearing single seal 6437.1
Sealed bearing double seal 6437.2
Secondary gear reducer (B) 5037
Section 6009
Sectional gear rim 5124
Self aligning plain bearing 6435
Serial number 6038
Serrated lock washer 6277.0
Serrated lock washer countersunk 6277.3
Serrated lock washer with external teeth 6277.1
Serrated lock washer with internal teeth 6277.2
Serrated shaft 6113
Serrations 6114
Service factor 6042
Sewage disposal equipment 6636
Shaft 6101
Shaft angle 1118
Shaft arrangement 6125.0
Shaft arrangement co-axial 6125.1
Shaft arrangement crossed (in the same plane) 6125.3
Shaft arrangement crossed (off-set) 6125.4
Shaft arrangement parallel 6125.2
Shaft direction 6123.0
Shaft direction angled 6123.3
Shaft direction horizontal 6123.1
Shaft direction vertical 6123.2
Shaft end 6122
Shaft extension* 6122
Shaft extension length 6006
Shaft mounted gear unit 5008
Shaft orientation 6124.0
Shaft orientation vertically downwards 6124.2
Shaft orientation vertically upwards 6124.1
Shaft orientation to the left 6124.4
Shaft orientation to the right 6124.3
Shaft rotation 6126.0
Shaft rotation anti-clockwise 6126.2
Shaft rotation clockwise 6126.1
Shaped teeth 5133
Shaved teeth 5139
Shear pin 6316
Shim 6307
Shoulder 6129
Shouldered ring 6305
Shrink fit 6119.2
Single input gear unit 5011
Single enveloping wormwheel* 4122
Single output gear unit 5013

Single row angular contact ball bearing 6416
Single row cylindrical roller bearing 6419
Single row deep groove ball bearing 6414
Single row self aligning roller bearing 6423
Single stage gear unit 5002
Single thrust ball bearing 6427
Size 6037
Skew bevel gear 3173
Slab pushers 6638
Sliding bearing 6404
Slotted capstan screw 6224
Slotted cheese head screw 6218, 6220
Slotted countersunk (flat) head screw 6221
Slotted headless screw with flat point (chamfered end) 6225
Slotted raised countersunk (oval) head screw 6222
Slotted ring (external slots) 6306
Slotted round nut 6256
Slotted round nut for C spanner 6259
Slotted set screw with cone point 6229
Slotted set screw with cup point 6228
Slotted set screw with flat point (chamfered ends) 6226
Slotted set screw with (full) dog point 6227
Solid shaft 6107
Space width half angle 3159
Spacing bush 6301
Span measurement* 2165
Spare part 6013
Spare parts list 6012
Spare parts number 6014
Special foundation nut 6255
Speed change gear unit 5047
Speed change gear unit (at standstill) 5049
Speed change gear unit (when running) 5050
Speed increasing gear 1134, 5045
Speed increasing ratio 6029, 1136
Speed reducing gear 1133, 5034
Speed reduction ratio 6027, 1135
Spherical involute 1419
Spherical involute helicoid 1422
Spherical roller thrust bearing (single thrust) 6430
Spiral* 1411
Spiral angle 3176
Spiral angle* 1412, 3176.2
Spiral bevel gear 3173.1

Spiral bevel gear unit	5024	Sugar industry	6640
Spiral gear pair*	2215	Sun gear	1126
Spiral teeth	1268	Sun wheel	5066
Splash guard	6540	Supply pipe (oil or grease)	6544
Splined shaft	6109	Support flange	6342
Split, crinkled, spring washer	6273.2	Surface hardening	6151.0
Split gear case (on line of centres)	5203	Surface hardening flame*	6151.1
Split pin	6311	Surface hardening induction*	6151.2
Split spring washer	6273.1	Sykes cutter*	2192
Split spring washer with safety ring	6273.3	Synchroniser ring	5129
Spray lubrication	6510	Synchro-mesh gear box	5051
Spring dowel	6315	Synthetic grease	6503.2
Spring washer	6273.0	Synthetic oil	6502.2
Spring washer	6274.0		
Spring washer curved	6274.1		
Spring washer wavy	6274.2	Tab washer	6278.0
Spur gear	1261	Tab washer with 1 tab	6278.1
Spur gear pair	2213	Tab washer with 2 tabs	6278.2
Spur gear pair*	1225, 1323	Tab washer	6279.0
Square headed bolt	6205.0	Tab washer with external tab	6279.1
Square headed bolt with collar	6205.2	Tab washer with internal tab	6279.2
Square headed bolt with half dog		Tangential key	6332
point	6205.1	Tangential pressure angle*	2127
Square headed bolt with collar and		Tangential speed	6035
half dog point with rounded end	6205.3	Tap	6557
Square tapered washer	6272.0	Taper dowel	6313
Square tapered washer for		Taper roller bearing	6425
I sections	6272.2	Tapered splines	6112
Square tapered washer for		Tee connector	6554
U sections	6272.1	Tee headed bolt	6206.0
Standard basic rack tooth*	2181	Tee headed bolt normal	6206.1
Standard basic rack tooth profile	2181	Tee headed bolt with double nip	6206.3
Standard basic rack space*	2181	Tee headed bolt with square neck	6206.2
Standard centre distance*	2253	Tee-slot bolt	6207
Standard gear*	2188	Temperature	6055.0
Standard gear pair*	2251	Temperature ambient	6055.2
Standard gear set*	2251	Temperature gauge	6567
Standard module	1214.2	Temperature running	6055.1
Standard pitch circle*	2115.1	Textile industry	6641
Standard pitch diameter*	2116	Thermal power	6021
Standard pressure angle*	2194	Thermostat	6568
Steel gear case	5204.2	Thread depth*	4227
Steering gear unit	5060	Threaded rod	6234
Stepped key	6331	Three high pinion stand	5056
Stokers*	6639	Throat	4315
Stone bolt	6238	Throat circle	4318
Straight bevel gear	1262	Throat diameter	4322
Straight connector	6551	Throat radius	4328
Straight sided axial thread	4231	Through hardening	6155
Straight sided normal thread	4232	Thrust ball bearing	6409
Straight splines	6110	Thrust bearing	6403
Straight spur gear*	1261	Thrust needle roller bearing	6413
Strengthened shaft	6117	Thumb screw	6233.0
Stud	6236	Thumb screw knurled thumb screw	6233.1
Stud for welding	6235	Thumb screw flat knurled thumb	
Stuffing box	6526	screw	6233.2

GB

Tip angle	3125	Transverse contact ratio	2238
Tip circle (bevel gears)	3126	Transverse diametral pitch	2146
Tip circle (spur, helical)	2117	Transverse module	2145
Tip clearance*	2223, 4413	Transverse pitch	2143
Tip cone	3114	Transverse pressure angle	2142
Tip cylinder (spur, helical)	2113	Transverse pressure angle at	
Tip cylinder (worm)	4314	a point	2141
Tip diameter (bevel gears)	3127	Transverse profile	1234
Tip diameter (spur, helical)	2118	Transverse space width	2148
Tip interference*	1312	Transverse tooth thickness	2147
Tip relief	1314	Two high pinion stand	5055
Tip surface (spur, helical)	1221	Two or four stroke	6046.2
Tip surface (worm)	4313	Two stage gear unit	5003
Tool diametral pitch	2197	Type	6036
Tool module	2196		
Tooth	1211		
Tooth crest	1221.1	Uncorrected gear pair*	2251
Tooth depth (bevel gears)	3141	Undercut*	1313
Tooth depth (spur, helical)	2131	Uniform	6050.1
Tooth depth worm gears	4227	Unmodified gear pair*	2251
Tooth depth worm gears	4341	Upper speed limiter	6345
Toothed lock washer	6276.0	Usable flank	1253
Toothed lock washer countersunk	6276.3		
Toothed lock washer with external			
teeth	6276.1	Valve	6558
Toothed lock washer with internal		Vane air motor	6048.2
teeth	6276.2	Vane pump	6538
Tooth face*	1251	Vehicles	6642
Tooth fillet*	1254	Vertical gear unit	5010
Tooth flank	1231	View	6010
Tooth flank*	1251.1	Virtual number of teeth	3119.2
Tooth profile (bevel gear)	3118	Virtual spur gear	3119
Tooth profile (spur, helical)	1233		
Tooth root surface	1222.1		
Tooth shape*	3118, 1233	Wall (a)	5029
Tooth space	1212	Washers	6270
Tooth surface*	1231	Water cooler	6569.2
Tooth thickness half angle	3158	Web (b)	5210
Tooth tip	1221.2	Weight	6040
Tooth trace	1232	Wheel (gear)	1123
Top land*	4313, 1221.1	Wheel (or pinion) centre (a)	5119
Toroid	4111	Wheel (or pinion) in alloy steel	5114
Torque	6022	Wheel (or pinion) in cast steel	
Torque limiter	6344	or cast iron	5111
Torque reaction arm	6349	Wheel (or pinion) in forged or	
Total angle of contact	2234	stamped steel	5112
Total arc of contact	2234.1	Wheel (or pinion) in rolled steel	5113
Total contact ratio	2237	Wheel with fabricated centre and	
Traction drive*	5057	fitted rim	5117
Transmission ratio	1132, 4411	Wheel with cast iron or cast steel	
Transmission speed ratio	6026	centre and fitted rim	5116
Transparent cover	6148	Whole depth (of teeth)*	2131
Transverse base pitch	2178	Whole depth tooth angle	3146
Transverse base thickness	2179	Wing nut	6261
Transverse circular pitch*	2143	Wing screw	6232
Transverse circular thickness*	2147	Woodruff key	6634

GB

Working ...	1144	Worm	1325, 5064
Working conditions	6054.0	Worm (cylindrical)	4121
Working conditions dry	6054.1	Worm and cylindrical gear unit	5029
Working conditions dusty	6054.3	Worm facewidth	4215
Working conditions marine	6054.5	Wormgear*	1326
Working conditions tropical	6054.4	Worm gear unit	5026
Working conditions wet	6054.2	Worm gear unit i = 1*	5025
Working depth (worm)	4412	Wormgearing*	1327
Working depth (spur, helical)	2222	Worm gear pair	1327, 4000
Working facewidth*	2119.1	Worm planetary gear unit	5030
Working facewidth of bevel gear*	3131.1	Worm thread	4211
Working flank	1245	Wormwheel	4122, 4125, 1326, 5065
Working flank*	1252		
Working module	1214.1	X-Gear	2189
Working pitch cylinder*	2112	X-Gear pair	2252
Working pitch helix*	2122	X-Zero pair	2188
Working pitch surface*	1141	X-Zero gear pair	2251

GB

Prefazione

Le Associazioni professionali dei costruttori europei d'ingranaggi e di organi di trasmissione hanno fondato nel 1967 un Comitato denominato: "Comitato Europeo delle Associazioni dei Costruttori di Ingranaggi e di Organi di Trasmissione", chiamato EUROTRANS.

Questo Comitato ha come obbiettivo:

a) di studiare i problemi economici e tecnici comuni alla categoria
b) di difendere gli interessi comunitari nell'ambito delle organizzazioni internazionali
c) di svolgere un'azione promozionale, per la categoria, su un piano internazionale

Il Comitato costituisce un'Associazione di fatto, senza personalità giuridica nè fine lucrativo.

Sono Membri dell'EUROTRANS le Associazioni:

Fachgemeinschaft Antriebstechnik im VDMA
Lyoner Straße 18, D-6000 Frankfurt/Main 71,

Servicio Tecnico Comercial de Constructores de Bienes de Equipo (SERCOBE) – Grupo de Transmision Mecanica
Jorge Juan, 47, E-Madrid-1,

SYNECOT – Syndicat National des Fabricants d'Engrenages et Constructeurs d'Organes de Transmission
9, rue des Celtes, F-95100 Argenteuil,

FABRIMETAL – groupe 11/1 Section ,,Engrenages, appareils et organes de transmission"
21 rue des Drapiers, B-1050 Bruxelles,

BGMA – British Gear Manufacturers Association
P.O. Box 121, GB-Sheffield S 1 3 AF,

ASSIOT – Associazione Italiana Costruttori Organi di Trasmissione e Ingranaggi
Via Cadamosto 2, I-20129 Milano,

FME – Federatie Metaal-en Elektrotechnische Industrie
Postbus 190, NL-2700 AD Zoetermeer,

Sveriges Mekanförbund
Storgatan 19, S-11485 Stockholm,

Suomen Metalliteollisuuden Keskusliitto, Voimansiirtoryhmä
Eteläranta 10, SF-00130 Helsinki 13.

I

L'EUROTRANS è felice di presentare, con questa pubblicazione, il secondo dizionario di una serie di 5 volumi comprendente i termini relativi agli ingranaggi ed agli organi delle trasmissioni, tradotti in otto lingue.

Questo dizionario è stato elaborato da un gruppo di lavoro dell'EUROTRANS in collaborazione con i tecnici ed i traduttori della Germania, della Spagna, della Francia, dell'Inghilterra, dell'Italia, dei Paesi Bassi, del Belgio, della Svezia, della Finlandia. Esso contribuirà a facilitare lo scambio reciproco d'informazioni e permetterà ai tecnici di questo settore, chiamati a compiti simili nei loro rispettivi paesi di comprendersi meglio e quindi di conoscersi tra loro.

I

Introduzione

Il presente lavoro si compone di:

otto tabelle in ordine alfabetico completate dai sinonimi nelle seguenti lingue: tedesco – spagnolo – francese – inglese – italiano – olandese – svedese – finlandese.

Nel glossario il disegno è seguito dai termini normalizzati in otto diverse lingue. Il numero è indicato all' inizio di ogni rubrica.

Dato un termine in una delle lingue del Glossario, è sufficiente consultare l'indice nella lingua di questo termine, rilevare il numero scritto a fianco di detto termine e cercare la linea corrispondente nel quadro sinottico al fine di trovare il disegno ed i termini tradotti nelle differenti lingue.

Può accadere in alcuni casi che il termine cercato sia contraddistinto da un asterisco, ciò significa che si tratta di un sinonimo.

Esempio: "Cambio di velocità".

Nell'indice questo termine è contraddistinto dal numero 5047 a fianco del quale si troverà nel Glossario il disegno e il termine tradotto in:

Tedesco	– Schaltgetriebe
Spagnolo	– Caja de velocidades
Francese	– Boîte de vitesses
Inglese	– Speed change gear unit
Italiano	– Cambio di velocità
Olandese	– Schakeltandwielkast
Svedese	– Omläggbar växel
Finlandese	– Monivälityksinen hammasvaihde

I termini tecnici numerati da 1111 a 4414 si trovano nel volume 1 "Ingranaggi".

I

Indice alfabetico compresi i sinonimi

Sinonimi = *

Accoppiamento a cremagliera	2171.1
Addendum	2132, 4228, 4342
Addendum, dedendum	4340
Addendum del fianco	1251
Addendum della ruota conica	3142
Agitatori	6601
Alberi di trasmissione	6624
Albero	6101
Albero cavo	6108
Albero dentellato	6113
Albero d'entrata	6102
Albero di collegamento	6118
Albero d'uscita	6103
Albero eccentrico	6121
Albero flangiato	6116
Albero intermedio	6106
Albero lento	6105
Albero manovella	6120
Albero pieno	6107
Albero rinforzato	6117
Albero scanalato	6109
Albero veloce	6104
Alimentatori	6618
Allineamento	6127
Alloggiamento del cuscinetto	6438
Altezza dell'asse	6004
Altezza del dente	2131, 4227, 4341
Altezza del dente di ingranaggio conico	3141
Altezza dell'elica	1414
Altezza sulla corda costante	2164
Altezza sulla corda normale	2162
Altezza totale	4412
Altezza utile di contatto *	2222
Altezza utile di lavoro *	2222
Altezza utile totale	2222
Ambiente di lavoro	6054.0
Ambiente di lavoro marino	6054.5
Ambiente di lavoro polveroso	6054.3
Ambiente di lavoro secco	6054.1
Ambiente di lavoro tropicale	6054.4
Ambiente di lavoro umido	6054.2
Anello	6300
Anello d'arresto	6302
Anello d'arresto per alberi	6290
Anello d'arresto per fori	6291
Anello di centratura	6303
Anello di feltro	6525

Anello di sincronizzazione	5129
Anello di tenuta	6524
Anello di tenuta a labbro	6527
Anello di tenuta assiale	6528
Anello di tenuta torico (O-ring)	6530
Anello elastico di arresto (forma A oppure B)	6292
Anello radiale d'arresto	6293
Anello scanalato	6306
Angolo d'azione apparente *	2235
Angolo del cono primitivo di funzionamento *	3122
Angolo del cono primitivo di riferimento	3121
Angolo dell'elica	1412
Angolo dell'elica di base	2125
Angolo della spirale	3176
Angolo dell'elica primitiva	2124
Angolo dell'elica primitiva di dentatura *	2124
Angolo di addendum di ingranaggio conico	3143
Angolo di dedendum di ingranaggio conico	3145
Angolo di fondo *	3125.1
Angolo di incidenza apparente *	2141
Angolo di incidenza normale (in un punto)	2151
Angolo di incidenza reale in un punto *	2151
Angolo di incidenza trasversale (apparente) in un punto	2141
Angolo di inclinazione	1413
Angolo di larghezza complessivo	4327.1
Angolo di larghezza effettivo	4327
Angolo di piede di ingranaggio conico	3125.1
Angolo di posizionamento dello spessore dente dell'utensile	3191
Angolo di pressione apparente *	2142
Angolo di pressione normale (di contatto)	2152
Angolo di pressione reale *	2152
Angolo di pressione trasversale (apparente) di contatto	2142
Angolo di ricoprimento del profilo	2235

I

Angolo di ricoprimento elicoidale	2236	Carcassa composta:	5203
Angolo di testa di ingranaggio conico	3125	1) con piano di unione passante per l'asse principale	
Angolo esterno*	3125	2) con piano di unione perpendicolare all'asse principale	
Angolo esterno della spirale	3176.1		
Angolo medio della spirale	3176.2	Carcassa con serbatoio dell'olio	5208
Angolo nominale di pressione dell'utensile	2194	Carcassa di acciaio fuso	5204.2
Angolo primitivo di dentatura*	3121	Carcassa di acciaio legato saldato	5204.3
Angolo totale del dente di ingranaggio conico	3146	Carcassa di ghisa	5204.1
		Carcassa di lega leggera	5204.4
Angolo totale di ricoprimento	2234	Carcassa di materiale plastico	5204.5
Angolo tra gli assi	1118	Carcassa inferiore	5206.3
Anti-retro	6347	Carcassa intermedia	5206.2
Applicazioni	6600	Carcassa monoblocco	5202
Arco di azione	2235.1	Carcassa (o cassa)	5201
Arco di azione apparente*	2235.1	Carcassa superiore	5206.1
Arco di ricoprimento elicoidale	2236.1	Caricatori meccanici	6639
Arco totale di ricoprimento nel funzionamento	2234.1	Cava per chiavetta o linguetta	6337
		Cementazione	6152
Argani e verricelli	6643	Centraggio	6130.1
Asse istantaneo	1431	Centraggio filettato	6130.2
Asse istantaneo di rotazione*	1431	Cerchio base	2175
Assi spostati*	1117.1	Cerchio di fondo*	2117.1, 3126.1
		Cerchio di piede della ruota conica	3126.1
		Cerchio di piede (di base)	2117.1
Barra di torsione	6115	Cerchio di piede (gola)	4319
Barra filettata	6234	Cerchio di punta	2156.2
Birrerie e distillerie	6603	Cerchio di riferimento mediano	4317
Bombatura trasversale	1316	Cerchio di testa	2117
Borchia	6137	Cerchio di testa della ruota conica	3126
Braccio di reazione	6349	Cerchio di testa (gola)	4318
Bussola	6318	Cerchio di troncatura*	2117
Bussola con scanalatura elicoidale	6321	Cerchio esterno*	3126
Bussola flangiata	6319	Cerchio generatore del toro	4112
Bussola per cuscinetto	6436	Cerchio interno del toro	4115
Bussola scanalata	6320	Cerchio mediano del toro	4114
		Cerchio primitivo	2115
Calettamento a caldo	6119.2	Cerchio primitivo di dentatura*	2115, 2115.1
Calettamento a pressione d'olio	6119.3	Cerchio primitivo di dentatura (della ruota conica)*	3123
Calettamento a freddo	6119.1	Cerchio primitivo di funzionamento	2115.1
Cambio di velocità	5047	Cerchio primitivo di riferimento di ingranaggio conico	3123
Cambio di velocità a n rapporti	5048		
Cambio di velocità automatico	5052	Chiavetta	6330.0
Cambio di velocità con innesto da fermo	5049	Chiavetta conica	6330.2
		Chiavetta con nasello	6333
Cambio di velocità con innesto in marcia	5050	Chiavetta regolabile	6335
Cambio di velocità sincronizzato	5051	Cicloide	1415
Canale di lubrificazione	6511	Cilindro base	2176
Candela di riscaldamento	6573	Cilindro di base	2113.1
Cappello cuscinetto	6145	Cilindro di riferimento	4212
Caratteristiche	6000	Cilindro di testa	2113
Carbonitrurazione	6154	Cilindro di troncatura di fondo*	2113.1
Carcassa alettata	5205		

Cilindro di troncatura di testa*	2113	Coppia di ingranaggi con correzione di profilo positivo	2255
Cilindro esterno	4314	Coppia di ingranaggi con dentatura corretta e interasse nominale	2254
Cilindro primitivo di funzionamento	2112		
Cilindro primitivo di riferimento	2111		
Circular pitch	1214.4	Coppia di ingranaggi di moltiplicazione	1134
Coefficiente di correzione	2187	Coppia di ingranaggi di riduzione	1133
Collettore dell'olio	6532	Coppia di ingranaggi esterni	1225
Componenti	6100	Coppia di ingranaggi interni	1226
Componenti esterni	5200	Coppia di ingranaggi ipoidi	1328
Componenti interni	5100	Coppia di ingranaggi senza correzione	2251
Compressori	6609		
Cono complementare esterno	3115	Coppia di ingranaggi sghembi elicoidali	2215
Cono complementare interno	3116		
Cono complementare medio	3116.1	Coppia ruota e vite senza fine	1327
Cono di fondo*	3114.1	Corda costante	2163
Cono di piede	3114.1	Corda normale	2161
Cono di testa	3114	Corda reale*	2161
Cono di troncatura*	3114	Corona	5067
Cono primitivo di dentatura*	3111	Corona (b)	5120
Cono primitivo di funzionamento	3113	Corona a dentatura esterna	5121
Cono primitivo di riferimento	3111	Corona a dentatura esterna ed interna	5123
Contatto di entrata (della linea di condotta)	2243	Corona a dentatura interna	5122
Contatto di uscita (della linea di condotta)	2244	Corona calettata su mozzo di acciaio legato saldato	5117
Controdado	6264	Corona calettata su mozzo di acciaio fuso o ghisa	5116
Coperchio	6142	Corona composta in n parti	5124
Coperchio con flangia	6144	Corona dentata	1123.1
Coperchio con ingrassatore	6146	Corona esterna*	1127
Coperchio cuscinetto	6147	Corona imbullonata su mozzo	5118
Coperchio d'ispezione	6149	Corona interna per planetari	1127
Coperchio principale	6143	Correzione del profilo	2186
Coperchio trasparente	6148	Creatore*	2193
Coppiglia	6310	Cremagliera	2171
Coppiglia divisa	6311	Cremagliera di riferimento	2182
Coppia cilindrica	1323	Cremagliera generatrice	2183
Coppia conica	1324	Crivello	6637
Coppia di ingranaggi	1112	Crociera porta planetari	1129
Coppia di ingranaggi a vite globoidale	4126	Cuscinetto	6400
Coppia di ingranaggi a vite senza fine	4000	Cuscinetto a due corone di rulli conici	6426
		Cuscinetto a due corone di rullini	6421
Coppia di ingranaggi a vite senza fine cilindrica	4123	Cuscinetto a rulli	6406
Coppia di ingranaggi cicloidali	2172.1	Cuscinetto a rulli conici	6425
Coppia di ingranaggi cilindrici a denti elicoidali	2214	Cuscinetto a rullini	6407
		Cuscinetto a sfere	6405
Coppia di ingranaggi cilindrici ad evolvente a denti diritti	2213	Cuscinetto a sfere a quattro contatti	6418
		Cuscinetto assiale	6403
Coppia di ingranaggi con correzione di profilo	2252	Cuscinetto assiale a rulli	6411
Coppia di ingranaggi con correzione di profilo negativo	2255.1	Cuscinetto assiale a rulli cilindrici (a semplice effetto)	6429

I

75

Cuscinetto assiale a rullini	6413	Cuscinetto scorrevole	6432
Cuscinetto assiale a sfere	6409	Cuscinetto volvente	
Cuscinetto assiale a sfere a		(a rotolamento)	6401
doppio effetto	6428		
Cuscinetto assiale a sfere a			
semplice effetto	6427	Dadi	6250
Cuscinetto assiale orientabile		Dado ad alette	6261
a rulli	6430	Dado cilindrico ad intaglio	6256
Cuscinetto a tenuta stagna	6437.0	Dado cilindrico a due fori frontali	6257
Cuscinetto con due schermi		Dado cilindrico a fori a croce	
stagni	6437.2	laterali	6258
Cuscinetto con uno schermo		Dado cilindrico zigrinato	6260.0
stagno	6437.1	Dado cilindrico zigrinato con	
Cuscinetto di guida	6434	colletto	6260.2
Cuscinetto fisso	6433	Dado cilindrico zigrinato con	
Cuscinetto idrodinamico	6441	risalto	6260.1
Cuscinetto idrostatico	6442.0	Dado esagonale	6251.0
Cuscinetto idrostatico a pressione		Dado ribassato	6251.2
d'aria	6442.2	Dado normale	6251.1
Cuscinetto idrostatico a pressione		Dado esagonale ad intagli	6254.0
d'olio	6442.1	Dado esagonale alto ad intagli	6254.1
Cuscinetto liscio	6404	Dado esagonale ribassato ad intagli	6254.2
Cuscinetto liscio assiale	6439.0	Dado esagonale cieco	6253.0
Cuscinetto liscio assiale a guida		Dado esagonale cieco a calotta	
fissa	6439.1	bombata	6253.2
Cuscinetto liscio assiale a guida		Dado esagonale cieco a calotta	
oscillante	6439.2	sferica	6253.1
Cuscinetto liscio radiale	6440.0	Dado esagonale cieco con anello	
Cuscinetto liscio a guida radiale		autobloccante	6253.3
oscillante	6440.3	Dado esagonale elastico (di	
Cuscinetto liscio a lobi	6440.2	sicurezza)	6263
Cuscinetto liscio cilindrico	6440.1	Dado esagonale sottile	6252
Cuscinetto obliquo a due corone		Dado quadro	6255
di sfere	6417	Dedendum	2133, 4229, 4344
Cuscinetto obliquo ad una corona		Dedendum del fianco	1251.1
di sfere	6416	Dedendum della ruota conica	3144
Cuscinetto radiale	6402	Deflettore dell'olio	6513
Cuscinetto radiale a due corone		Dentatura	1210
di rulli cilindrici	6420	Dentatura a doppia elica, continua	1267
Cuscinetto radiale ad una corona		Dentatura a freccia*	1267
di rulli cilindrici	6419	Dentatura biolicoidale	
Cuscinetto radiale a rulli	6410	(a doppia elica)	1266
Cuscinetto radiale a rullini	6412	Dentatura bielicoidale continua*	1267
Cuscinetto radiale a sfere	6408	Dentatura bombata	1268
Cuscinetto radiale a sfere sfilabile	6431	Dentatura destra	1264
Cuscinetto radiale orientabile a		Dentatura di innesto	5127
due corone di rulli	6424	Dentatura grezza di fusione	5136
Cuscinetto radiale orientabile ad		Dentatura rasata	5139
una corona di rulli	6423	Dentatura rettificata	5138
Cuscinetto radiale orientabile a		Dentatura rodata	5140
sfere	6422	Dentatura rullata	5137
Cuscinetto radiale rigido a due		Dentatura sinistra	1265
corone di sfere	6415	Dentatura stampata	5135
Cuscinetto radiale rigido ad una		Dentatura tagliata	5130
corona di sfere	6414	Dentatura tagliata con creatore	5131

Dentatura tagliata con dentiera
  utensile — 5132
Dentatura tagliata con fresa
  di forma — 5134
Dentatura tagliata con pignone
  utensile — 5133
Dente — 1211
Dente bombato* — 1316
Dentellature — 6114
Diaframma — 6566
Diametral pitch — 1214.3
Diametral pitch apparente* — 2146
Diametral pitch dell'utensile — 2197
Diametral pitch normale — 2155
Diametral pitch reale* — 2155
Diametral pitch trasversale
  (apparente) — 2146
Diametro del cilindro di
  riferimento — 4213
Diametro di base — 2117
Diametro di fondo* — 2118.1, 3127.1
Diametro di piede — 4323
Diametro di piede della ruota
  conica — 3127.1
Diametro di piede (di base) — 2118.1
Diametro di riferimento — 4324
Diametro di testa della ruota
  conica — 3127
Diametro di testa (esterno) — 2118
Diametro di testa (gola) — 4322
Diametro di troncatura* — 2118
Diametro esterno — 4321
Diametro esterno* — 3127
Diametro primitivo — 2116
Diametro primitivo di
  dentatura* — 2116.1, 3124
Diametro primitivo di
  funzionamento — 2116.1
Diametro primitivo di riferimento
  della ruota conica — 3124
Differenziale — 5058
Diffusore dell'olio — 6512
Dimensioni — 6001
Direzione degli alberi — 6123.0
  Obliquo — 6123.3
  Orizzontale — 6123.1
  Verticale — 6123.2
Disallineamento — 6128.0
Disallineamento angolare — 6128.1
Disallineamento assiale — 6128.3
Disallineamento radiale — 6128.2
Disassamento — 1117.1
Dispositivo di innesto ad
  ingranaggi (treno ballerino) — 5125
Disposizione degli alberi — 6125.0
Disposizione degli alberi coassiali — 6125.1

Disposizione degli alberi
  concorrenti (ortogonali e non) — 6125.3
Disposizione degli alberi paralleli — 6125.2
Disposizione degli alberi sghembi
  (ortogonali e non) — 6125.4
Distanza di costruzione di
  ingranaggio conico — 3134
Distanza di riferimento di testa
  di ingranaggio conico — 3135
Distanza di testa (riferita al
  vertice del cono) — 3135.1
Distanza fra gli assi* — 1117
Distanziale — 6301
Distanziale di spallamento — 6305
Draghe — 6613
Durata di funzionamento al
  giorno (h/d) — 6052
Durata di funzionamento totale (h) — 6053

Elenco dei pezzi di ricambio — 6013
Elevatori — 6615
Elica base — 2123
Elica cilindrica* — 1411
Elica del cilindro di riferimento — 4214
Elica primitiva di dentatura* — 2121
Elica primitiva di
  funzionamento — 2122
Elica primitiva di riferimento — 2121
Elicoide ad evolvente — 1421
Elicoide ad evolvente sferico — 1422
Epicicloide — 1416
Essiccatrici centrifughe — 6623
Estremità d'albero — 6122
Estrusori — 6616
Evolvente di cerchio — 1418
Evolvente sferica — 1419

Faccia di riferimento
  di ingranaggio conico — 3133
Fattore di applicazione — 6041
Fattore di modificazione
  dell'interasse primitivo — 2256
Fattore di servizio — 6042
Fianchi coniugati — 1241
Fianchi di lavoro — 1245
Fianchi (omologhi) con eguale
  orientamento — 1243
Fianchi opposti — 1244
Fianchi posteriori
  (senza carico) — 1246
Fianco anteriore* — 1245, 1252
Fianco attivo — 1252
Fianco del dente — 1231

I

Fianco destro	1242	Grasso	6503.0
Fianco di piede*	1251.1	Grasso minerale	6503.1
Fianco di testa*	1251	Grasso sintetico	6503.2
Fianco posteriore*	1246	Gru	6611
Fianco sinistro	1242.1	Gru per bacino di carenaggio	6614
Fianco utilizzabile	1253	Gruppo differenziale	5059
Filetto della vite senza fine	4211	Guarnizione	6531.0
Filtro dell'olio	6515.0	Guarnizione di carta	6531.1
Filtro dell'olio (a cartuccia)	6515.1	Guarnizione di gomma	6531.3
Filtro dell'olio (a lamelle)	6515.3	Guarnizione liquida	6531.4
Filtro dell'olio (magnetico)	6515.2	Guarnizione di plastica	6531.2
Fissaggio	6200		
Flange di assiemaggio	6136		
Flangia	6340	Impianti di depurazione	6606
Flangia d'appoggio	6342	Inclinazione dell'elica di base	2127
Flangia motore	6341	Inclinazione dell'elica sul	
Fondazione	6131	primitivo	2126
Forcella di comando	5128	Indicatore di circolazione del	
Forma dei fianchi A definita da un		liquido	6562
profilo assiale per vite ZA	4231	Indicatore di livello olio	6519
Forma dei fianchi I a sviluppo		Industria alimentare	6619
elicoidale per vite ZI	4234	Industria cartaria	6631
Forma dei fianchi K prodotta da		Industria della gomma	6635
utensili a disco per vite ZK	4233	Industria della plastica	6632
Forma dei fianchi N definita da		Industria del legno	6625
un profilo normale per vite ZN	4232	Industria petrolifera	6630
Frantoi	6612	Industria tessile	6641
(Fresa a) creatore	2193	Ingombro in pianta l × b in mm	6002
Funzione (di) evolvente	1418.1	Ingombro totale l × b × h in mm	6603
		Ingranaggi ad assi intersecanti	1115
		Ingranaggi ad assi paralleli	1114
Gabbia a pignoni	5054	Ingranaggi ad assi sghembi	1116
Gabbia a due pignoni	5055	Ingranaggi cilindrici*	1114
Gabbia a tre pignoni	5056	Ingranaggi conici*	1115
Generatori elettrici	6620	Ingranaggi ellittici	1259
Generatrice (lunghezza		Ingranaggio*	1111
generatrice) esterna	3132	Ingranaggio ad assi concor-	
Generatrice (lunghezza		renti*	1324
generatrice) interna	3132.1	Ingranaggio ad assi sghembi con	
Generatrice media	3132.2	dentatura cilindrica elicoidale*	2215
Ghiera con intagli	6259	Ingranaggio ad assi paralleli*	1323
Giuoco di funzionamento	4414	Ingranaggio a dentatura	
Giuoco di testa	2223, 4413	esterna	1223
Giuoco di testa sul fondo del		Ingranaggio a dentatura	
dente*	2223	interna	1224
Giuoco normale	2225	Ingranaggio a denti esterni*	1225
Giuoco primitivo	2224	Ingranaggio a denti interni*	1224
Giuoco sul diametro primitivo*	2224	Ingranaggio campione	1111.1
Giuoco sul fondo del dente*	2223	Ingranaggio cilindrico ad	
Gola di testa	4315	evolvente	2174
Golfare ad occhio cilindrico con		Ingranaggio cilindrico a lanterna	2173.1
foro filettato	6262	Ingranaggio cilindrico	
Golfare ad occhio cilindrico con		equivalente di un ingranaggio	
gambo filettato	6231	conico	3119
Grandezza	6037	Ingranaggio conico ad assi	
		sghembi*	1328

Ingranaggio corretto	2189	Lunghezza di contatto	2242
Ingranaggio corretto ma con interasse nominale*	2254	Lunghezza di contatto di entrata (della linea di condotta)	2245
Ingranaggio del cambio	1111.2	Lunghezza di contatto di uscita	
Ingranaggio elicoidale	1263	(della linea di condotta)	2246
Ingranaggio motore	1124	Lunghezza di recesso della linea	
Ingranaggio X*	2252	d'azione*	2246
Ingranaggio X — zero*	2251	Lunghezza di ricoprimento	2247
Ingrassatore a sfera	6534		
Ingrassatore con coperchio a vite	6533	Macchina azionata	6049
Interasse	6005, 1117	Macchine lavatrici	6622
Interasse di riferimento (nominale)	2253	Macchine per la lavorazione	
Interferenza*	1312	dell'argilla	6608
Interferenza d'ingranamento	1312	Macchine per l'industria	
Invertitore	5053	conserviera (riempimento)	6604
Ipocicloide	1417	Macchine per metallurgia	6627
		Macchine utensili	6626
		Manicotto di innesto	5126
Lanterna	6134	Manometro	6564
Larghezza del dente (fascia)	2119	Massa	6039
Larghezza della ruota	4326.1	Mescolatori	6629
Larghezza di dente di		Metodo di calettamento	6119.0
ingranaggio conico	3131	Metodo di calettamento a caldo*	6119.2
Larghezza effettiva del		Metodo di calettamento a freddo*	6119.1
dente	2119.1, 4326	Metodo di calettamento a	
Larghezza effettiva di dente		pressione d'olio*	6119.3
di ingranaggio conico	3131.1	Modalità di funzionamento	6050.0
Leva di comando	6343	Carico uniforme	6050.1
Limitatore di momento torcente	6344	Urti forti	6050.3
Limitatore di velocità	6345	Urti moderati	6050.3
Linea d'azione (normale al		Modulo	1214
profilo nel punto di contatto)	2231	Modulo apparente*	2145
Linea del fianco dente	1232	Modulo assiale	4224
Linea d'elica	1411	Modulo dell'utensile	2196
Linea di contatto	2232	Modulo di funzionamento	1214.1
Linea di riferimento del profilo	2185	Modulo normale	2154
Linguetta a disco	6334	Modulo normalizzato (normale)	1214.2
Linguetta a gradini	6331	Modulo reale*	2154
Linguetta avvitata	6336	Modulo trasversale (apparente)	2145
Linguetta parallela	6330.1	Molini a martelli	6621
Linguetta tangenziale	6332	Molini rotativi	6628
Livello olio	6516	Moltiplicatore di velocità	5045
Lubrificante	6501	Moltiplicatore per alta velocità	5046
Lubrificazione	6500	Momento torcente	6022
Lubrificazione ad iniezione	6510	Momento torcente massimo	
Lubrificazione a sbattimento	6504	istantaneo	6025
Lubrificazione con anelli	6505	Momento torcente nominale	
Lubrificazione forzata	6509	in entrata	6023
Lubrificazione non forzata	6506	Momento torcente nominale in	
Lunghezza d'accesso della linea		uscita	6024
d'azione*	2245	Motore elettrico	6045.0
Lunghezza d'azione*	2242	Motore elettrico a corrente	
Lunghezza della estremità		alternata	6045.1
d'albero	6006	Motore elettrico a corrente	
Lunghezza della vite	4215	continua	6045.2

I

Motore endotermico	6046.0	
Due o quattro tempi	6046.2	
Numero di cilindri	6046.1	
Motore idraulico	6047.1	
Motore idraulico ad ingranaggi	6047.1	
Motore idraulico a pistoni assiali	6047.3	
Motore idraulico a pistoni radiali *	6047.2	
Motore pneumatico	6048.0	
Motore pneumatico ad ingranaggi	6048.1	
Motore pneumatico a palette	6048.2	
Motore pneumatico a pistoni	6048.3	
Motore pneumatico centrifugo	6048.4	
Motore principale	6044	
Motoriduttore	5040	
Motoriduttore con flangia	5043	
Motoriduttore con giunto (tra motore e riduttore)	5041	
Motoriduttore con piedi di appoggio	5042	
Mozzo (a)	5119	
Nervatura di rinforzo	5211	
Nipplo	6548	
Nipplo doppio	6549	
Nitrurazione	6153	
Numero dei filetti	4211.1	
Numero del disegno	6008	
Numero del pezzo di ricambio	6014	
Numero di avviamenti all'ora	6051	
Numero di denti complementare	3119.1	
Numero di denti virtuale od apparente	3119.2	
Numero di fabbricazione	6038	
Numero di giri:	6031	
al minuto		
al secondo		
Numero di giri in entrata (giri/min)	6032	
Numero di giri in uscita (giri/min)	6033	
Olio	6502.0	
Olio minerale	6502.1	
Olio sintetico	6502.2	
Orientamento degli alberi	6124.0	
Orientamento degli alberi verso destra	6124.3	
Orientamento degli alberi verso il basso	6124.2	
Orientamento degli alberi verso l'alto	6124.1	
Orientamento degli alberi verso sinistra	6124.4	
Parete (a)	5209	
Parete di separazione (b)	5210	
Passo	4220	
Passo angolare (angolo della divisione)	2144	
Passo assiale	2129, 4223	
Passo di base normale	2178.1	
Passo di base reale *	2178.1	
Passo di base trasversale (apparente)	2178	
Passo di riferimento	4325	
Passo elicoidale	4222	
Passo nominale dell'utensile	2195	
Passo normale	2153	
Passo reale *	2153	
Passo trasversale (apparente)	2143	
Pezzi di ricambio	6012	
Pezzo	6040	
Piano d'azione	2241	
Piano di appoggio lavorato o non	6139	
Piano di base	6138	
Piano di riferimento del profilo	2184	
Piano di unione	6135	
Piano mediano della coppia a vite senza fine	4311	
Piano mediano del toro	4113	
Piastra di base	6140	
Piastra di fondazione	6141	
Piastrina di appoggio su ali di trave	6272.0	
Piastrina di appoggio su ali di trave per profilo ad I	6272.2	
Piastrina di appoggio su ali di trave per profilo ad U	6272.1	
Pignone	1122	
Pignone cilindrico (alberato)	5101	
Pignone cilindrico bielicoidale (alberato)	5104	
Pignone cilindrico elicoidale (alberato)	5103	
Pignone cilindrico diritto (alberato)	5102	
Pignone conico (alberato)	5105	
Pignone conico diritto (alberato)	5106	
Pignone conico a spirale	5107	
Pignone di ingranaggio conico con assi sghembi *	1330	
Pignone ipoide	1330	
Pignone per catena	1331.1	
Planetario	1128	
Planetario centrale *	1126	
Pompa ad ingranaggi	6539	
Pompa a palette	6538	
Pompa a pistoni	6537	
Pompa centrifuga	6536	
Pompa dell'olio	6535	
Pompe	6634	

I

Potenza		6016
Potenza assorbita		6020
Potenza motore		6017
Potenza nominale in entrata		6018
Potenza nominale in uscita		6019
Potenza termica		6021
Premistoppa		6526
Presse per stampa		6633
Pressostato		6565
Profilo apparente*		1234
Profilo assiale	1236,	4221
Profilo corretto con bombatura*		1314.2
Profilo del dente		1233
Profilo del fianco		1233.1
Profilo di riferimento		2181
Profilo modificato		1314.2
Profilo normale		1235
Profilo reale*		1235
Profilo trasversale (apparente)		1234
Profilo trasversale (apparente) sul cono complementare esterno		3118
Protezione		6132
Punto di contatto		2231.1
Punto primitivo di funzionamento		2233
Quantità		9015
Quantità d'olio		6517
Quoziente diametrale		4226
Raccordo		6547
Raccordo ad angolo (45°−90°)		6553
Raccordo a squadra		6552
Raccordo a T		6554
Raccordo del fondo del dente*		1254
Raccordo di piede del dente		1254
Raccordo di riduzione		6550
Raccordo diritto		6551
Raccordo orientabile		6555
Raggio di eccentricità delle linee dei fianchi		3174
Raggio di gola		4328
Rapporto d'azione apparente*		2238
Rapporto di contatto trasversale		2238
Rapporto di moltiplicazione	1136,	6029
Rapporto di ricoprimento elicoidale		2239
Rapporto di riduzione	1135,	6027
Rapporto di trasmissione	1132, 4411,	6026
Rapporto di trasmissione uguale a 1		6028
Rapporto di velocità multiplo		6030
Rapporto fra il numero di denti		1131

Raschiaolio		6508
Rendimento		6043
Retta dei centri		2221
Ribattino a testa svasata		6339
Ribattino a testa tonda		6338
Ricoprimento		2230
Ricoprimento totale		2237
Riduttore		5001
Riduttore ad albero cavo		5033
Riduttore ad assi ortogonali		5021
Riduttore ad assi ortogonali (1 ingranaggio conico e 1 cilindrico)		5028
Riduttore ad assi paralleli		5016
Riduttore ad assi paralleli in piano		5017
Riduttore ad assi paralleli non coassiali		5017
Riduttore ad ingranaggi		5000
Riduttore ad ingranaggi cilindrici		5020
Riduttore ad ingranaggi orizzontali		5009
Riduttore ad ingranaggi sovrapposti		5010
Riduttore a due ingranaggi		5003
Riduttore ad un ingranaggio		5002
Riduttore a una entrata		5011
Riduttore ad una uscita		5013
Riduttore a n ingranaggi		5004
Riduttore a n entrate		5012
Riduttore a n uscite		5014
Riduttore ausiliario (A)		5039
Riduttore a vite		5026
Riduttore a vite e ingranaggio cilindrico		5029
Riduttore a vite e ingranaggio planetario		5030
Riduttore a vite globoidale		5027
Riduttore coassiale		5018
Riduttore combinato		5015
Riduttore con basamento		5007
Riduttore con flangia		5005
Riduttore con piedi di appoggio		5006
Riduttore di velocità		5034
Riduttore modulare		5031
Riduttore monoblocco		5035
Riduttore pendolare		5008
Riduttore per alta velocità	5032,	5044
Riduttore planetario (o epicicloidale)		5019
Riduttore primario (A)		5036
Riduttore principale (B)		5038
Riduttore secondario (B)		5037
Riduttore unidirezionale		5061
Rinvio ad angolo		5022
Rinvio ad angolo con dentatura conica diritta		5023

I

81

Rinvio ad angolo con dentatura conica a spirale	5024
Rinvio ad angolo con ingranaggio a vite i = 1	5025
Rinvio (o riduttore con rapporto i = 1)	5069
Rosetta di sicurezza con linguetta	6278.0
Rosetta di sicurezza con 1 linguetta	6278.1
Rosetta di sicurezza con 2 linguette ad angolo	6278.2
Rosetta di sicurezza con nasello	6279.0
Rosetta di sicurezza con nasello esterno	6279.1
Rosetta di sicurezza con nasello interno	6279.2
Rosetta elastica spaccata	6273.0
Rosetta elastica spaccata con anello di protezione	6273.3
Rosetta elastica spaccata	6273.1
Rosetta elastica spaccata ondulata	6273.2
Rosetta elastica	6274.0
Rosetta elastica curvata	6274.1
Rosetta elastica ondulata	6274.2
Rosetta elastica	6276.0
Rosetta piana con dentatura esterna	6276.1
Rosetta piana con dentatura interna	6276.2
Rosetta svasata con dentatura esterna	6276.3
Rosetta elastica con dentatura sovrapposta	6277.0
Rosetta piana con dentatura esterna sovrapposta	6277.1
Rosetta piana con dentatura interna sovrapposta	6277.2
Rosetta svasata con dentatura esterna sovrapposta	6277.3
Rosetta elastica conica	6275
Rosetta piana	6271.0
Rosetta piana con smusso esterno	6271.2
Rosetta piana normale	6271.1
Rosette	6270
Rotismo*	1113
Rubinetto	6557
Rubinetto di svuotamento (o di scarico)	6556
Ruota	1123
Ruota a dentatura ottoide (detta ruota conica ad evolvente)	3175
Ruota a vite	5065
Ruota a vite senza fine globoidale*	1326.1
Ruota cicloidale	2172

Ruota cilindrica	1321, 5062
Ruota cilindrica a dentatura diritta*	1261
Ruota cilindrica a dentatura elicoidale*	1263
Ruota cilindrica a denti diritti	1261
Ruota cilindrica a perni	2173
Ruota con dentatura "frontale"	3171
Ruota condotta	1125
Ruota conica	1322, 5063
Ruota conica a dentatura diritta*	1262
Ruota conica a dentatura elicoidale*	1263.1
Ruota conica a dentatura spirale*	1263.1
Ruota conica a denti diritti	1262
Ruota conica a denti inclinati	3173
Ruota conica a denti a spirale	3173.1
Ruota conica il cui angolo primitivo di riferimento è di 90°*	3171
Ruota coniugata (ruota I 2 coniugata della ruota I 1)	1121
Ruota corretta*	2189
Ruota dentata	1111
Ruota di acciaio legato saldato	5115
Ruota di ingranaggio conico ad assi sghembi*	1329
Ruota di lubrificazione	6507
Ruota 2 coniugata della ruota 1*	1121
Ruota frontale conica (o ipoide con denti di altezza costante i cui angoli di testa e di piede sono di 90° per pignone cilindrico	3172
Ruota generatrice	1311
Ruota intermedia	1125.1
Ruota ipoide	1329
Ruota libera	6346
Ruota multipla	5110
Ruota (o pignone) di acciaio fucinato o stampato	5112
Ruota (o pignone) di acciaio fuso o ghisa	5111
Ruota (o pignone) di acciaio laminato	5113
Ruota (o pignone) di acciaio legato	5114
Ruota per catena	1331
Ruota per vite cilindrica	4122
Ruota per vite globoidale	1326.1, 4125
Ruota per vite senza fine	1326
Ruota planetaria	5068
Ruota senza correzione (ruota "zero")	2188
Ruota solare	1126, 5066
Ruota X – zero –*	2188
Ruote ad assi concorrenti*	1115

Satellite*	1128	Spina di riferimento	6317
Satelliti (alberati)	5108	Spina di sicurezza	6316
Scatola differenziale	5057	Spina elastica	6315
Scala	6007	Spina scanalata	6314
Scambiatore di calore	6569.0	Spingitori di lingotti	6638
Scambiatore di calore ad acqua	6569.2	Spoglia d'estremità	1317
Scambiatore di calore ad aria	6569.1	Stazioni di depurazione delle	
Scambiatore di calore ad olio	6569.3	acque	6636
Scanalature ad evolvente	6111	Superfici e linee del "toro"	4110
Scanalature coniche	6112	Superficie di fondo*	1222
Scanalature diritte	6110	Superficie di fondo del dente	1222.1
Scaricatori a rovesciamento		Superficie di testa	4313
(di carri merci)	6605	Superficie di troncatura di testa*	1221
Scarico di piede del dente	1315	Superficie esterna di testa del	
Scartamento	2165	dente	1221.1
Scartamento sul dente	2165	Superficie inviluppante di fondo	1222
Scatola sterzo	5060	Superficie inviluppante (esterna)	
Schermo di ritegno del grasso	6541	di testa	1221
Schermo per l'olio	6540	Superficie primitiva	1142
Semianello	6304	Superficie primitiva di	
Semiangolo di spessore del dente		funzionamento	1144
della ruota conica	3158	Superficie primitiva di riferimento	1143
Semiangolo di vano del dente		Superficie primitiva di rotolamento	1141
della ruota conica	3159	Supporto magnetico (senza	
Semicarcassa	5207	contatto)	6443
Senso dell'inclinazione	1413.1		
Senso di rotazione	6126.0		
Senso di rotazione antiorario	6126.2	Tangente ai due cerchi di base	
Senso di rotazione orario	6126.1	nel punto di contatto*	2232
Serbatoio dell'olio	6514	Tappo	6521
Serpentina di raffreddamento	6571	Tappo di carico	6522
Serpentina di riscaldamento	6572	Tappo di scarico	6523
Sezione	6009	Targa con istruzione	6056
Sfiato	6563	Targa di identificazione	6011
Slitta tendi-cinghia	6133	Temperature	6055.0
Smusso di piede	1314.1	Temperatura ambiente	6055.2
Smusso di testa	1314	Temperatura di funzionamento	6055.1
Snodo sferico	6435	Tempra superficiale	6151.0
Soffianti	6602	Tempra superficiale ad induzione	6151.2
Sottoscarico di taglio	1313	Tempra superficiale alla fiamma	6151.1
Spallamento	6129	Tempra totale	6155
Spessore apparente*	2147	Tenuta a labirinto	6529
Spessore d'aggiustaggio	6307	Termometro	6567
Spessore di base apparente*	2179	Termostato	6568
Spessore di base normale	2179.1	Tipo	6036
Spessore di base reale*	2179.1	Tipo d'olio	6518
Spessore di base trasversale		Tirante ad occhio	6230
(apparente)	2179	Tirante a doppia gola	6237
Spessore normale	2156	Toro	4111
Spessore normale di testa	2156.1	Toro di piede	4316
Spessore reale*	2156	Toro di riferimento (gola	
Spessore trasversale (apparente)	2147	mediana)	4312
Spia di livello olio	6520	Trasportatori	6610
Spigolo di testa del dente	1221.2	Trattamento termico	6150
Spina cilindrica	6312	Treno di ingranaggi	1113
Spina conica	6313	Treno di ingranaggi a planetari	1119

I

Treno planetario* 1119
Treno portasatelliti* 1129
Tubo 6542
Tubo di immissione (olìo-grasso) 6544
Tubo di ritorno (grasso) 6545
Tubo di troppo pieno 6546
Tubo flessibile 6543

Utensile a coltello circolare 2192
Utensile a cremagliera 2191
Utensile a pettine* 2191
Utensile a profilo* 2190.1
Utensile a dentiera* 2191
Utensile di forma* 2190.1
Utensile di taglio 2190
Utensile generatore 2190.1
Utensile per generazione* 2190
Utensile rocchetto* 2192

Vagliatrici 6607
Valvola 6558
Valvola By-pass 6561
Valvola di ritegno 6559
Valvola limitatrice di pressione 6560
Vano apparente* 2148
Vano fra due denti contigui 1212
Vano normale 2157
Vano reale* 2157
Vano trasversale (apparente)
    fra due denti 2148
Veicoli 6642
Velocità angolare 6034
Velocità tangenziale (o periferica) 6035
Ventilatore 6570
Ventilatori 6617
Vertice primitivo di riferimento di
    ingranaggio conico 3112
Vista 6010
Vite 5064
Vite ad alette 6232
Vite (alberata) 5109
Vite a testa cilindrica con calotta
    con intaglio a croce 6217
Vite a testa cilindrica con calotta
    ed intaglio 6220
Vite a testa cilindrica con esagono
    incassato 6208
Vite a testa cilindrica con intaglio 6218
Vite a testa cilindrica forata con
    calotta ed intaglio 6224
Vite a testa cilindrica ribassata,
    con esagono incassato 6209
Vite a testa cilindrica zigrinata 6233.0
Vite a testa cilindrica zigrinata
    con colletto 6233.1

Vite a testa cilindrica zigrinata
    piana 6233.2
Vite a testa esagonale 6202.0
Vite a testa esagonale con
    estremità cilindrica 6202.2
Vite a testa esagonale con
    estremità conica 6202.3
Vite a testa esagonale normale 6202.1
Vite a testa esagonale con gambo
    alleggerito 6203
Vite a testa esagonale con
    gambo calibrato 6204
Vite a testa quadra 6205.0
Vite a testa quadra con bordino 6205.2
Vite a testa quadra con bordino ed
    estremità a colletto con calotta 6205.3
Vite a testa quadra estremità a
    colletto piano e cilindrica 6205.1
Vite a testa svasata con calotta
    ed intaglio 6222
Vite a testa svasata con calotta
    ed intaglio a croce 6215
Vite a testa svasata con esagono
    incassato 6210
Vite a testa svasata con intaglio 6221
Vite a testa svasata con intaglio
    a croce 6216
Vite a testa svasata con intaglio
    incassato (per carpenteria
    metallica) 6223
Vite a testa tonda con intaglio 6219
Vite cilindrica 1325.1
Vite con testa a martello 6206.0
Vite con testa a martello con
    doppio nasello sotto testa 6203.3
Vite con testa a martello con
    quadro sotto testa 6206.2
Vite con testa a martello normale 6206.1
Vite di ancoraggio 6238
Vite globoidale 1325.2, 4124
Vite per scanalature a T 6207
Vite prigioniera 6236
Vite senza fine 1325
Vite senza fine cilindrica 4121
Vite senza fine globoidale* 1325.2
Vite senza testa con esagono
    incassato ed estremità a coppa 6211
Vite senza testa con esagono
    incassato ed estremità cilindrica 6213
Vite senza testa con esagono
    incassato ed estremità conica 6212
Vite senza testa con esagono
    incassato ed estremità piana
    smussata 6214
Vite senza testa con intaglio ed
    estremità a coppa 6228

I

Voorwoord

De Beroepsvereinigingen van Europese fabrikanten van tandwielen en transmissie-organen hebben in 1967 een Komitee opgericht genaamd "Europees Komitee van Verenigingen van Fabrikanten van Tandwielen en Transmissie-organen", in 't kort "EUROTRANS".

Dit Komitee heeft tot doel:

a) de gemeenschappelijke technico-commerciële vakproblemen te bestuderen;
b) de gemeenschappelijke belangen bij internationale organizaties te behartigen;
c) het specifieke vak op internationaal vlak te bevorderen.

Het Komitee is een feitelijke vereniging, zonder rechtspersoonlijkheid noch winstoogmerk.

Volgende verenigingen zijn lid van EUROTRANS:

Fachgemeinschaft Antriebstechnik im VDMA
Lyoner Straße 18, D-6000 Frankfurt/Main 71,

Servicio Tecnico Comercial de Constructores de Bienes de Equipo (SERCOBE) –
Grupo de Transmision Mecanica
Jorge Juan, 47, E-Madrid-1,

SYNECOT – Syndicat National des Fabricants d'Engrenages et Constructeurs d'Organes de Transmission
9, rue des Celtes, F-95100 Argenteuil,

FABRIMETAL – groep 11/1 "Tandwielen, transmissie-organen"
Lakenweversstraat 21, B-1050 Brussel,

BGMA – British Gear Manufacturers Association
P.O. Box 121, GB-Sheffield S 1 3 AF,

ASSIOT – Associazione Italiana Costruttori Organi di Trasmissione e Ingranaggi
Via Cadamosto 2, I-20129 Milano,

FME – Federatie Metaal-en Elektrotechnische Industrie
Postbus 190, NL-2700 AD Zoetermeer,

Sveriges Mekanförbund
Storgatan 19, S-11485 Stockholm,

Suomen Metalliteollisuuden Keskusliitto, Voimansiirtoryhmä
Eteläranta 10, SF-00130 Helsinki 13.

Het verheugt EUROTRANS met deze publikatie een twede deel van een vijfdelig glossarium in acht talen (Duits, Spaans, Frans, Engels, Italiaans, Nederlands, Zweeds en Fins) i.v.m. de terminologie over tandwielen, tandwielkasten en transmissie-organen ter beschikking te kunnen stellen.

Het tweede deel van dit glossarium werd samengesteld door een werkgroep van EUROTRANS, met de medewerking van ingenieurs en vertalers uit Duitsland, Spanje, Frankrijk, Groot-Brittannië, Italië, Nederland, België, Zweden en Finland. Het zal ertoe bijdragen de uitwisseling van informatie te vergemakkelijken, en zal de vaklui, die zich met gelijkaardige taken in hun respektieve landen bezighouden, helpen elkaar beter te verstaan en beter te leren kennen.

NL

Inleiding

Het onderhaving dokument bestaat uit:

acht alfabetische ééntalige trefwoordenlijsten aangevuld met synoniemen in het Duits, Spaans, Frans, Engels, Italiaans, Nederlands, Zweeds en Fins.

In elk vak bevinden zich, naast de tekening, de termen in deze acht talen. Elk vak begint met een rangnummer.

Wanneer men een term kent in één van de talen van het glossarium, kan men volstaan met de trefwoordenlijst te raadplegen in de betreffende taal en het nummer te noteren dat ernaast vermeld staat. Aan de hand van dit nummer zoekt men de overeenkomstige lijn in de synoptische tabel en zo vindt men de tekening en het ekwivalent van de term in de verschillende talen.

Men gaat op dezelfde wijze te werk bij synoniemen die met een asterisk aangeduid zijn. Indien bij een bepaald woord meer dan één nummer staat, dan kieze men het ekwivalent dat in het zinsverband past.

Voorbeeld: ''Schakeltandwielkast''

Zoek deze term in de Nederlandse trefwoordenlijst. U vindt het nummer 5047.

Zoek dit nummer in het glossarium: na de desbetreffende tekening vindt U als ekwivalent:

Duits   – Schaltgetriebe
Spaans   – Caja de velocidades
Frans   – Boîte de vitesses
Engels   – Spced change gear unit
Italiaans   – Cambio di velocità
Nederlands   – Schakeltandwielkast
Zweeds   – Omläggbar växel
Fins   – Monivälityksinen hammasvaihde

De trefwoorden met nummers 1111 tot 4414 ziju opgenomen in Deel 1 ''Tandwielen''.

Trefwoordenlijst aangevuld met synoniemen

Synoniemen = *

Aanbouw-(tandwiel)-kast	5031
Aandrijfmotor	6044
Aangedreven machine*	6049
Aanloopfrekwentie per uur	6051
Aantal	6015
Aantal gangen	4211.1
Aanvoerinrichtingen*	6610
Aanzetfrekwentie per uur*	6051
Aanzicht	6010
Afdichting	6531.0
Kunststofafdichting*	6531.2
Papierafdichting*	6531.1
Rubberafdichting*	6531.3
Vloeibare afdichting*	6531.4
Afdichting met lippen	6527
Afdichtlager:	6437.0
Dubbele afdichting	6437.2
Enkele afdichting	6437.1
Afdichtring	6524
Afgenomen (uitgaand) koppel*	6025
Afgenomen vermogen*	6021
Afmetingen	6001
Afmetingen (l x b x h in mm)	6003
Afsluiter	6557
Afstandsring	6301
Afstelring	6307
Aftapdop	6523
Aftapkraan	6556
Afvoer (olie)	6545
Afwijking van de flanklijnen	3174
Afwikkelcirkel van de torus	4112
Afwikkelfrees	2193
Afwikkelheugel	2183
Afwikkelsnijgereedschap	2190.1
Afwikkeltandwiel	1311
Ankermoer	6255
As	6101
Asafstand	1117, 6005
As-afwijking:	6128.0
Hoekafwijking	6128.1
Axiaal	6128.3
Radiaal	6128.2
Aseind	6122
Ashoek	1118
Ashoekkast met wormoverbrenging	5025
Ashoektandwielkast	5022
Ashoogte*	6004
Aslijnhoogte	6004
As met flens*	6116
As-oriëntatie	6124.0
As-oriëntatie, naar boven	6124.1
As-oriëntatie, naar links	6124.4
As-oriëntatie, naar onder	6124.2
As-oriëntatie, naar rechts	6124.3
Asrichting	6123.0
Asrichting, horizontaal	6123.1
Asrichting, schuin	6123.3
Asrichting, vertikaal	6123.2
Asschikking	6125.0
Asschikking, co-axiaal	6125.1
Asschikking, evenwijdig	6125.2
Asschikking, kruisend	6125.4
Asschikking, snijdend	6125.3
Asverschuivingsfaktor	2256
Automatische schakeltandwielkast	5052
Axiaal cilinderlager	6429
Axiaal glijlager:	6439.0
Met axiale kantelblokjes	6439.2
Vast	6439.1
Axiaal kogellager	6409
Axiaal lager	6403
Axiaal naaldlager	6413
Axiaalprofiel	1236, 4221
Axiaal rollager	6411
Axiale afdichting	6528
Axiale modulus	4224
Axiale steek	2129, 4223
Baggermolens*	6613
Baggers	6613
Basiscilinder	2176
Basiscirkel	2175
Basiscirkelmiddellijn	2177
Basisplaat	6140
Basisschroefhoek	2125
Basisschroeflijn*	2123
Basisspoedhoek	2127
Basistandhoek*	2125
Bedieningshandel *	6343
Bedieningshefboom	6343
Bedrijfs...*	1144
Bedrijfsduur per dag	6052
Bedrijfsfaktor	6042
Bedrijfsmodulus	1214.1
Bedrijfsomstandigheden	6054.0

NL

Bedrijfsomstandigheid, droog	6054.1
Bedrijfsomstandigheid, maritiem	6054.5
Bedrijfsomstandigheid, stoffig	6054.3
Bedrijfsomstandigheid, tropisch	6054.4
Bedrijfsomstandigheid, vochtig	6054.2
Bedrijfstemperatuur	6055.1
Bedrijfsuren per dag*	6052
Belasting	6050.0
Gelijkmatige belasting	6050.1
Lichtstotende belasting*	6050.2
Stootbelasting	6050.3
Belasting met*	6050.0
Belasting met gelijkmatige stoten	6050.1
Belasting met hevige stoten	6050.3
Belasting met matige stoten	6050.2
Beschermkap	6132
Beschrijvende cirkel van de torus*	4112
Beschrijvende heugel	2183
Beschrijvend wiel	1311
Bevestigingen	6200
Bevestigingsvlak	6139
Binnencirkel van de torus*	4115
Binnenkegel*	3116
Binnenkegellengte*	3132.1
Binnenzeskantschroef met cilinderkop	6208
Binnenzeskantschroef met lage cilinderkop	6209
Binnenzeskantschroef met verzonken kop	6210
Blaasinstallaties	6602
Blokpersen*	6638
Bodemflank*	1251.1
Bodemflens	6138
Bodemmanteloppervlak	1222
Bodemplaat	6141
Bodemvlak*	1222.1
Bolevolvente schroefvlak	1422
Bolkopklinknagel*	6338
Bolkopschroef met zaagsnede	6219
Bolverzonken schroef met kruisgleuf	6215
Boogvertanding	1268
Borgmoer	6263
Borgplaat met externe nok*	6279.1
Borgplaat met interne nok*	6279.2
Bouten	6201
Bovenste huissektie	5206.1
Breedtehoek	4327.1
Breedtewelving	1316
Breekpen	6316
Brekers	6612
Brouwerijen	6603
Brug met differentieel	5059
Bruikbare flank	1253
Buis	6542
Buismoer	6252
Buitencilinder*	4314
Buitenkegellengte*	3132
Buitenmiddellijn van het wormwiel	4321
Bus	6318
Bus met schroefdraad	6321
Cementeren*	6152
Center (gat)	6130.1
Center (gat) met draad	6130.2
Centraal	2221
Centreerpen	6317
Centreerring	6303
Centrifugaalpomp	6536
Centifugale droogzwierders	6623
Cilinderkopschroef met kruisgat(en) en zaagsnede	6224
Cilinderkopschroef met zaagsnede	6218
Cilindermoer met kruisgaten	6258
Cilindermoer met twee gaten	6257
Cilindermoer met vier gleuven*	6258
Cilindermoer met zaagsnede	6256
Cilindertaatslager*	5429
Cilindrisch radiaal glijlager	6440.1
Cilindrische pen	6312
Cilindrische tandwieloverbrenging	1323
Cilindrische tandwieloverbrenging met rechte evolvente vertanding	2213
Cilindrische veerborgring	6292
Cilindrische worm	1325.1, 4121
Cilindrische wormoverbrenging	4123
Cilindrisch tandwiel	1321
Cilindrisch tandwiel met rechte vertanding*	1261
Cilindrisch wiel	1321, 5062
Cilindrisch wormwiel	4122
Circlips voor assen*	6290
Circlips voor boringen*	6291
Circular pitch	1214.4
Circulatieaanwijzer	6562
Cirkelevolvente	1418
Co-axiale tandwielkast	5018
Contramoer*	6264
Cycloïdale overbrenging	2172.1
Cycloïdale tandwiel	2172
Cycloïde	1415
Deksel	6142
Deksel met smeernippel	6146
Diameterkotiënt	4226
Diametral pitch	1214.3
Diametral pitch van het gereedschap	2197
Differentieel	5058

NL

Dompelsmering	6504	
Doorgangskotiënt*	2237	
Doorsnede	6009	
Dop	6521	
Dopmoer	6253.0	
Dopmoer, hoog	6253.1	
Dopmoer, laag	6253.2	
Dopmoer, zelfborgend	6253.3	
Dopmoer met nylonring*	6253.3	
Dozenvulmachines*	6604	
Draad*	4211	
Draadstang	6234	
Draairichting	6126.0	
Draairichting, links	6126.2	
Draairichting, rechts	6126.1	
Draaizin*	6126.0	
Draainzin, tegenuurwijzerzin	6126.2	
Draaizin, uurwijzerzin	6126.1	
Dragende flanken	1245	
Drijvend wiel	1124	
Drijver*	1124	
Droogdok-kranen	6614	
Druklager*	5403	
Drukpersen	6634	
Drukregelaar*	6566	
Drukschakelaar	6565	
Drukverlager	6566	
Dubbel axiaal kogellager	6428	
Dubbele nippel	6549	
Dubbele schroefvertanding	1266	
Dubbel helicoïdale vertanding*	1266	
Dubbel kegellager	6426	
Dubbel tapeind	6237	
Eénrijig cilinderlager	6419	
Eénrijig cilindrisch rollager*	6419	
Eénrijig diepgroefkogellager*	6414	
Eénrijig hoekkontaktkogellager	6416	
Eénrijig radiaal axiaal kogellager*	6416	
Eénrijig radiaal kogellager	6414	
Eénrijig tonlager*	6423	
Eén-traps tandwielkast	5002	
Effektief vermogen	6020	
Effektieve breedtehoek	4327	
Effektieve tandbreedte	2119.1, 3131.1, 4326	
Eindwelving	1317	
Ekwivalent cilindrisch tandwiel	3119	
Elboog	6553	
Elektromotor	6045.0	
Elektromotor, gelijkstroom*	6045.2	
Elektromotor, wisselstroom*	6045.1	
Elevatoren	6615	
Elliptische tandwielen	1259	
Enkel axiaal kogellager	6427	
Enkelvoudig tandwielstel	1112	
Epicyclische tandwielkast*	5019	
Epicycloïdale overbrenging*	1119	
Epicycloïde	1416	
Evenwijdig tandwielstel*	1114	
Evolvent cilindrisch tandwiel	2174	
Evolvente*	1418, 2213	
Evolvente funktie	1418.1	
Evolvente groeven	6111	
Evolvente schroefvlak	1421	
Excentrische as	6121	
Fabrikagenummer	6038	
Fabrikage-ondersnijding	1313	
Flanklijn	1232	
Flankprofiel	1233	
Flankvorm A (type ZA)	4231	
Flankvorm I (type ZI)	4234	
Flankvorm K (type ZK)	4233	
Flankvorm N (type ZN)	4232	
Flankvorm van Archimedesvorm*	4231	
Flens	6340	
Flens-as	6116	
Flensbus	6319	
Flensdeksel	6144	
Flexibele buis	6543	
Fundatie	6131	
Gang	4211	
Gangrichting	1413.1	
Gedeelde ring	6304	
Gedeelde tandkrans*	5124	
Gedeeld ringwiel	5124	
Gedreven machine*	6049	
Gedreven wiel	1125	
Gegroefde as	6109	
Gegroefde bus	6320	
Gegroefde pen	6314	
Gekartelde as	6113	
Gekartelde cilindermoer	6260.0	
Gekartelde cilindermoer, hoog	6260.1	
Gekartelde cilindermoer, laag	6260.2	
Gekombineerde tandwielkast	5015	
Gelapte vertanding	5140	
Gelast stalen huis	5204.3	
Gelast stalen tandwiel	5115	
Gelegeerd stalen tandwiel (of rondsel)	5114	
Gelijkmatige belasting	6050.1	
Gelijkstroom-motor	6045.2	
Gelobd radial glijlager	6440.2	
Gemeenschappelijke tandhoogte*	2222, 4412	
Gemiddelde kegellengte	3132.2	

NL

Gemiddelde komplementaire kegel	3116.1
Gemiddelde spiraalhoek	3176.2
Generatoren	6620
Genormaliseerde modulus	1214.2
Gereedschapsmodulus	2196
Gerolde vertanding	5137
Geschraapte vertanding	5139
Geslepen vertanding	5138
Gesmede vertanding	5135
Gesynchronizeerde tandwielkast	5051
Gewelfde veerring *	6274.1
Gewicht	6040
Gietijzeren huis	5204.1
Gietstalen huis	5204.2
Gietstalen of gietijzeren tandwiel (of rondsel)	5111
Gleufmoer	6259
Glijlager	6404
Globoïde-wiel	1326.1, 4125
Globoïde-worm	1325.2, 4124
Globoïde-wormkast	5027
Globoïde-wormoverbrenging	4126
Groef *	4315
Groefring	6306
Grondoppervlak	6002
Grootte	6037
Haaks verbindingsstuk	6552
Halve kuilwijdtehoek	3156
Halve tanddiktehoek	3158
Hamerkopbout	6206.0
Hamerkopbout met dubbele nok	6206.3
Hamerkopbout met vierkant	6206.2
Hamerkopbout, normal	6206.1
Hamermolens	6621
Hartafstand	1117
Hartasafstand *	6005
Hartlijnafwijking	1117.1
Hellingshoek	1412
Heugel	2171
Heugel en rondsel	2171.1
Heugelsteekmes	2191
Hijslieren	6643
Hijstrommels	6643
Hoekkast *	5022
Hoeksnelheid	6034
Hoektandwielkast *	5022
Hoek van de tandhoogte	3146
Hoekverbindingsstuk *	6553
Hoeveelheid olie *	6517
Holle as	6108
Hoofddeksel	6143
Hoofdreduktiekast	5038
Hoogtewelving	1314.2
Houtindustrie	6625

Huis	5201
Huishelft	5207
Huis met (koel)ribben	5205
Huis met (koel)ruggen *	5205
Huis met oliereservoir	5208
Hulpreduktiekast	5039
Hydraulische motor	6047.0
Hydraulische motor met axiale zuigers (plunjers)	6047.3
Hydraulische motor met radiale zuigers (plunjers)	6047.2
Hydraulische motor met tandwielen	6047.1
Hydrodynamisch glijlager	6441
Hydrostatisch glijlager	6442.0
Hydrostatisch glijlager met luchtdruk	6442.2
Hydrostatisch glijlager met oliedruk	6442.1
Hypocycloïde	1417
Hypoïde-overbrenging *	1328
Hypoïde-rondsel	1330
Hypoïde-wiel	1329
Inblikmachines	6604
Inbouwmaat *	3134
Indexeermechanisme	5061
Industriële wasmachines	6622
Ingaande as	6102
Ingaand toerental	6032
Ingrijpflank	1252
Ingrijpkotiënt	2230
Ingrijplengte	2242
Ingrijplijn	2231
Ingrijppunt	2231.1
Ingrijpstoring *	1312
Ingrijpsweg	2232
Ingrijptandbreedte *	2120
Ingrijpverhouding *	2230
Ingrijpvlak	2241
Injektiesmering	6510
Inklaringsinstallaties *	6606
Inspektiedeksel	6149
Inwendige cirkel van de torus	4115
Inwendige kegellengte	3132.1
Inwendige komplementaire kegel	3116
Inwendige tandwieloverbrenging *	1226
Inwendig tandwiel *	1224
Inwendig zonnewiel *	1126
Karakteristieken	6000
Karboneren	6152
Karbonitreren	6154
Keel	4315

NL

Kast met horizontaal opgestelde assen	5009
Kast met vertikaal opgestelde assen	5010
Keelcirkel	4318
Keelcirkeldiameter *	4322
Keelcirkelmiddellijn	4322
Keelcirkel van de groef	4318
Keelradius	4328
Kegelgroeven	6112
Kegelkopklinknagel *	6339
Kegellager	6425
Kegelpen	6313
Kegelrondselas	5105
Kegelrondselas met spiraalvertanding	5107
Kegeltandwiel	1322
Kegeltandwielkast met rechte vertanding *	5023
Kegeltandwielkast met spirale vertanding *	5034
Kegeltandwiel met schuine vertanding	3173
Kegeltandwiel met spiraalvertanding	3173.1
Kegeltandwieloverbrenging	1324
Kegelwiel	1322, 5063
Kenmerken *	6000
Kenmerkenplaat	6011
Kerfpen *	6314
Kerfvertanding	6114
Kerndiameter *	4322
Kettingwiel	1331
Kipinstallaties voor wagons	6605
Klaarinstallaties	6606
Klauwkoppeling	5127
Klep	6558
Klinknagel met bolkop	6338
Klinknagel met kegelkop	6339
Knevelschroef	6230
Koeler	6569.0
Koeler, luchtkoeler *	6569.1
Koeler, oliekoeler *	6569.3
Koeler, waterkoeler *	6569.2
Koelslang	6571
Kogellager	6405
Kogeltaatslager *	6427
Kolomschroef met lenscilinderkop en kruisgroef *	6217
Kolomschroef met lenskop en kruisgroef *	6215
Kolomschroef met verzonken kop en kruisgroef *	6216
Kolomschroef met zaagsnede en vlakke top	6225
Kompakt huis	5202
Kompakte tandwielkast met evenwijdige assen	5107.2
Komplementaire kegel	3115
Komplementair tandental	3119.1
Kompressoren	6609
Konische pen *	6313
Konische tandwieloverbrenging *	1324
Konisch rollager *	6425
Konische rondselas *	5105
Konisch tandwiel *	1322
Konisch tandwiel met rechte vertanding *	1262
Konisch wiel *	1322
Konstante koorde	2163
Konstante koordehoogte	2164
Kontaktpunt *	2231.1
Kontroletandwiel	1111.1
Koordehoogte *	2162
Kopafstand *	3135
Kopcilinder *	2113
Kopcirkel *	2117, 3126
Kopcirkeldiameter *	2118
Kopdiameter *	3127
Kopflank	1251
Kophoek	3143
Kophoek van het gereedschap	3191
Kophoogte	2132, 3142, 4228, 4340
Kopkant *	1221.2
Kopkegel *	3114
Kopkegelhoek *	3125
Kopmanteloppervlak *	1221
Kopoppervlak *	1221.1, 4313
Koppel	6022
Koppelbegrenzer	6344
Kopspeling *	2223
Kopspie	6333
Kraag	6129
Kraagring	6305
Kranen	6611
Kroonmoer	6254.0
Kroonmoer, laag	6254.2
Kroonmoer, hoog	6254.1
Kroonwiel	3171
Kroonwiel met konstante tandhoogte	3172
Krukas	6120
Kunststofafdichting	6531.2
Kunststofhuis	5204.5
Kunststofindustrie	6632
Labyrinthafdichting	6531
Lagerbus	6436
Lagerdeksel	6147
Lagerhuis	6438
Lagerkap	6145

Lagers	6400	Middenvlak van de torus	4113
Lamellenfilter	6515.3	Minerale olie	6502.1
Langzaamdraaiende as	6105	Mineraal vet	6503.1
Langzaamlopende as*	6105	Modulaire tandwielkast*	5031
Lantaarn	6134	Modulus	1214
Laseind	6235	Moeren	6250
Lastwerktuig	6049	Molens, roterende type	6628
Lengte aseind	6006	Momentele as	1431
Lenscilinderkopschroef met		Montagemetode	6119.0
kruisgleuf	6217	Montagemetode, monteren door	
Levensduur	6053	onderkoeling*	6119.1
Lichtmetalen huis	5204.4	Montagemetode, monteren met	
Lichtstotende belasting	6050.2	oliedruk*	6119.3
Linker flank	1242.1	Montagemetode, warm monteren*	6119.2
Linkse vertanding	1265	Monteren door onderkoeling	6119.1
Lipborgplaat	6278.0	Monteren met oliedruk	6119.3
Lipborgplaat met één lip	6278.1	Motorflens	6341
Lipborgplaat met twee lippen	6278.2	Motorreduktiekast	5041
Los lager	6432	Motorreduktor	5040
Luchtkoeler	6569.1	Motorreduktor met	
Luchtmotor*	6048.0	flensbevestiging	5043
Lijst van reservedelen	6013	Motorreduktor met	
		flenssteunvlak*	5043
		Motorreduktor met	
Magneet-kogellager	6431	voetbevestiging	5042
Magnetisch filter	6515.2	Motorreduktor met	
Magnetisch glijlager		voetsteunvlak*	5042
(zonder kontakt)	6443	Motorspanslede	6133
Manometer	6564	Motorvermogen	6017
Manostaat*	6565		
Manteloppervlak*	1141		
Massa	6039	Naaf	5119
Maximum koppel	6025	Naaldlager	6407
Mechanische haardvoeders *	6639	Naaldtaatslager*	6413
Mechanische roosteraandrijvingen	6639	Naderingskontakt	2243
Meervoudige		Naderingslengte	2245
transmissieverhouding	6030	Na-ingrijping*	2244
Meervoudig tandwielstel	1113	Na-ingrijplengte*	2246
Mengers	6629	Niet-dragende flank	1246
Metaalindustrie	6627	Nippel	6548
Met afwikkelfrees gefreesde		Nitreren	6153
vertanding	5131	Nok	6137
Met heugel gestoken vertanding	5132	Nokborgring	6279.0
Middellijn van de basiscirkel*	2177	Nokborgplaat, uitwendig	6279.1
Middellijn van de referentiecirkel*		Nokborgring, inwendig	6279.2
	2116, 3124, 4213, 4324	Nominaal ingaand koppel	6023
Middellijn van de rolcirkel*	2116.1	Nominaal uitgaand koppel	6024
Middellijn van de steekcirkel van		Nominaal ingaand vermogen	6018
het kegeltandwiel*	3124	Nominaal uitgaand vermogen	6019
Middellijn van de topcirkel*	2118	(Nominale) drukhoek van het	
Middellijn van de voetcirkel*	2118.1	gereedschap	2194
Middelpuntlijn	2221	(Nominale) steek van het	
Middencirkel van de torus	4114	gereedschap	2195
Middenkegel *	3116.1	Normaalbasissteek	2178.1
Middenkegellengte*	3132.2	Normaalbasistanddikte	2179.1
Middenvlak	4311	Normaal-diametral pitch	2155

Normaaldikte aan de kop	2156.1	
Normaaldikte aan de voet	2156.2	
Normaaldrukhoek	2152	
Normaaldrukhoek in een punt*	2151	
Normaalflankspeling	2225	
Normaalinvalshoek	2151	
Normaalkoordehoogte	2162	
Normaalkuilwijdte	2157	
Normaalmodulus	2154	
Normaalprofiel	1235	
Normaalsteek	2153	
Normaaltanddikte	2156	
Normaaltandkoorde	2161	
Nuttige hoogte	2222, 4412	
N-traps tandwielkast	5004	
Octoïde-tandwiel	3175	
Ogenblikkelijke as*	1431	
Olie	6502.0	
Oliedeflector	6513	
Oliedruksmering	6509	
Oliefilter	6515.0	
Oliefilter, lamellenfilter*	6515.3	
Oliefilter, magnetisch filter*	6515.2	
Oliefilter, patroonfilter*	6515.1	
Oliegroefsmering	6506	
Olieinhoud	6517	
Oliekoeler	6569.3	
Oliepeil	6516	
Oliepeilglas	6520	
Oliepeilstaaf	6519	
Oliepomp	6535	
Oliereservoir	6514	
Oliescherm	6540	
Olieschraper	6508	
Oliesproeier	6512	
Olietype	6518	
Olievanger	6532	
Olieverdeler	6511	
Omgevingstemperatuur	6055.2	
Omhullingshoek*	4327.1	
Omkeer-as*	6106	
Omkeerkast*	5053	
Omkeertandwielkast	5053	
Omtreksbasissteek	2178	
Omtreksbasistanddikte	2179	
Omtreks-diametral pitch	2146	
Omtreksdrukhoek	2142	
Omtreksdrukhoek in één punt*	2141	
Omtreksflankspeling	2224, 4414	
Omtrekskuilwijdte	2148	
Omtreksmodulus	2145	
Omtrekstanddikte	2147	
Omtrekssteek	2143	
Onderdelen	6100	
Onderdelen (inwendig)	5100	
Onderdelen (uitwendig)*	5200	
Ondersnijding	1315	
Onderste huissektie	5206.3	
Ontluchting	6563	
Ontplooid huis	5203	
Ontwikkelbaar		
schroefoppervlakkige tandflanken*		
	4234	
Onverliesbare zeskantbout*	6203	
Oogbout	6231	
Oogmoer	6262	
Open veerring	6273.0	
Open veerring, gegolfd	6273.2	
Open veerring, met veiligheidsring	6273.3	
Open veerring, normaal	6273.1	
Oppervlakteharden	6151.0	
Induktieharden	6151.2	
Vlamharden	6151.1	
Opspan T-bout	6207	
Opsteekasborgring	6293	
Opsteektandwielkast*	5008, 5033	
O-ring	6530	
Overbrengverhouding	1132, 4411	
Overdrukklep	6560	
Overeenkomstige flanken	1243	
Overlappingsboog	2236.1	
Overlappingshoek	2236	
Overlappingskotiënt	2239	
Overlappingslengte	2247	
Overlappingsverhouding*	2239	
Overloop	6546	
Overstroomklep	6561	
Pakkingbus	6526	
Papierafdichting	6531.1	
Papierfabrieken	6631	
Pasbout	6204	
Pasbout met zeskantkop*	6204	
Patroonfilter	6515.1	
Pen	6310	
Pennewiel	2173	
Pennewiel-overbrenging	2173.1	
Petroleumindustrie	6630	
Piekkoppel	6025	
Planeetdrager	1129	
Planeetoverbrenging	1119	
Planeetstelsel*	1119	
Planeetwiel	1128, 5067	
Planeetwielas (uit één stuk)	5108	
Planetaire tandwielkast	5019	
Planetaire tandwielkast en wormoverbrenging	5030	
Platverzonken schroef met zaagsnede	6221	
Plunjerpomp*	6537	

Pneumatische motor	6048.0
Pneumatische centrifugale motor	6048.4
Pneumatische schoepenmotor	6048.2
Pneumatische motor met tandwielen	6048.1
Pneumatische motor met zuigers	6048.3
Pompen	6634
Pool	2233
Primaire reduktiekast	5036
Profielfreesvertanding	5134
Profielkorrektie aan de kop	1314
Profielverschuiving	2186
Profielverschuivingsfaktor	2187
Profielverschuivingskoëfficiënt *	2187
Pijlvertanding	1267
Radiaal glijlager:	6440.0
Cilindrisch	6440.1
Gelobd	6440.2
Radiaal glijlager met radiale kantelblokjes	6440.3
Radiaal kogellager	6408
Radiaal lager	6402
Radiaal naaldlager	6412
Radiaal rollager	6410
Reaktiestang	6349
Recht cilindrisch tandwiel	1261
Rechte cilindrische rondselas *	5102
Rechte gleuven *	6110
Rechte groeven	6110
Rechter flank	1242
Recht kegelrondselas	5106
Recht kegeltandwiel	1262
Recht konisch tandwiel *	1262
Rechtse vertanding	1264
Recht verbindingsstuk	6551
Reducerende tandwieloverbrenging *	1133
Reduktiekast	5034
Reduktiekast uit één stuk	5035
Reduktieverhouding *	1135, 6027
Referentie...	1143
Referentiecilinder *	2111, 4212
Referentiecirkel *	2115, 3123, 4317
Referentiecirkeldiamter *	2116, 3124,4213, 4324
Referentieflanklijn *	4214
Referentiehartafstand	2253
Referentieheugel *	2182
Referentiekegel *	3111
Referentiekegelhoek *	3121
Referentiekophoogte	4342
Referentielijn	2185
Referentiemaat	3134

Referentie-oppervlak	1142
Referentieprofiel *	2181
Referentieschroeflijn	4214
Referentiespoed	4325
Referentietorus	4312
Referentievlak	2184, 3133
Referentievoethoogte	4344
Rendement	6043
Reservedeel	6012
Reservedelenlijst *	6013
Reservedeelnummer	6014
Richtlager	6434
Ring	6300
Ringbout *	6231
Ringen	6270
Ringmoer *	6262
Ringsmering	6505
Ringwiel	1123.1, 5067, 5120
Ringwiel van planeetoverbrenging	1127
Roerders	6601
Rol...	1144
Rolcilinder	2112
Rolcilinderschroeflijn *	2122
Rolcirkel	2115.1
Rolcirkeldiameter *	2116.1
Rolcirkelflanklijn	2122
Rolcirkelmiddellijn	2116.1
Rolkegel	3113
Rolkegelhoek	3122
Rollager	6406
Roloppervlak	1141
Roltaatslager *	6411
Rondsel	1122
Rondselas	5101
Rondselas met dubbele schroefvertanding	5104
Rondselas met rechte vertanding	5102
Rondselas met schroefvertanding	5103
Rondselsteekmes*	2192
Roterende verbinding	6555
Rubberafdichting	6531.3
Rubberindustrie	6635
Rugkegel *	3115
Rugkegeltandprofiel *	3118
Ruw gegoten vertanding	5136
Samengestelde tandwielkast *	5015
Samenwerkende flanken	1241
Satelliet *	1128
Satellietas (uit één stuk) *	5108
Satellietwiel *	1128
Schaal	6007
Schakelkast *	5047
Schakeltandwielkast	5047

Schakeltandwielkast met n-overbrengingen	5048
Schakeltandwielkast met n-gangen*	5048
Schakeltandwielkast, schakelbaar bij stilstand	5049
Schakeltandwielkast, schakelbaar tijdens bedrijf	5050
Scharnierlager	6435
Scheidingsvlak	6135
Schijfspie	6334
Schijnbaar profiel*	1234
Schijnbaar profiel (aan komplementaire kegel)	3118
Schijnbare basisdikte*	2179
Schijnbare basissteek*	2178
Schijnbare diametral pitch*	2146
Schijnbare doorgangsboog	2235.1
Schijnbare doorgangshoek	2235
Schijnbare drukhoek*	2142
Schijnbare ingrijpboog*	2235.1
Schijnbare ingrijphoek*	2235
Schijnbare ingrijpkotiënt	2238
Schijnbare invalshoek	2141
Schijnbare kuilwijdte*	2148
Schijnbare modulus*	2145
Schijnbare steek*	2143
Schijnbare tanddikte	2147
Schotelveerring	6275
Schroefbouten*	6201
Schroefhoek	1412
Schroefhoek op de referentiecilinder*	2124
Schroefhoek op de steekcilinder	2124
Schroefkegeloverbrenging	1328
Schroeflijn	1411
Schroeflijn op de basiscilinder	2123
Schroeflijn op de rolcilinder	2122
Schroeflijn op de steekcilinder	2121
Schroef met gekartelde cilinderkop	6233.0
Schroef met hoge gekartelde cilinderkop	6233.1
Schroef met verzonken lenskop met zaagsnede*	6222
Schroef met vlakke en gekartelde cilinderkop	6233.2
Schroefpersen*	6616
Schroefpomp	6539
Schroefwiel	1263
Schroefwieloverbrenging met evenwijdige assen*	2214
Schroefwieloverbrenging met evenwijdige hartlijnen	2214
Schroefwieloverbrenging met kruisende assen*	2215
Schroefwieloverbrenging met kruisende hartlijnen	2215
Secundaire reduktiekast	5037
Slabs-duwers	6638
Smeedstalen tandwiel (of rondsel)	5112
Smeermiddel	6501
Smeernippel	6534
Smeerwiel	6507
Smering	6500
Sneldraaiende as	6104
Sneldraaiende reduktiekast	5044
Sneldraaiende versnellingskast	5046
Snelheidsbegrenzer	6345
Snellopende as*	6104
Snellopende tandwielkast*	5032
Snijgereedschap	2190
Sorteerders	6607
Spanhuls*	6315
Spanslede*	6133
Spie	6330.0
Spie, evenwijdig	6330.1
Spie, konisch	6330.2
Spiebaan	6337
Spie met schroefgaten	6336
Spienaaf*	6337
Spiraalhoek	3176
Spiraalvertanding	1268
Splitpen	6311
Spoed	1414, 4222
Spoedhoek	1413
Spoedhoek op de referentiecilinder*	2126
Spoedhoek op de steekcilinder	2126
Stalen tandwiel (of rondsel)*	5242
Steek	4220
Steek...	1143
Steekcilinder	2111, 4212
Steekcirkel	2115, 3123, 4317
Steekcirkelmiddellijn	2116, 3124, 4213, 4324
Steekheugel*	2191
Steekkegel	3111
Steekkegelhoek	3121
Steekkegeltop	3112
Steeklijn	2185
Steekoppervlak	1142
Steekpunt*	2233
Steekrondselvertanding	5133
Steekspeling*	2224
Steekvlak	2184
Steekwiel	2192
Steenbakkerijen	6608
Steenbout	6238
Stelring	6302
Stelschroef met binnenzeskant en kegelpunt	6212

NL

Stelschroef met binnenzeskant en kratereind	6211
Stelschroef met binnenzeskant en tap	6213
Stelschroef met binnenzeskant en vlakke top	6214
Stelschroef met zaagsnede en cilindertop*	6227
Stelschroef met zaagsnede en kegelpunt	6229
Stelschroef met zaagsnede en kratereind	5528
Stelschroef met zaagsnede en tap	5527
Stelschroef met zaagsnede en vlakke top	5526
Stelspie	6335
Steunflens	6342
Stift*	6310
Stokerijen	6603
Stop*	6521
Stootbelasting	6050.3
Strengpersen (Kunststoffen)	6616
Stuurkast	5060
Suikerindustrie	6640
Synchronizatie-ring	5129
Syntetische olie	6502.2
Syntetisch vet	6503.2
Taatslager*	6403
Tand	1211
Tandbreedte	2119, 3131, 4326
Tandentalverhouding	1131
Tandflank	1231
Tandflanken bepaald in axiaal profiel*	4231
Tandflanken bepaald in normaal profiel*	4232
Tandflanken beschreven door een schijfgereedschap*	4233
Tandhoogte	2131, 3141, 4227, 4341
Tandkrans*	5120
Tandkrans met inwendige vertanding	5122
Tandkrans met uit- en inwendige vertanding	5123
Tandkrans met uitwendige vertanding	5121
Tandkuil	1212
Tandprofiel	1233.1
Tandpunt-cirkel	2156.2
Tandsteekhoek	2144
Tandveerring	6276.0
Tandveerring, inwendig getand	6276.2
Tandveerring, uitwendig getand	6276.1
Tandveerring, verzonken	6276.3
Tandwiel	1111
Tandwielaandrijvingen	5000
Tandwielkast	5001
Tandwielkast met bevestigingsflens	5007
Tandwielkast met bodemsteunvlak*	5007
Tandwielkast met cilindrische en kegeltandwielen	5028
Tandwielkast met cilindrische en konische tandwielen*	5028
Tandwielkast met cilindrische tandwielen	5020
Tandwielkast met cilindrische tandwielen en wormoverbrenging	5029
Tandwielkast met co-axiale assen*	5018
Tandwielkast met één ingaande as	5011
Tandwielkast met één tandwieloverbrenging *	5002
Tandwielkast met één tandwielstel*	5002
Tandwielkast met één uitgaande as	5013
Tandwielkast met evenwijdige assen	5016
Tandwielkast met flensbevestiging	5005
Tandwielkast met flenssteunvlak*	5005
Tandwielkast met haakse assen	5021
Tandwielkast met holle as	5033
Tandwielkast met horizontaal opgestelde assen	5009
Tandwielkast met in één vlak liggende evenwijdige assen	5017
Tandwielkast met kegeltandwielen met spirale vertanding	5024
Tandwielkast met n ingaande assen	5012
Tandwielkast met n tandwieloverbrengingen*	5004
Tandwielkast met n tandwielstellen*	5004
Tandwielkast met n uitgaande assen	5014
Tandwielkast met rechte kegeltandwielen	5023
Tandwielkast met sneldraaiende assen	5032
Tandwielkast met twee tandwieloverbrengingen*	5003
Tandwielkast met twee tandwielstellen*	5003
Tandwielkast met verhouding $i = 1$	5069
Tandwielkast met voetbevestiging	5006
Tandwielkast met voetsteunvlak*	5006

Tandwiel met gelaste naaf en opgekrompen krans	5117
Tandwiel met gietijzeren of stalen naaf en opgekrompen krans	5116
Tandwiel met helicoïdale vertanding*	1263
Tandwiel met inwendige vertanding	1224
Tandwiel met profielverschuiving	2189
Tandwiel met uitwendige vertanding	1223
Tandwiel met vastgeschroefde krans	5118
Tandwiel (of rondsel) uit gewalst staal	5113
Tandwieloverbrenging*	1112
Tandwielpomp	5739
Tandwielstel*	1112
Tandwielstel met evenwijdige assen*	1114, 5016
Tandwielstel met evenwijdige hartlijnen	1114
Tandwielstel met inwendige vertanding	1226
Tandwielstel met kruisende assen*	1116
Tandwielstel met kruisende hartlijnen	1116
Tandwielstel met negatieve asverschuiving	2255.1
Tandwielstel met positieve asverschuiving	2255
Tandwielstel met profielverschuiving	2252
Tandwielstel met referentiehartafstand	2254
Tandwielstel met snijdende assen*	1115
Tandwielstel met snijdende hartlijnen	1115
Tandwielstel met uitwendige vertanding	1225
Tandwielstel met vertikaal opgestelde assen	5010
Tandwielstel zonder profielverschuiving	2251
Tandwiel zonder profielverschuiving	2188
Tandwijdte	2165
Tangentiaalsnelheid	6035
Tangentiaalspie	6332
Tapeind	6236
T-bout*	6207
Tegenflanken	1241
Tegengestelde flanken	1244
Tegenmoer	6264
Tegenwiel	1121
Tekeningnummer	6008
Temperatuur:	6055.0
Bedrijfstemperatuur	6055.1
Omgevingstemperatuur	6055.2
Teoretische heugel	2182
Teoretische heugelprofiel	2181
Terugloop (olie)*	6545
Teruglooprem	6347
Terugslagklep	6559
Termische behandeling*	6150
Termisch vermogen	6021
Termometer	6567
Termostaat	6568
Textielindustrie	6641
Toelaatbaar vermogen*	6020
Toepassingen	6600
Toepassingsfaktor	6041
Toerental – per sekonde, per minuut	6031
Toerenvermeerderaar*	5045
Toevoer (olie-vet)	6544
Toevoerinrichtingen	6618
Tontaatslager	6430
Topafstand	3135
Topcilinder	2113
Topcirkel	2117, 3126
Topcirkelafstand	3135.1
Topcirkelmiddellijn	2118
Topdiameter*	3127
Topkant	1221.2
Topkegel	3114
Topkegelhoek	3125
Topmanteloppervlak	1221
Topmiddellijn	3127
Topoppervlak	4313
Topspeling	2223, 4413
Topvlak	1221.1
Torenkranen*	6614
Torsie-as	6115
Torus	4111
Toruslijnen en -vlakken	4110
Torusvormige worm*	1325.1, 4124
Torusvormige wormoverbrenging*	4126
Torusvormig wormwiel*	1326, 4125
Totaal ingrijpkotiënt	2237
Totale doorgangsboog	2234.1
Totale ingrijpboog*	2234.1
Totale ingrijphoek*	2234
Totale ingrijpverhouding*	2237
Traktietandwielkast	5057
Transmissie-assen	6624
Transmissieverhouding	6026
Transmissieverhouding één op één	6028
Transparant deksel	6148

NL

Transporteurs	6610
Transversaalprofiel	1234
Traprondselas	5110
Trapspie	6331
Trommeldrogers*	6623
T-stuk	6554
Tussenas(sen)	6106
Tussenhuis	5206.2
Tussenwand	5210
Tussenwiel	1125.1
T-verbindingsstuk*	6554
Tweerijig cilinderlager	6420
Tweerijig cilindrisch rollager*	6420
Tweerijig diepgroefkogellager*	6415
Tweerijig hoekkontaktkogellager	6417
Tweerijig naaldlager	6421
Tweerijig radiaal axiaal kogellager*	6417
Tweerijig radiaal kogellager	6415
Tweerijig tonlager*	6424
Tweerijig zelfinstellend kogellager	6422
Twee-traps tandwielkast	5003
Type	6036
Uitgaande as	6103
Uitgaand toerental	6033
Uitlijning	6127
Uitwendige cilinder	4314
Uitwendige kegellengte	3132
Uitwendige onderdelen	5200
Uitwendige spiraalhoek	3176.1
Uitwendige tandwieloverbrenging*	1225
Uitwendig tandwiel*	1223
Uitwendig zonnewiel*	1127
Valse ingrijping	1312
Vast lager	6433
Veerborgring, inwendig	6291
Veerborgring, uitwendig	6290
Veering:	6274.0
Gebogen	6274.1
Gegolfd	6274.2
Ventiel*	6558
Ventilator	6570
Ventilatoren	6617
Verbindingsas	6118
Verbindingsflens	6136
Verbindingsstuk	6547
Verbrandingsmotor	6046.0
Verbrandingsmotor, aantal cilinders	6046.1
Verbrandingsmotor, twee- of viertakt	6046.2
Verdeelkast*	5054

Verdeeltandwielkast	5054
Verdeeltandwielkast met drie rondsels	5056
Verdeeltandwielkast met twee rondsels	5055
Verende pen	6315
Verloopring	6550
Vermogen	6016
Vernauwing	6566
Verschuifbare koppelbus	5126
Verschuifbare tandkoppeling	5125
Versnellende tandwieloverbrenging	1134
Versnellingskast	5045
Versnellingskast met snellopende assen*	5046
Versnellingsverhouding	1136, 6029
Versterkte as	6117
Verstijvingsrib	5211
Verstijvingsrug*	5211
Vertanding	1210, 5130
Vertragende tandwieloverbrenging	1133
Vertragingskast*	5034
Vertragingskast met snellopende assen*	5044
Vertragingsverhouding	1135, 6027
Verwarmingsbuis	6573
Verwarmingsslang	6572
Verwijderingskontakt	2244
Verwijderingslengte	2246
Verzonken lenskopschroef met zaagsnede	6222
Verzonken schroef met kruisgleuf	6216
Verzonken schroef met zaagsnede (voor metaalbouw)	6223
Vet	6503.0
Vetafschermplaat	6541
Vetbak*	6533
Vetpot	6533
Vierhoekige hellingsluitplaat	6272.0
Vierhoekige hellingsluitplaat voor I-profielen	6272.2
Vierhoekige hellingsluitplaat voor U-profielen	6272.1
Vierkantbout	6205.0
Vierkantbout met scherpe top	6205.1
Vierkantkraagbout	6205.2
Vierkantkraagbout met tap	6205.3
Vierkantbout met cilinderkraag*	6205.2
Vierkantbout met cilinderkraag en cilindertop*	6205.3
Vierpuntskontaktlager	6418
Vierpuntslager*	6418
Viltring	6525
Virtueel tandental	3119.2

Vlakke cilinderkopschroef met		Werkingscilinder*	2112	
zaagsnede	6220	Werkingscirkel*	2115.1	
Vlakke sluitring	6271.0	Werkingscirkeldiameter*	2116.1	
Vlakke sluitring, met afschuining	6271.2	Werkingshoek*	3122	
Vlakke sluitring, normaal	6271.1	Werkingskegel*	3113	
Vleugelmoer	6261	Werkingslijn*	2231	
Vleugelschroef	6232	Werkingsmodulus*	1214.2	
Vliegwiel	6348	Werkingsoppervlak*	1141	
Vloeibare afdichting	6531.4	Werkingsschroeflijn*	2122	
Vlottend gemonteerde		Werkingsvlak*	2241	
tandwielkast	5008	Werktuigmachines	6626	
Voedingsindustrie	6619	Wiel	1123	
Voertuigen	6642	Windassen	6643	
Voetafronding	1254	Wisselstroom-motor	6045.1	
Voetcilinder	2113.1	Wisselwiel	1111.2	
Voetcirkel	2117.1, 3126.1, 4319	Worm	1325, 5064	
Voetcirkelmiddellijn	2118.1, 4323	Worm-as	5109	
Voetdiameter*	3127.1	Wormkast	5026	
Voetflank	1251.1	Wormlengte	4215	
Voethoek	3145	Wormoverbrenging	1327, 4000	
Voethoogte	2133, 3144, 4340	Wormwiel	1326, 5065	
Voetkegel	3114.1	Wormwielbreedte	4326.1	
Voetkegelhoek	3125.1	Wormwielkast*	5026	
Voetmanteloppervlak	1222	Wijzigingskoëfficiënt van de		
Voetmiddellijn	3127.1	hartafstand*	2256	
Voetondersnijding	1315			
Voetoppervlak	1222.1			
Voettorus	4316	X-nul-overbrenging*	2251	
Volger*	1125	X-overbrenging*	2252	
Volle as	6107			
Volledig harden	6155			
Vóór-ingrijping*	2243	Y-min-overbrenging*	2255.1	
Vóór-ingrijplengte*	2245	Y-nul-overbrenging*	2254	
Voorschriftenplaat	6056	Y-plus-overbrenging*	2255	
Vorkhandel*	5128			
Vorkhefboom	5128			
Vormgesmeed tandwiel		Zelfinstellend éénrijig tonlager	6423	
(of rondsel)*	5112	Zelfinstellend tweerijig tonlager	6424	
Vrijloop	6346	Zeskantbout	6202.0	
Vuldop	6522	Zeskantbout met kegelpunt	6202.3	
		Zeskantbout met tap	6202.2	
		Zeskantbout, normaal	6202.1	
Waaierveerring	6277.0	Zeskantbout met flensvormig		
Waaierveerring, inwendig gestand	6277.2	topeind	6203	
Waaierveerring, uitwendig gestand	6277.1	Zeskantmoer	6251.0	
Waaierveerring, verzonken	6277.3	Zeskantmoer, laag	6251.2	
Warm monteren	6119.2	Zeskantmoer, normaal	6251.1	
Warmtebehandeling	6150	Zeskantpasbout*	6204	
Waterkoeler	6569.2	Zeven	6637	
Waterzuiveringsinstallaties	6636	Zijde	5209	
Wentellager	6401	Zonnewiel	1126, 5066	
Werkings...*	1144	Zuigerpomp	6537	

NL

Förord

De europeiska kuggväxel och transmissionsdelstillverkarnas fackförbund grundade år 1967 en kommitté under namnet "Den europeiska fackförbundskomitten för kuggväxel och transmissionsdelstillverkare", kort kallad EUROTRANS.

Kommittén har som uppgift:

a) att studera gemensamma ekonomiska och tekniska fackproblem
b) att företräda gemensamma intressen gentemot internationella organisationer
c) att befrämja fackområdet på ett internationellt plan

Kommittén är en sammanslutning utan juridisk person och utan avseende på vinst.

Medlemsförbunden inom EUROTRANS är:

Fachgemeinschaft Antriebstechnik im VDMA
Lyoner Straße 18, D-6000 Frankfurt/Main 71,

Servicio Tecnico Comercial de Constructores de Bienes de Equipo (SERCOBE) – Grupo de Transmision Mecanica
Jorge Juan, 47, E-Madrid-1,

SYNECOT – Syndicat National des Fabricants d'Engrenages et Constructeurs d'Organes de Transmission
9, rue des Celtes, F-95100 Argenteuil,

FABRIMETAL – groep 11/1 "Tandwielen, transmissie-organen"
Lakenweversstraat 21, B-1050 Brussel,

BGMA – British Gear Manufacturers Association
P.O. Box 121, GB-Sheffield S1 3AF,

ASSIOT – Associazione Italiana Costruttori Organi di Trasmissione e Ingranaggi
Via Cadamosto 2, I-20129 Milano,

FME – Federatie Metaal-en Elektrotechnische Industrie
Postbus 190, NL-2700 AD Zoetermeer,

Sveriges Mekanförbund
Storgatan 19, S-11485 Stockholm,

Suomen Metalliteollisuuden Keskusliitto, Voimansiirtoryhmä
Eteläranta 10, SF-00130 Helsinki 13.

EUROTRANS har med detta verk nöjet att presentera den andra delen i en ordboksserie om sammanlagt fem band på åtta språk (tyska, spanska, franska, en-

gelska, italienska, holländska, svenska och finska) ägnade åt kugghjul, växlar och transmissionselement.

Detta band har utarbetats av en arbetsgrupp inom EUROTRANS i samarbete med ingenjörer och översättare från Tyskland, Spanien, Frankrike, England, Italien, Holland, Belgien, Sverige och Finland. Det skall underlätta det ömsesidiga internationella informationsutbytet inom kuggväxelområdet samt erbjuda möjlighet för personer inom samma fack att bättre förstå och lära känna varandra.

S

Inledning

Föreliggande verk omfattar

åtta alfabetiska register inklusive synonymer på tyska, spanska, franska engelska, italienska, holländska, svenska och finska;

I ordboken finner man vid bilden av begreppet termen på de åtta språken. Varje bild har sitt kodnummer i kanten.

Om man till ett uppslagsord, som är givet på ett av de åtta språken i ordlistan, söker efter översättningen på något av de andra sju språken, så behöver man endast ta reda på kodnumret i registret. Man finner då översättningen under detta nummer i ordboken.

Samma förfarande gäller synonymer vilka är markerade med en *. Om ett ord har flera nummer i det alfabetiska registret, så får sammanhanget avgöra översättningen.

Exempel: "Omläggbar växel"

Sök upp ordet i det svenska registret och Ni finner nr 5047

Sök nu upp nr 5047 i ordboken och Ni återfinner avbildningen liksom även termen på

tyska   – Schaltgetriebe
spanska   – Caja de velocidades
franska   – Boîte de vitesses
engelska   – Speed change gear unit
italienska – Cambio di velocità
holländska – Schakeltandwielkast
svenska   – Omläggbar växel
finska   – Monivälityksinen hammasvaihde

Termer med nummer 1111–4414 återfinns i Band 1 "Kugghjul".

S

Alfabetisk ordlista
med synonymer

Synonymer = *

Aktiv Kuggflank*	1252	Axelväxel	5057
Allmänt	4100	Axelände	6122
Alstringcirkel för cylindrisk ring*	4112	Axialdelning	2129, 4223
Ankarmutter	6255	Axialglidlager	6439.0
Ankarspel, spel, hissverk	6643	fast	6439.1
Anliggningsyta för koniskt		med rörliga segment	6439.2
kugghjul	3133	Axialkullager	6409
Annulusring	5067	Axiallager	6403
Annulusring	1127	Axialmodul	4224
Antal	6015	Axialnållager	6413
Antal ingångar	4211.1	Axialprofil	1236, 4221
Antal starter per timme	6051	Axialrullager	6411
Användbar kuggflank	1253	Axial tätning	6528
Applikationer	6600	Axiellt frikopplingsbart	
Arbetsflank	1245	kugghjulspar	5125
Avrullnings- ...*	1144		
Avrullningsyta*	1141	Backspärr	6347
Avtappningskran	6556	Backventil	6559
Avtappningsplugg	6523	Bakflank	1246
Avvalsningsfräs*	2193	Bakkon	3115
Avvalsningsverktyg	2190.1	Belastning	6050.0
Axel	6101	likformig	6050.1
Axelavstånd	1117	måttligt olikformig	6050.2
Axelavstånd	6005	mycket olikformig	6050.3
Axelavståndsförskjutningsfaktor	2256	Blandare	6629
Axelförskutning	1117.1	Blockmatare	6638
Axelförsättning	6128.0	Blåsmakiner	6602
axial	6128.3	Bomaxel	6109
radial	6128.2	Bombering	1316
vinklad	6128.1	Bottencirkel	2117.1, 4319
Axelhöjd	6004	Bottencirkel för koniskt kugghjul	3126.1
Axelläge	6125.0	Bottencylinder	2113.1, 2118
koaxial	6125.1	Bottendiameter	4323
korsande i lika plan	6125.3	Bottendiameter för koniskt	
korsande i olika plan	6125.4	kugghjul	3127.1
parallell	6125.2	Bottenflank	1254
Axelriktning	6123.0	Bottenkon	3114.1
horisontal	6123.1	Bottenkonvinkel	3125.1
vertikal	6123.2	Bottenplatta	6141
vinkel	6123.3	Bottenspel	2223, 4413
Axelposition	6124.0	Bottentoroid	4316
höger	6124.3	Bottenyta	1222
nedåt	6124.2	Breddvinkel	4327
uppåt	6124.1	Brickor	6270
vänster	6124.4	Brygeri-och destillerimaskiner	6603
Axeltapp	6122	Brytpinne	6316
Axeltapplängd	6006	Bussning	6318
Axelvinkel	1118	Bågkugg	1268
		Böjligt rör	6543

S

Carbonitrering	6154	Delningscirkel för koniskt kugghjul		3123
Centreringsring	6303	Delningscylinder		2111
Centifugalpump	6536	Delningsdiameter		2116
Centrumhjul*	1126	Delningsdiameter för koniskt		
Centrumhål	6130.1	kugghjul		3124
Centrumhål med gänga	6130.2	Delningsfläns		6136
Cirkelevolvent	1418	Delningskon		3111
Cirkulationssmörjning	6506	Delningskonspets		3112
Cirkulär pitch	1214.4	Delningskonvinkel		3121
Clarifiers	6606	Delningslinje*		2185
Cykloid	1415	Delningsplan		6135
Cykloid-Kugghjul	2172	Delningsvinkel		2144
Cykloid-Kugghjulspar	2172.1	Delningsyta		1142
Cylindersnäcka	1325, 4121	Diametral pitch		1214.3
Cylindrisk Hjulsats*	1323	Diametral pitch hos verktyget		2197
Cylindrisk Kuggväxel*	1323	Diametral pitch i axialsnitt		4225
Cylindrisk kuggväxel	5020	Diametral pitch i normalsnitt		2155
Cylindrisk pinne	6312	Diametral pitch i transversalsnitt		2146
Cylindrisk Ring*	4111	Differential		5058
Cylindrisk skruvhjulssats*	2215	Differentialaxelväxel		5059
Cylindrisk skruvväxel*	2215	Dimensioner	6001,	6003
Cylindrisk snäcka*	4121	Distansbricka		6307
Cylindrisk snäckhjulssats	4123	Distansring		6301
Cylindriskt axialrullager	6429	Doppsmörjning		6504
Cylindriskt evolventkugghjul	2174	Doppvärmare		6573
Cylindriskt hjul med dubbel		Drev		1122
snedkugg*	1266	Drevaxel*		1122
Cylindriskt hjul med		Drevaxel		5101
evolventkugg*	2174	Drevaxel med dubbel snedkugg		5104
Cylindriskt hjulpar*	1114, 1323	Drevaxel med konisk kugg		5105
Cylindriskt hjulpar med rak		Drevaxel med konisk spiralkugg		5107
evolventkugg	2213	Drevaxel med konisk rak kugg		5106
Cylindriskt hjulpar med rakkugg*	1261	Drevaxel med rak kugg		5102
Cylindriskt hjulpar med snedkugg	2214	Drevaxel med snedkugg		5103
Cylindriskt kugghjul	1321	Driftfaktor		6041
Cylindriskt kugghjul	5062	Driftmodul		1214.1
Cylindriskt kugghjul med		Driftstemperatur		6055.1
cykloid-kuggar*	2172	Drifttid per dag		6052
Cylindriskt kugghjul med rakkugg	1261	Drivande axel		6103
Cylindriskt kugghjul med snedkugg	1263	Drivande flank*		1245
Cylindriskt kugghjulspar	1323	Drivande hjul		1124
Cylindriskt radialglidlager	6440.1	Driven axel		6023
Cylindriskt skruvhjulspar	2215	Driven flank*		1246
		Driven maskin		6049
		Drivet hjul		1125
Data	6000	Drivmotor		6044
Delad kuggkrans	5124	Dubbelnippel		6549
Delat växelhus	5203	Dubbel pinnskruv		6237
Delning	4220	Dubbel snedkugg		1266
Delning i axialsnitt*	2129	Dubbelt koniskt rullager		6246
Delning i normalsnitt*	2153	Dubbelverkande axialkullager		6248
Delning i transversalsnitt*	2143	Duo-trillstol		5055
Delning på grundcirkeln i				
transversalsnitt*	2178			
Delnings- ...	1143	Effekt		6016
Delningscirkel	2115	Effektiv breddvinkel		4237.1

S

Effektiv kuggbredd	2119.1	Flerstegsutväxling	6030
Effektiv kuggbredd för koniskt		Flytande lager	6432
kugghjul	3131.1	Flytande tätning	6531.4
Ekvidistant punkthjul *	2173	Fläkt	6570
Elektrisk motor	6045.0	Fläktar	6617
Elektrisk motor, växelström *	6045.1	Fläns	6340
Elektrisk motor, likström *	6045.2	Flänsaxel	6116
Elevatorer	6615	Flänsbussning	6319
Elliptiska kugghjul	1259	Flänslock	6144
Enkel konisk kuggväxel *	1115	Flödesindikator	6562
Enkel kuggväxel *	1112	Fordon	6642
Enkelverkande axialkullager	6427	Formtal	4226
Enkelverkande axialrullager	6430	Fotavlättning	1314.1
Enradigt cylindriskt rullager	6419	Fotflank	1251.1
Enradigt sfäriskt rullager	6423	Fotfläns	6138
Enradigt spårkullager	6414	Fothöjd	2133
Enradigt vinkelkontaktkullager	6416	Fothöjd (ref. till mittcirkel)	4344
Enstegs kuggväxel	5002	Fothöjd (ref. till rullningscirkel)	4345
Epicyklisk växel *	1119	Fothöjd för koniskt kugghjul	3144
Epicykloid	1416	Fothöjdsvinkel för koniskt	
Epitrokoid *	1416	kugghjul	3145
Ersättningskugghjul för koniskt		Frihjul	6346
kugghjul	3119	Frikopplingsstycke	5126
Evolvent *	1418	Fräst kugg	5131
Evolventbommar	6111	Fundament	6131
Evolventfunktion	1418.1	Fyllningsmaskiner	6604
Evolventkugghjul *	2174	Fyrkantig konisk bricka	6272.0
Evolventskruvyta	1421	för I-balk	6272.2
Excenteraxel	6121	för U-balk	6272.1
Extruder	6616	Fyrkantskruv	6205.0
		skruv med 4-kanthuvud och tapp	6205.1
		skruv med 4-kanthuvud och fläns	6205.2
Fabrikationsnummer	6038	skruv med 4-kanthuvud och fläns	
Fast lager	6433	samt avrundad tapp	6205.3
Fastsättningar	6200	Fyrpunktskontaktkullager	6418
Fett	6503.0	Fästplan bearbetat eller ej	6139
mineralfett	6503.1	Förbindningsaxel	6118
syntetiskt fett	6503.2	Förbindningsstycke	6547
Fettskärm	6541	Förbränningsmotor	6046.0
Filtring	6525	Förbränningsmotor, antal cylindrar	6046.1
Fjäderbricka	6273.0	Förbränningsmotor, två- eller	
öppen fjäderbricka	6273.1	fyrtakt	6046.2
öppen fjäderbricka med		Förstärkt axel	6117
skyddsring	6273.3	Försänkt skruv	6223
öppen vågformad fjäderbricka	6273.2		
Fjäderbricka	6274.0		
vågformad fjäderbricka	6274.2	Gaffel	5128
välvd fjäderbricka	6274.1	Gemensam kugghöjd	2222, 4412
Fjäderpinne	6315	Generatorer	6620
Flanklinje	1232	Genererande hjul	1311
Flanklinje på delningscylindern	2121	Genereringscirkel för toroid	4112
Flanklinje på grundcylindern	2123	Gjuten kugg	5136
Flanklinje på referenscylindern *	2121	Glidlager	6404
Flanklinje på rullningscylindern	2122	Globoidsnäcka	1325.2, 4124
Flankprofil	1233.1	Globoidsnäckhjul	1326.1, 4125
Flerstegs kuggväxel *	1113	Globoid-snäckhjulssats	4126

S

Globoid-snäckväxel	5027	Hjulpar för nedväxling	1133
Grundcirkel	2175	Hjulpar för uppväxling	1134
Grundcirkel-kuggtjocklek*	2179	Hjulpar med innerkugg	1226
Grundcylinder	2176	Hjulpar med korsande axlar	1116
Grundcylinder-normaldelning*	2178.1	Hjulpar med negativ	
Grunddelning i normalsnitt	2178.1	profilförskjutning	2255.1
Grunddelning i transversalsnitt	2178	Hjulpar med parallella axlar	1114
Grunddiameter	2177	Hjulpar med positiv	
Grundplatta	6140	profilförskjutning	2255
Grundyta l × b i mm	6002	Hjulpar med profilförskjutning	2252
Gräns för spetsig kugg	2156.2	Hjulpar med profilförskjutning och	
Gummiindustri	6635	referensaxelavstånd	2254
Gummitätning	6531.3	Hjulpar med skärande axlar	1115
Gänga	4211	Hjulpar med ytterkugg	1225
Gängad bussning	5623	Hjulpar utan profilförskjutning	2251
Gängad stång	6234	Hjulsats*	1113
Gängad svetstapp	6235	Horisontell kuggväxel	5009
Gängform ZA	4231	Husförstärkning	5211
Gängform ZI	4234	Hus med ribbor	5205
Gängform ZK	4233	Huvudaxialplan	4311
Gängform ZN	4232	Huvudlock	6143
Gängformer	4230	Huvudväxel	5036
Gängfothöjd	4229	Huvudväxel	5038
Gänghöjd	4227	Hydraulisk motor	6047.0
Gängtopphöjd	4228	Hydraulisk motor av axialkolvtyp	6047.3
		Hydraulisk motor av kugghjulstyp	6047.1
		Hydraulisk motor av radialkolvtyp	6047.2
Hakkil	6333	Hydrodynamiskt glidlager	6441
Halva kuggtjockleksvinkeln för		Hydrostatiskt glidlager	6442.0
koniskt kugghjul	3158	med lufttryck	6442.2
Halva luckviddsvinkeln för koniskt		med oljetryck	6462.1
kugghjul	3159	Hylsa	6436
Halvmånformad kil	6334	Hypocykloid	1417
Hammarkvarnar	6621	Hypoiddrev	1330
Hastiggående axel	6104	Hypoidhjul	1329
Hastighetsbegränsare	6345	Hypoidhjulpar	1328
Hastighetsvakt	6345	Hypoidhjulsats*	1328
Hattmutter	6253.0	Hypoidväxel*	1328
hattmutter	6253.1	Hypotrokoid*	1417
hattmutter	6253.2	Hyvelstål*	2191
hattmutter	6253.3	Hålaxel	6108
Hel axel	6107	Hålaxelväxel	5033
Hjul eller drev av rundstång	5113	Högerflank	1242
Hjul eller drev i legerat stål	5114	Höger snedkugg	1264
Hjul eller drev i smide	5112	Höjd över delningscirkel*	2132
Hjul eller drev i stålgjutgods		Höjd över konstant	
eller gjutjärn	5111	kordakuggtjocklek*	2164
Hjul eller drev i svetsat utförande	5115	Höjd över korda*	2162
Hjul med innerkugg*	1224		
Hjul med nav av gjutstål med			
påkrympt kuggkrans	5116	Indexeringsväxel	5061
Hjul med nav i svetsat urförande		Ingående moment*	6023
och kuggkrans av stål	5117	Ingångseffekt	6018
Hjul med påskruvad kuggkrans	5118	Ingångsmoment	6023
Hjul med ytterkugg*	1223	Ingreppslinje	2231
Hjulpar*	1112	Ingreppsdelning*	2178.1

S

Ingreppspunkt	2231.1	Konisk kuggväxel*		1324
Ingreppsstorheter	2230	Konisk kuggväxel med raka kuggar		5023
Ingreppssträcka	2232	Konisk kuggväxel med spiralkugg		5024
Ingreppssträckans längd	2242	Konisk pinne		6313
Ingreppstal	2238	Konisk skruvhjulssats*		1328
Ingreppsvinkel i normalsnitt	2152	Konisk skruvväxel		1328
Ingreppsvinkel i normalsnitt i en		Koniska bommar		6112
punkt	2151	Koniskt hjul med korsande axlar*		1116
Ingreppsvinkel i transversalsnitt		Koniskt hjulpar*	1115,	1324
i en punkt	2141	Koniskt hjulpar med rakkugg*		1262
Ingreppsvinkel i transversalsnitt		Koniskt hjulpar med snedkugg		3173
vid delningscylindern	2142	Koniskt kugghjul		1322
Ingreppsyta	2241	Koniskt kugghjul		5063
Ingående axel	6102	Koniskt kugghjul med oktoidkugg		3175
Ingående moment	6023	Koniskt kugghjul med rakkugg		1262
Ingångsingrepp	2243	Koniskt kugghjulspar		1324
Ingångsingreppssträcka	2245	Koniskt rullager		6425
Ingångsvarvtal min − 1	6032	Koniskt skruvdrev*		1330
Innercirkel för toroid	4115	Koniskt skruvhjul*		1329
Innerkon	3116	Koniskt skruvhjulspar*		1328
Innerkugghjul	1224	Koniskt spiralhjulpar*		1328
Innerkuggväxel*	1226	Koniskt spiralkugghjul		3173.1
Inre komponenter	5100	Konstant kordakuggtjocklek		2163
Inre konlängd	3132.1	Konstant kordatopphöjd		2164
Inspektionslock	6149	Konstantflödesvakt		6566
Instruktionskylt	6056	Kontramutter		6264
Interferens	1312	Koppeltrillstol		5054
		Kordakuggtjocklek*		2161
		Kordakuggtjocklek i normalsnitt		2161
Justerbar motorhylla	6133	Kordatopphöjd		2162
		Korshålsmutter		6258
		Korsningsavstånd hos flanklinjer		3174
Kamstål	2191	Korsningsvinkel för axlarna*		1118
Kedjedrev	1331.1	Kran		6557
Kedjehjul	1331	Kranar		6611
Kil	6330.0	Kronmutter		6254.0
Kil med justerbar höjd	6335	låg kronmutter		6254.2
Kil med skruv	6336	normal kronmutter		6254.1
Kil, konisk	6330.2	krossar		6612
Kil, parallell	6330.1	Kugg		1211
Kilspår	6337	Kuggar		1210
Klokoppling	5127	Kuggaxel i trappsteg		5110
Kolvpump	6537	Kuggbearbetningsverktyg		2190
Kombinerad kuggväxel	5015	Kuggbredd	2119,	4326
Kombinerad snäck- och kuggväxel	5029	Kuggbredd för koniskt kugghjul		3131
Kombinerad snäck- och		Kuggflank		1231
planetväxel	5030	Kuggfothöjd*		2133
Kompakt växelhus	5202	Kugghjul	1111,	1123
Kompletteringskuggtal	3119.1	Kugghjul med evolventkugg*		2174
Komponentstandardiserad		Kugghjul med pilkugg*		1267
kuggväxel*	5031	Kugghjul med profilförskjutning		2189
Komponenter	6100	Kugghjul utan profilförskjutning		2188
Kompressorer	6609	Kugghjulspar		1112
Konisk fjäderbricka	6275	Kugghjulspar med innerkugg*		1226
Konisk-cylindrisk kuggväxel	5028	Kugghjulspar med ytterkugg*		1225
Konisk hjulsats*	1324	Kugghjulspump		6539

S

Kugghjulssats	1113	Kuggväxel med n-steg	5004
Kugghöjd	2131, 4341	Kuggväxel med n-utgående axlar	5014
Kugghöjd för koniskt kugghjul	3141	Kuggväxel med parallella axlar	5016
Kugghöjdsvinkel	3146	Kuggväxel med parallella axlar	5017
Kuggkrans	1123.1	Kuggväxel med uppväxling	5045
Kuggkrans*	1127	Kuggväxel med uppväxling och	
Kuggkrans	5120	hög hastighet	5046
Kuggkrans med innerkugg	5122	Kuggväxel med ytterkugg*	1225
Kuggkrans med inner- och		Kuggväxelmotor	5040, 5041
ytterkugg	5123	Kuggväxelmotor i flänsutförande	5043
Kuggkrans med in- och utvändig		Kuggväxelmotor i fotutförande	5042
kugg	5252	Kullager	6405
Kuggkrans med invändig		Kvarnar, roterande typ	6628
kuggning	5251	Kylare	6569.0
Kuggkrans med utvändig kugg	5250	luftkylare*	6569.1
Kuggkrans med ytterkugg	5121	oljekylare*	6569.3
Kugglucka	1212	vattenkylare*	6569.2
Kuggluckas bottenyta	1222.1	Kylslinga	6571
Kuggprofil	1233		
Kuggprofil i axialsnitt*	1236		
Kuggprofil i normalsnitt*	1235	Labyrinttätning	6529
Kuggprofil i transversalsnitt*	1234	Läckoljeledning	6546
Kuggprofil i transversalsnitt vid		Lager	6400
bakkon	3118	Lagerhus	6438
Kuggrygg	1221.1	Lagerlock	6147
Kuggskärning med formfräs	5134	Lageröverfall	6145
Kuggstång	2171	Lamellfilter	6515.3
Kuggstångs-verktyg*	2191	Likbelägna flanker	1243
Kuggstångssats	2171.1	Likströmsmotor	6045.2
Kuggtalsförhållande*	1131	Lilla hjulet*	1122
Kuggtjocklek i normalsnitt	2156	Linjer och ytor vid toroid	4110
Kuggtjocklek i transversalsnitt	2147	Livsmdedelsindustri	6619
Kuggtjocklek utefter		Livstid	6053
grundcylindern i normalsnitt	2179.1	Lock	6142
Kuggtjocklek utefter		Lock med smörjnippel	6146
grundcylindern i transversalsnitt	2179	Luckvidd i normalsnitt	2157
Kuggtopphöjd*	2132	Luckvidd i transversalsnitt	2148
Kuggtoppstjocklek	2156.1	Luftkylare	6569.1
Kuggtoppstorheter,		Luftmotor	6048.0
kuggfotstorheter	4340	Luftmotor av centrifugaltyp	6048.4
Kuggvidd	2165	Luftmotor av kugghjulstyp	6048.1
Kuggvaxlar	5000	Luftmotor av radialkolvtyp	6048.3
Kuggväxel	1113	Luftmotor av vingtyp	6048.2
Kuggväxel	5001	Lutklarare	6606
Kuggväxel för nedväxling*	1133	Lyftögla med tapp	6231
Kuggväxel för uppväxling*	1134	Långsamgående axel	5205
Kuggväxel i flänsutförande	5005	Låsbleck med läpp	6279.0
Kuggväxel i fotutförande	5006	Låsbleck med innerläpp	6279.2
Kuggväxel med automatisk växling	5052	Låsbleck med ytterläpp	6279.1
Kuggväxel med axlar i rät vinkel	5021	Låsbleck med vikarm	6278.0
Kuggväxel med en ingående axel	5011	Låsbleck med en vikarm	6278.1
Kuggväxel med en utgående axel	5013	Låsbleck med två vikarmar	6278.2
Kuggväxel med fotfläns	5007	Låsring för axel	6290
Kuggväxel med innerkugg*	1226	Låsring för hål	6291
Kuggväxel med koaxiella axlar	5018	Låsring utan öron	6292
Kuggväxel med n-ingående axlar	5012	Låsskiva för axel	6293

S

Läckoljeledning	6546	Mått	6001
Läckoljeledning*	5746	Mått l × b × h i mm	6003
Länklager	6435	Märkeffekt	5113
Länkskruv	6230	Märkmoment	5118
Läppad kugg	5140	Märkskylt	6011
Läpptätring	6527		
Lättrad axel	6113	Nav	5119
Lättring	6114	Nedväxlingsförhållande	1135
		Nippel	6548
Magnetfilter	6515.2	Nit med koniskt huvud	6339
Magnetiskt glidlager (utan kontakt)	6443	Nit med runt huvud	6338
Manometer	6564	Nitrering	6153
Manöverspak	6343	Nominell ingående effekt*	6018
Massa	6039	Nominell utgående effekt*	6019
Massiv axel	6107	Normal-luckvidd*	2157
Masterhjul	1111.1	Normaldelning	2153
Matare	6618	Normalflankspel	2225
Max moment	6025	Normalgrunddelning*	2178.1
Med kamstål hyvlad kugg	5132	Normalmodul	2154
Med skärhjul hyvlad kugg	5133	Normalprofil	1235
Medel-spiralvinkel	3176.2	Normalprofilvinkel*	2151
Medelkon	3116.1	Normal sexkantmutter	6251.1
Medelkonlängd	3132.2	Normal sexkantskruv	6202.1
Mellanaxel	6106	Nållager	6407
Mellanfläns	6134		
Mellanhjul	1125.1	Obelastad flank*	1246
Metallindustri	6627	Olja	6502.0
Mitt-toroid	4312	Olja, mineralolja	6502.1
Mittcirkel	4317	Olja, syntetisk olja	6502.2
Mittcirkeldelning	4325	Oljeavstrykare	6508
Mittcirkeldiameter 4213,	4324	Oljebehållare	6514
Mittcirkel för toroid	4114	Oljefilter	6515.0
Mittcylinder	4212	Patronfilter*	6515.0
Mittdiameter	4324	Magnetfilter*	6515.2
Mittlinje	2221	Lamellfilter*	6515.3
Modul	1214	Oljefångare	6532
Modulbyggd kuggväxel	5031	Oljefördelare	6511
Moment	6022	Oljeindustri	6630
Momentanaxel*	1431	Oljekylare	6569.3
Momentbegränsare	6344	Oljemängd	6517
Momentstöd	6349	Oljenivå	6516
Monteringsavstånd för koniskt		Oljepump	6535
kugghjul	3134	Oljeskärm	6540
Monteringsmetoder	6119.0	Oljespridare	6512
nedkylning	6119.1	Oljesticka	6519
oljetryck	6119.3	Oljestyrplåt	6513
uppvärmning	6119.2	Oljeståndsglas	6520
Motflanker	1241	Oljetyp	6518
Mothjul	1121	Oljetätring	6524
Motoreffekt	6017	Omgivning	6054.0
Motorfläns	6341	dammig	6054.3
Motpart till referenskuggstång	2183	marin	6054.5
Motriktade flanker	1244	torr	6054.1
Mudderverk	6613	tropisk	6054.4
Muttrar	6250	våt	6054.2

S

111

Omgivningstemperatur	6055.2	Radialglidlager med Lob	6440.2
Omläggbar växel	5047	Radialglidlager med rörliga	
Omläggbar växel med		segment	6440.3
n-utväxlingar	5048	Radialkullager	6408
Omrörare	6601	Radiallager	6402
O-ring	6530	Radialnållager	6412
Orthocykloid*	1415	Radialrullager	6410
Oäkta pilkugg*	1266	Radie för toppränna	4328
		Raka bommar	6110
Packbox	6526	Rak förbindning	6551
Palloidkugg*	1268	Reducerring	6550
Pappersfabriker	6631	Reduktionsväxel*	1133
Paperstätning	6531.1	Reduktionsväxel*	5034
Patronfilter	6515.1	Reduktionsväxel med hög	
Pilkugg	1267	hastighet	5044
Pinne	6310	Referens-...*	1143
Pinnhjul	2173	Referensaxelavstånd	2253
Pinnhjulssats	2173.1	Referenscirkel*	2115
Pinnskruv	6236	Referenscylinder*	2111
Plan bricka	6271.0	Referensdiameter*	2116
bricka med fas	6271.2	Referenshjul*	3171
bricka utan fas	6271.1	Referenshjul med konstant	
Planethjul	1128	kugghöjd*	3172
Planethjul	5068	Referenskon*	3111
Planethjul med axel	5108	Referenskonspets*	3112
Planethjulshållare*	1129	Referenskuggstång	2182
Planethjulssats	1119	Referenslinje	2185
Planethållare	1129	Referens- och huvuddimensioner	4320
Planetväxel*	1119	Referensplan	2184
Planetväxel	5019	Referensprofil	2181
Planhjul	3171	Referensyta*	1142
Planhjul med konstant kugghöjd		Regressiv ingreppsträcka*	2246
(för cylindriskt kuggdrev)	3172	Regressivt ingrepp*	2244
Plastindustri	6632	Reservdel	6012
Plasttätning	6531.2	Reservdelslista	6013
Plugg	6521	Reservdelsnummer	6014
Pressostat	6565	Returledning (olja)	6545
Primärväxel	5036	Reverseringsväxel	5053
Profil*	1233	Ring	6300
Profilförskjutning	2186	Ringbredd	4326.1
Profilförskjutningsfaktor	2187	Ringhalva	6304
Profil i axialsnitt*	4221	Ring med skuldra	6305
Profilkontaktbåge	2235.1	Ring med spår	6306
Profilkontaktvinkel	2235	Ringsmörjning	6505
Profilkorrektion	1314.2	Ritningsnummer	6008
Profilkorrektion vid kuggfot*	1314.1	Rotationsflankspel	2224, 4414
Profilkorrektion vid kuggtopp*	1314	Rotationsriktning	6126.0
Profil-mittlinje*	2185	Rotationsriktning medurs	6126.1
Profilmodifikation*	1314.2	Rotationsriktning moturs	6126.2
Progressiv ingreppssträcka*	2245	Rullad kugg	5137
Progressivt ingrepp*	2243	Rullager	6406
Pumpar	6634	Rullning-...	1144
Påfyllningsplugg	6522	Rullningsaxel	1431
		Rullningscirkel	2115.1
Radialglidlager	6440.0	Rullningscylinder	2112
Radialglidlager cylindriskt*	6440.1	Rullningsdiameter	2116.1

S

Rullningskon	3113	
Rullningskonvinkel	3122	
Rullningslager	6401	
Rullningslinje*	1431	
Rullningspunkt	2233	
Rullningsyta	1141	
Rund mutter med fyra spår	6259	
Rund mutter med två pinnhål	6257	
Räfflad bussning	6320	
Räfflad låsbricka	6277.0	
innerräfflad låsbricka	6277.2	
konisk ytterräfflad låsbricka	6277.3	
ytterräfflad låsbricka	6277.1	
Räfflad mutter	6260.0	
hög räfflad mutter	6260.1	
låg räfflad mutter	6260.2	
Räfflad pinne	6314	
Räfflad skruv	6233.0	
skruv med högt räfflat huvud	6233.1	
skruv med lågt räfflat huvud	6233.2	
Rör	6542	
Rörligt förbindningsstycke	6555	
Rörmutter	6252	
Saxpinne	6311	
Seghärdning	6155	
Sekundärväxel	5037	
Sevicefaktor	6042	
Sexkantmutter	6251.0	
låg sexkantmutter	6251.2	
normal sexkantmutter	6251.1	
Sexkantskruv	6202.0	
sexkantskruv med avrundad tapp	6202.3	
sexkantskruv med frispår och tapp	6202.2	
Sexkantskruv passkruv	6204	
Sexkantskruv med reducerad stamdiameter	6203	
Sfärisk evolvent	1419	
Sfärisk evolventskruvyta	1422	
Sfäriskt kullager	6422	
Shim	6307	
Sida	5209	
Siktar	6637	
Självlåsande kontramutter	6263	
Skala	6007	
Skavd kugg	5139	
Skenbart kuggtal	3119.2	
Skruvar	6201	
Skruvlinje	1411	
Skruvlinje på cylinder*	1411	
Skruvlinje på mittcylindern	4214	
Skruvmatare	6639	
Skruv med cylindriskt huvud och sexkanthål	6208	
Skruv med försänkt huvud och sexkanthål	6210	
Skruv med försänkt huvud och krysspår	6216	
Skruv med kullrigt försänkt huvud och krysspår	6215	
Skruv med lågt cylindriskt huvud sexkanthål	6209	
Skruv med rundat cylindriskt och huvud och krysspår	6217	
Skruvväxel*	2215	
Skuldra	6129	
Skuren kugg	5130	
Skyddshuv	6132	
Skärhjul	2192	
Slipad kugg	5138	
Smidd kugg	5135	
Smörjhjul	6507	
Smörjkopp	6533	
Smörjmedel	6501	
Smörjning	6500	
Smörjnippel	6534	
Snedriktning	1413.1	
Snedvinkel	1412	
Snedvinkel vid delningscylindern	2124	
Snedvinkel vid grundcylindern	2125	
Snitt	6009	
Snittlinje med rullningsyta*	1232	
Snäcka	1325	
Snäcka	5064	
Snäckaxel	5109	
Snäckfräs	2193	
Snäckhjul	1326, 4122	
Snäckhjul	5065	
Snäckhjulspar*	1327	
Snäckhjulssats	1327	
Snäckhjulssatser	4000	
Snäcklängd	4215	
Snäckväxel	5025	
Snäckväxel*	1327	
Snäckväxel*	5025, 5026	
Sockerindustri	6640	
Solhjul	1126	
Solhjul	5066	
Sorteringsmaskiner	6607	
Speciellt enradigt vinkelkontaktkullager	6431	
Spetsmoment*	6025	
Spiralkugg*	1268	
Spiralvinkel	3176	
Språng	2247	
Språngbåge	2236.1	
Språngvinkel	2236	
Spårmutter	6256	
Spårskruv med cylindriskt huvud	6218	

S

113

Spårskruv med cylindriskt korsborrat huvud	6224	Temperatur		6055.0
Spårskruv med försänkt huvud	6221	Driftstemperatur*		6055.1
Spårskruv med halvrunt huvud	6219	Omgivningstemperatur*		6055.2
Spårskruv med kullrigt försänkt huvud	6222	Termisk effekt		5114
Spårskruv med rundat-cylindriskt huvud	6220	Termometer		6567
		Termostat		6568
		Textilindustri		6641
		T-förbindningsstycke		6554
Spårskruv utan huvud och med fasad ände	6225	Tilloppsledning (olja-fett)		6544
Sprutsmörjning	6509, 6510	Tillsatsväxel		5039
Standardmodul	1214.2	Tillverkningsnummer		6038
Stenskruv	6238	Toppavlättning		1314
Stigning	1414, 4222	Toppavstånd till konspets		3135.1
Stigningsriktning*	1413.1	Toppcirkel		2117
Stigningsvinkel	1413	Toppcirkel för koniskt kugghjul		3126
Stigningsvinkel vid delningscylindern	2126	Toppcirkel i huvudaxialplan		4318
		Toppcylinder	2113,	4314
Stigningsvinkel vid grundcylindern	2127	Toppdiameter	2118,	4321
Stoppskruv med invändig sexkant och fasad ände	6214	Toppdiameter för koniskt kugghjul		3127
		Toppdiameter i huvudaxialplan		4322
Stoppskruv med invändig sexkant och skålad ände	6211	Toppflank		1251
		Topphöjd		2132
Stoppskruv med invändig sexkant och spets	6212	Topphöjd (ref. till mittcirkel)		4342
		Topphöjd (ref. till rullningscirkel)		4343
Stoppskruv med invändig sexkant och tapp	6213	Topphöjd för koniskt kugghjul		3142
Stoppskruv med spår och fasad ände	6226	Topphöjdsvinkel för koniskt kugghjul		3143
		Toppkon		3114
Stoppskruv med spår och tapp	6227	Toppkonvinkel		3125
Stoppskruv med spår och skål	6228	Topplinje		1221.2
Stoppskruv med spår och spets	6229	Toppränna		4315
Stoppring	6302	Toppyta	1221,	4313
Stora hjulet*	1123	Torktumlare		6623
Storlek	6037	Toroid		4111
Styrlager	6434	Torsionsaxel		6115
Styrpinne	6317	Total kontaktbåge		2234.1
Styrväxel	5060	Total kontaktvinkel		2234
Stödfläns	6342	Transmissionsaxlar		6624
Summa delningsradier*	2253	Transmissionsförhållande		1132
Summa ingreppstal	2237	Transparent lock		6148
Svänghjul	6348	Transportörer		6610
Symmetriplan för toroid	4113	Transversaldelning		2143
Synkroniserad kuggväxel	5051	Transversal-kuggtjocklek*		2147
Synkroniseringsring	5129	Transversal-luckvidd*		2148
Sätthärdning	6152	Transversalmodul		2145
		Transversalprofil		1234
		Transversal-profilvinkel i en punkt*		2141
Tandad låsbricka	6276.0	Trappkil		6331
innertandad låsbricka	6276.2	Trio-trillstol		5056
konisk yttertandad låsbricka	6276.3	Tryckmätare		6564
yttertandad låsbricka	6276.1	Tryckmätare*		5764
Tangentialkil	6332	Tryckpressar		6633
Tangentiell hastighet m/s	6035	Trycksmörjning		6509
Tappväxel	5008	Trycksmörjning		6510
Tegelmaskiner	6608	Träindustri		6625

S

T-skruv	6206.0	Verktygets inställningsvinkel för	
normal T-skruv	6206.1	kuggtjocklek	3191
T-skruv med dubbla klackar	6206.3	Verktygsdelning	2195
T-skruv med fyrkant	6206.2	Verktygsingreppsvinkel	2194
T-spårskruv	6207	Verktygs-interferens *	1313
Turboväxel	5032	Verktygsmaskiner	6626
Tvåradigt cylindriskt rullager	6420	Verktygsmodul	2196
Tvåradigt nållager	6421	Vertikal kuggväxel	5010
Tvåradigt sfäriskt rullager	6424	Vevaxel	6120
Tvåradigt spårkullager	6415	Vikt	6040
Tvåradigt vinkelkontaktkullager	6417	Vingmutter	6261
Tvåstegs kuggväxel	5003	Vingpump	6538
Tvättmaskiner	6622	Vingskruv	5532
Typ	6036	Vinkelförbindning	6552
Typbeteckning	6036	Vinkelförbindningsstycke	6553
Tätat lager	6437.0	Vinkelhastighet	6034
dubbel tätning	6437.2	Vinkelväxel	5022, 5025
enkel tätning	6437.1	Virtuellt cylindriskt kugghjul	
Tätning	6531.0	för ett koniskt kugghjul *	3119
gummitätning *	6531.3	Virtuellt kuggtal *	3119.2
papperstätning *	6531.1	Vy	6010
plasttätning *	6531.2	Vårta	6137
flytande tätning *	6531.4	Vägg	5210
		Vänster snedkugg	1265
		Vänsterflank	1242.1
Underskärning	1313	Värmebehandling	6150
Underskärning pga verktygs-		Värmeslinga	6572
protuberans	1315	Växel i = 1	5069
Uppriktning	6127	Växelhjul	1111.2
Uppväxling	6029	Växelhus	5201
Uppväxlingsförhållande	1136	Växelhus av	5204.1
Utgående axel	6103	gjutjärn	5204.4
Utgående effekt	5115	lättmetall	5204.5
Utgående moment	6024	plast	5204.2
Utgångseffekt	6019	stålgjutgods	5204.3
Utgångsingrepp	2244	svetsad plåt	5204.3
Utgångsingreppsträcka	2246	Växelhushalva	5207
Utgångsmoment	6024	Växelhus med oljepump	5208
Utgångsvarvtal min − 1	6033	Växelhus, mellandel	5206.2
Utväxling *	1131, 6027, 4411	Växelhus, underdel	5206.3
Utväxling 1:1	6028	Växelhus, överdel	5206.1
Utväxlingsförhållande	6026	Växel i ett stycke	5035
		Växelkåpa	5301
Vagnvändare	6605	Växellåda omläggbar under gång	5050
Varvskranar	6614	Växellåda omläggbar vid	
Varvtal	5122	stillastående	5049
per sekund		Växelströmsmotor	6045.1
per minut			
Varvtalsförhållande *	1132	X-hjul *	2189
Vattenkylare	6569.2	X-hjulpar *	2252
Vattenreningsverk	6636	X-noll-hjul *	2188
Ventil	6558	X-noll-hjulpar *	2251
Ventilationsplugg	6563		
Verkningsgrad	6043	Ythärdning	6151.0
Verksam kuggflank	1252	Ythärdning flamhärdning	6151.1
Verktygets ingreppsvinkel *	2194	Ythärdning induktionshärdning	6151.2

S

115

S

Esipuhe

Euroopassa toimivat hammasvaihteiden ja voimansiirtoalan muiden laitteiden valmistajien toimialaryhmät perustivat v. 1967 komitean nimeltään "Hammasvaihteiden ja voimansiirtoalan muiden laitteiden valmistajien Euroopankomitea", lyhyesti EUROTRANS.

Tämän komitean tavoitteena on:

a) toimialan yhteisten taloudellisten ja teknisten kysymysten tutkiminen
b) yhteisten etujen valvominen kansainvälisissä organisaatioissa
c) toimialan kehittäminen kansainvälisellä tasolla

EUROTRANS-komitea ei ole oikeuskelpoinen eikä toimi ansiotarkoituksessa.

EUROTRANSin jäsenyhdistykset ovat:

Fachgemeinschaft Antriebstechnik im VDMA
Lyoner Straße 18, D-6000 Frankfurt/Main 71,

Servicio Tecnico Comercial de Constructores de Bienes de Equipo (SERCOBE) –
Grupo de Transmision Mecanica
Jorge Juan, 47, E-Madrid-1,

SYNECOT – Syndicat National des Fabricants d'Engrenages et Constructeurs
d'Organes de Transmission
9, rue des Celtes, F-95100 Argenteuil,

FABRIMETAL – groep 11/1 "Tandwielen, transmissie-organen"
Lakenweversstraat 21, B-1050 Brussel,

BGMA – British Gear Manufacturers Association
P.O. Box 121, GB-Sheffield S 1 3 AF,

ASSIOT – Associazione Italiana Costruttori Organi di Trasmissione e Ingranaggi
Via Cadamosto 2, I-20129 Milano,

FME – Federatie Metaal-en Elektrotechnische Industrie
Postbus 190, NL-2700 AD Zoetermeer,

Sveriges Mekanförbund
Storgatan 19, S-11485 Stockholm,

Suomen Metalliteollisuuden Keskusliitto, Voimansiirtoryhmä
Eteläranta 10, SF-00130 Helsinki 13.

SF

EUROTRANS on nyt saanut valmiiksi toisen osan viisiosaisesta kahdeksankielisestä (saksa, espanja, ranska, englanti, italia, hollanti, ruotsi ja suomi) hammaspyöriä, hammasvaihteita ja muita voimansiirtolaitteita koskevasta sanakirjasta.

Tämän sanakirjan on laatinut EUROTRANS-työryhmä. Työryhmän ovat muodostaneet edustajat Saksasta, Espanjasta, Ranskasta, Englannista, Italiasta, Hollannista, Belgiasta, Ruotsista ja Suomesta. Kirja tulee helpottamaan keskinäistä kansainvälistä kanssakäyntiä hammaspyöräalalla ja tarjoamaan kaikissa näissä maissa alalla toimiville, samanlaisia tehtäviä hoitaville henkilöille mahdollisuuden oppia ymmärtämään toisiaan paremmin.

Johdanto

Tämä sanakirja on jaettu kahteen osaan:

Ensimmäisessä osassa on termien aakkosellinen hakemisto, myös synonyymit, kahdeksalla kielellä (saksa, espanja, ranska, englanti, italia, hollanti, ruotsi ja suomi).

Sanakirjassa on jokaisen kuvan jälkeen termi kahdeksalla kielellä. Jokainen otsake alkaa koodinumerolla.

Etsittäessä jollekin hakusanalle vastinetta muilla sanakirjan kielillä, katsotaan hakusanan koodinumero kyseisestä hakemistosta. Tämän numeron avulla löytyy käännös sanastosta.

Sama menettelytapa pätee synonyymeihin, jotka on merkitty tähdellä*. Jos jonkin sanan kohdalla aakkosellisessa hakemistossa on useampia numeroita, se käännetään eri tavoin asiayhteydestä riippuen.

Esimerkki: "Monivälityksinen hammasvaihde"

Etsitään sana suomalaisesta hakemistosta. Sanan jälkeen on merkitty koodinumero 5047.

Nyt etsitään sanastosta numero 5047. Kuvan jälkeen ovat termit:

saksaksi   – Schaltgetriebe
espanjaksi   – Caja de velocidades
ranskaksi   – Boîte de vitesses
englanniksi   – Speed change gear unit
italiaksi   – Cambio di velocità
hollanniksi   – Schakeltandwielkast
ruotsiksi   – Omläggbar växel
suomeksi   – Monivälityksinen hammasvaihde

Termit, joiden numerot ovat 1111 ... 4414, ovat osasta 1 "Hammaspyörät".

SF

Termien aakkosellinen hakemisto – vakiotermit ja niiden synonyymit

Synonyymit on merkitty tähdellä = *

Aaltomainen jousialuslaatta	6273.2	Akselit, valta-	6624
Aaltomainen jousialuslaatta	6274.2	Akselivaihde	5057
Aihion syöttäjät	6638	Akselivaihde, differentiaali-	5059
Akseli	6101	Akselivarmistin	6290
Akseli, ensiö-	6102	Akseliväli	1117
Akseli, epäkesko-	6121	Akseliväli	1117.1
Akseli, hammas-	5101	Akseliväli	6005
Akseli, hidas	6105	Akseliväli, perus-	2253
Akseli, hypoidi-	1330	Akselivälin korjauskerroin	2256
Akseli, kampi-	6120	Aksiaalijako	2129
Akseli, ketjupyörä-	1331.1	Aksiaalijako, kierukka	4223
Akseli, kierukka-	5109	Aksiaalilaakeri	6403
Akseli, laippa-	6116	Aksiaaliliukulaakeri	6439.0
Akseli, nopea	6104	Aksiaaliliukulaakeri, kiinteät	
Akseli, putki-	6108	segmentit	6439.1
Akseli, toisio-	6103	Aksiaaliliukulaakeri, asennoituvat	
Akseli, torsio-	6115	segmentit	6439.2
Akseli, umpi-	6107	Aksiaalimoduuli, kierukka	4224
Akseli, ura-	6109	Aksiaalimäntähydraulimoottori	6047.3
Akseli, uritettu	6113	Aksiaaliprofiili	1236
Akseli, vahvistettu	6117	Aksiaaliprofiili, kierukka	4221
Akseli, vierintä-	1431	Aksiaalisuuntapoikkeama, akselien	6128.3
Akseli, väli-	6106	Aksiaalitiiviste	6528
Akseli, yhdys-	6118	Alaosa, kotelon	5206.3
Akselien asema	6125.0	Alaspäin, akselin suunta	6142.2
Samankeskeinen	6125.1	Alennusvaihde	1133
Yhdensuuntainen	6125.2	Alennusvaihde	5034
Leikkaava	6125.3	Alennusvaihde, jossa suuri	
Risteilevä	6125.4	kehänopeus	5044
Akselien linjaus	6127	Alentava vaihde *	1133
Akselien suuntapoikkeama	6128.0	Alentava välityssuhde	1135
Kulma	6128.1	Alentava välityssuhde	6027
Risteily	6128.2	Aluslaatat	6270
Aksiaali	6128.3	Aluslaatta	6271.0
Akselietäisyys *	1117	Viistämätön aluslaatta	6271.1
Akselietäisyys *	1117.1	Viistetty aluslaatta	6271.2
Akselikorkeus	6004	Aluslaatta, hammas-	6276.0
Akselikulma	1118	Aluslaatta, jousi-	6273.0
Akselinpää	6122	Aluslaatta, jousi-	6274.0
Akselinpään pituus	6006	Aluslaatta, kaksilehtinen	6278.2
Akselin suunta	6123.0	Aluslaatta, kartiomainen	6275
Vaakasuora	6123.1	Aluslaatta, kehähampainen	6276.1
Pystysuora	6123.2	Aluslaatta, kehäkielinen	6279.1
Vino	6123.3	Aluslaatta, kehälohkoinen	6277.1
Akselin suunta	6124.0	Aluslaatta, kieli-	6279.0
Ylöspäin	6124.1	Aluslaatta, lehti-	6278.0
Alaspäin	6124.2	Aluslaatta, lohko-	6277.0
Oikealle	6124.3	Aluslaatta, reikähampainen	6276.2
Vasemmalle	6124.4	Aluslaatta, reikäkielinen	6279.2

Aluslaatta, reikälohkoinen	6277.2	Ensiöteho, nimellinen	6018
Aluslaatta, uppokannan		Episykloidi	1416
kehähampainen	6276.3	Epäkeskoakseli	6121
Aluslaatta, uppokannan		Erinimiset kyljet*	1244
kehälehtinen	6277.3	Eturyntö*	2243
Aluslaatta, vino-	6272.0	Etäisyys, akseli-*	1117
U-palkkia varten	6272.1	Etäisyys, akseli-*	1117.1
I-palkkia varten	6272.2	Evolventti, pallo-	1419
Aluslaatta, yksilehtinen	6278.1	Evolventti, ympyrä-	1418
Alusta	6140	Evolventtifunktio	1418.1
Ankkurointitanko	6349	Evolventtinen lieriöhammaspyörä	2174
Apuvaihde	5039	Evolventtipinta	1421
Archimedeen kierremuoto*	4231	Evolventtiuritus	6111
Asennoituvat segmentit,		Extruuderit	6616
aksiaaliliukulaakeri	6439.2		
Asennoituvat segmentit,			
säteisliukulaakeri	6440.3	Funktio, evolventti-	1418.1
Asennusetäisyys,			
kartiohammaspyörä	3134		
Asennustaso, kartiohammaspyörä	3133	Generaattorit	6620
Asennustavat	6119.0	Globoidi, jako-	4312
Asennus jäähdyttäen	6119.1	Globoidi, pää-	4315
Asennus kuumentaen	6119.2	Globoidi, tyvi-	4316
Asennus öljynpaineella	6119.3	Globoidikierukka	1325.2
Askeleittain toimiva vaihde	5061	Globoidikierukka	4124
Aukko, hammas-	1212	Globoidikierukkapyörä	1326.1
Aurinkopyörä	1126	Globoidikierukkapyörä	4125
Aurinkopyörä	5066	Globoidikierukkapyöräpari	4126
Automaattivaihde	5052	Globoidikierukkavaihde	5027
Autot	6642	Globoidiruuvi*	1325.2
Avoin urakuulalaakeri	6431	Globoidiruuvi*	4124
		Globoidiruuvipyörä*	1326.1
		Globoidiruuvipyörä*	4125
Bombeeraus*	1316	Globoidiruuvipyöräpari*	4126
Circular pitch	1214.4	Halkaisija, jako-	2116
		Halkaisija, perus-	2177
Diametral pitch	1214.3	Halkaisija, pää-	2118
Diametral pitch		Halkaisija, tyvi-	2118.1
normaalileikkauksessa	2155	Halkaisija, ulko-*	2118
Diametral pitch otsaleikkauksessa	2146	Halkaisija, vierintä-	2116.1
Diametral pitch, terän	2197	Halkaisijakerroin	4226
Differentiaaliakselivaihde	5059	Hammas	1211
Differentiaalivaihde	5058	Hammasakseli	5101
		Hammasakseli, jossa useita	
		hammastuksia	5110
Elevaattorit	6615	Hammasakseli,	
Elintarviketeollisuus	6619	kaksoisvinohampainen	5104
Elliptiset hammaspyörät	1259	Hammasakseli, kartio-	5105
Ennakko*	2247	Hammasakseli, planeetta-	5108
Ennakkoryntösuhde*	2239	Hammasakseli seostetusta	
Ensiöakseli	6102	teräksestä	5114
Ensiöhammasvaihde	5036	Hammasakseli, suorahampainen	5102
Ensiömomentti, nimellinen	6023	Hammasakseli takeesta tai	
Ensiöpyörimisnopeus	6032	muottitakeesta	5112

SF

Hammasakseli valssatusta teräksestä	5113	
Hammasakseli valuteräksestä tai -raudasta	5111	
Hammasakseli, vinohampainen	5103	
Hammasaluslaatta	6276.0	
Kehähampainen aluslaatta	6276.1	
Reikähampainen aluslaatta	6276.2	
Uppokannan kehähampainen aluslaatta	6276.3	
Hammasaukko	1212	
Hammasaukon leveys normaalileikkauksessa	2157	
Hammasaukon leveys otsaleikkauksessa	2148	
Hammasaukon tyvipinta	1222.1	
Hammaskehä	1123.1	
Hammaskehä	5120	
Hammaskehä, jaettu	5124	
Hammaskehä, sisä-	5122	
Hammaskehä, ulko-	5121	
Hammaskehä, ulko-sisä-	5123	
Hammaskulma	3146	
Hammasleveys, tehollinen	2119.1	
Hammasloven leveys jakopinnalla*	2157	
Hammasloven leveys otsaleikkauksessa*	2148	
Hammasloven tyvipinta*	1222.1	
Hammaslovi*	1212	
Hammasluku, ideaalinen*	3199.2	
Hammasluku, kierukan*	4211.1	
Hammasluku, kokonais-	3119.1	
Hammasluku, redusoitu-	3119.2	
Hammaslukusuhde	1131	
Hammaslukusuhde	4411	
Hammasmuodon korjaus	1314.2	
Hammasprofiili	1233	
Hammaspyörä	1111	
Hammaspyörä, hitsausrakenteinen	5115	
Hammaspyörä, ideaalinen*	3119	
Hammaspyörä, ilman profiilinsiirtoa	2188	
Hammaspyörä, jossa hammaskehä ruuvikiinnitetty napaan	5118	
Hammaspyörä, jossa hitsausrakenteiselle navalle kutistettu hammaskehä	5117	
Hammaspyörä, jossa valuteräsnavalle tai valurautanavalle kutistettu hammaskehä	5116	
Hammaspyörä, kartio-	1322	
Hammaspyörä, kartio-	5063	
Hammaspyörä, lieriö-	1321	
Hammaspyörä, lieriö-	5062	
Hammaspyörä, malli-*	1111.1	
Hammaspyörä, oktoidi-	3175	
Hammaspyörä, perus-	1311	
Hammaspyörä, profiilinsiirretty	2189	
Hammaspyörä, redusoitu	3119	
Hammaspyörä seostetusta teräksestä	5114	
Hammaspyörä, sisä-	1224	
Hammaspyörä, sisäpuolinen*	1224	
Hammaspyörä, suuri*	1123	
Hammaspyörä, sykloidi-	2172	
Hammaspyörä takeesta tai muottitakeesta	5112	
Hammaspyörä, tappi-	2173	
Hammaspyörä, tulkki-	1111.1	
Hammaspyörä, ulko-	1223	
Hammaspyörä, ulkopuolinen*	1223	
Hammaspyörä, vaihto-	1111.2	
Hammaspyörä valssatusta teräksestä	5113	
Hammaspyörä valuteräksestä tai -raudasta	5111	
Hammaspyörä, viistohampainen*	1263	
Hammaspyörä, voitelu-	6507	
Hammaspyörä, väli-	1125.1	
Hammaspyörähydraulimoottori	6047.1	
Hammaspyöräpaineilmamoottori	6048.1	
Hammaspyöräpari	1112	
Hammaspyöräpari, jossa negatiivinen profiilinsiirto	2255.1	
Hammaspyöräpari, jossa positiivinen profiilinsiirto	2255	
Hammaspyöräpari, kartio-	1324	
Hammaspyöräpari, leikkaava-akselinen	1115	
Hammaspyöräpari, lieriö-	1323	
Hammaspyöräpari, profiilinsiirretty	2252	
Hammaspyöräpari, profiilinsiirretty, perusakselivälillä	2254	
Hammaspyöräpari, ristikkäisakselinen	1116	
Hammaspyöräpari, sisä-	1226	
Hammaspyöräpari, sisäpuolinen*	1226	
Hammaspyöräpari, sykloidi-	2172.1	
Hammaspyöräpari, tappi-	2173.1	
Hammaspyöräpari, ulko-	1225	
Hammaspyöräpari, ulkopuolinen*	1225	
Hammaspyöräpari, yhdensuuntaisakselinen	1114	
Hammaspyöräpumppu	6539	
Hammaspyörästö	1113	
Hammaspyörät, elliptiset	1259	
Hammastamistyökalu	2190	
Hammastanko	2171	
Hammastanko, perus-	2182	
Hammastanko, vasta-	2183	

SF

Hammastankovälitys	2171.1
Hammastuksen ylimitta*	2165
Hammastus	1210
Hammastus, hiottu	5138
Hammastus, kaari-	1268
Hammastus, kaavittu	5139
Hammastus, kaksoisvino-	1266
Hammastus, kampaterällä työstetty	5132
Hammastus, kierukan*	4211
Hammastus, kytkin-	5127
Hammastus, käyrä-*	1268
Hammastus, leikkuupyörällä työstetty	5133
Hammastus, läpätty	5140
Hammastus, muotojyrsimellä työstetty	5134
Hammastus, nuoli-	1267
Hammastus, oikeakätinen	1264
Hammastus, palloidi-*	1268
Hammastus, spiraali-*	1268
Hammastus, taottu	5135
Hammastus, työstetty	5130
Hammastus, valettu	5136
Hammastus, valssattu	5137
Hammastus, vasenkätinen	1265
Hammastus, vierintäjyrsitty	5131
Hammasvaihde	5001
Hammasvaihde, ensiö-	5036
Hammasvaihde, i = 1	5069
Hammasvaihde, jalka-	5006
Hammasvaihde, jonka akselit yhdensuuntaiset	5017
Hammasvaihde, jonka kotelo yhdestä kappaleesta	5035
Hammasvaihde, jossa ensiö- ja toisioakseli kohtisuorassa	5021
Hammasvaihde, jossa ensiö-ja toisioakseli ovat samankeskeiset	5018
Hammasvaihde, jossa jalkalaippa	5007
Hammasvaihde, jossa n ensiöakselia	5012
Hammasvaihde, jossa n toisioakselia	5014
Hammasvaihde, jossa suuri kehänopeus	5032
Hammasvaihde, jossa vaaka-akselit samassa pystytasossa	5010
Hammasvaihde, jossa yhdensuuntaiset akselit	5016
Hammasvaihde, jossa yksi ensiöakseli	5011
Hammasvaihde, jossa yksi toisioakseli	5013
Hammasvaihde, kaksiportainen	5003
Hammasvaihde, kartio-lieriö-	5028
Hammasvaihde, laippa-	5005
Hammasvaihde, lieriö-	5020
Hammasvaihde, moduuleista koottu	5031
Hammasvaihde, monivälityksinen	5047
Hammasvaihde, monivälityksinen − kytkentä käydessä	5050
Hammasvaihde, monivälityksinen − kytkentä levossa	5049
Hammasvaihde, n-portainen	5004
Hammasvaihde, n-välityksinen	5048
Hammasvaihde, tappi-	5008
Hammasvaihde, toisio-	5037
Hammasvaihde, vaaka-akselinen	5009
Hammasvaihde, yhdistetty	5015
Hammasvaihde, yksiportainen	5002
Hammasvaihteet	5000
Hammasvälimitta	2165
Hampaan aukkokulman puolikas, kartiohammaspyörä	3159
Hampaan jännemitta normaalileikkauksessa	2161
Hampaan korkeus	2131
Hampaan korkeus, kartiohammaspyörä	3141
Hampaan korkeus, kierukka	4227
Hampaan korkeus, kierukkapyörä	4341
Hampaan korkeus, lautaspyörä*	3141
Hampaan korkeus, rällipyörä*	3141
Hampaan kylki	1231
Hampaan leveys	2119
Hampaan leveys, kartiohammaspyörä	3131
Hampaan leveys, lautaspyörä*	3131
Hampaan leveys, rällipyörä*	3131
Hampaan lovikulman puolikas*	3159
Hampaan paksuus normaalileikkauksessa	2156
Hampaan paksuus otsaleikkauksessa	2147
Hampaan paksuus peruspinnalla normaalileikkauksessa	2179.1
Hampaan paksuus peruspinnalla otsaleikkauksessa	2179
Hampaan paksuus pääpinnalla normaalileikkauksessa	2156.1
Hampaan paksuuskulman puolikas, kartiohammaspyörä	3158
Hampaan pääpinta	1221.1
Hampaan teräväksituloraja	2156.2
Hampaan työkorkeus	2222
Hampaan työkorkeus h, kierukkapyöräpari	4412

SF

Hana	6557
Hana, tyhjennys-	6556
Hattumutteri	6253.0
Hattumutteri	6253.2
Korkea hattumutteri	6253.1
Lukkiutuva hattumutteri	6253.3
Helikonpyöräpari*	2215
Helpotus, pituus-	1317
Helpotus, pää-	1314
Helpotus, tyvi-	1314.1
Hidas akseli	6105
Hiiletyskarkaisu	6152
Hiottu hammastus	5138
Hitsattu kotelo	5204.3
Hitsausrakenteinen hammaspyörä	5115
Hitsausruuvi	6235
Hoikkavartinen kuusioruuvi	6203
Hokkakiila	6333
Holkki	6436
Holkki	6318
Holkki, kierre-	6321
Holkki, laippa-	6319
Holkki, ura-	6320
Huippumomentti	6025
Huohotin	6563
Huoparengas	6525
Huulitiiviste	6527
Hydraulimoottori	6047.0
Hammaspyörätyyppi	6047.1
Radiaalimäntätyyppi	6047.2
Aksiaalimäntätyyppi	6047.3
Hydrodynaaminen liukulaakeri	6441
Hydrostaattinen liukulaakeri	6442.0
Paineöljy-	6442.1
Paineilma-	6442.2
Hypoidiakseli	1330
Hypoidipyörä	1329
Hypoidipyörä, iso*	1329
Hypoidipyörä, pieni*	1330
Hypoidipyöräpari	1328
Hyposykloidi	1417
Hyötysuhde	6043
Ideaalinen hammasluku*	3119.2
Ideaalinen hammaspyörä*	3119
I-kierremuoto*	4234
Ilmajäähdytin	6569.1
Induktiokarkaisu	6151.2
Irrotuskytkin, siirrettävä	5125
Iso hypoidipyörä*	1329
Iso pyörä	1123
Iso pyörä, kartiomainen ruuvipyöräpari*	1329
Jaettu hammaskehä	5124
Jaettu kotelo	5203
Jako	1143
Jako	4220
Jako, aksiaali-	2129
Jako, normaali-	2153
Jako, terän	2195
Jako, otsa-	2143
Jakogloboidi	4312
Jakohalkaisija	2116
Jakohalkaisija, kartiohammaspyörä	3124
Jakohalkaisija, kierukka	4213
Jakohalkaisija, kierukkapyörä	4324
Jakohalkaisija, lautaspyörä*	3124
Jakohalkaisija, rällipyörä*	3124
Jakokartio	3111
Jakokartiokulma	3121
Jakokartion kärki	3112
Jakokulma	2144
Jakolieriö	2111
Jakolieriö, kierukka	4212
Jakopinta	1142
Jakoruuviviiva	2121
Jakoruuviviiva	4214
Jakosuora	2185
Jakotaso	2184
Jakovaihde, jossa kaksi hammasakselia	5055
Jakovaihde, jossa kolme hammasakselia	5056
Jakovaihde, valssin	5054
Jakoympyrä	2115
Jakoympyrä, kartiohammaspyörä	3123
Jakoympyrä, kierukkapyörä	4317
Jakoympyrä, lautaspyörä*	3123
Jakoympyrä, rällipyörä*	3123
Jalkahammasvaihde	5006
Jalkakartio*	3114.1
Jalkakartio*	3116
Jalkakartiokulma*	3125.1
Jalkakorkeus*	2133
Jalkakorkeus jakoympyrään nähden*	4344
Jalkakorkeus, kierukka*	4229
Jalkakorkeus, kierukkapyörä*	4340
Jalkakorkeus, lautaspyörä*	3144
Jalkakorkeus, rällipyörä*	3144
Jalkakulma*	3145
Jalkakylki*	1251.1
Jalkalieriö*	2113.1
Jalkavaihde, moottori-	5042
Jalkaympyrä*	2117.1
Jalkaympyrä, kierukkapyörä	4319
Jalkaympyrä, lautaspyörä*	3126.1
Jalkaympyrä, rällipyörä*	3126.1
Jana, ryntö-	2232

Jousialuslaatta	6273.0	Kappale, T-	6554
Nokallinen jousialuslaatta	6273.1	Karkaisu, hiiletys-	6152
Aaltomainen jousialuslaatta	6273.2	Karkaisu, induktio-	6151.2
Varmistusrengasjousialuslaatta	6273.3	Karkaisu, liekki-	6151.1
Jousialuslaatta	6274.0	Karkaisu, pinta-	6151.0
Kupera jousialuslaatta	6274.1	Kartio, jako-	3111
Aaltomainen jousialuslaatta	6274.2	Kartio, jalka- *	3114.1
Jousisokka	6315	Kartio, jalka- *	3116
Jännemitta, vakio-	2163	Kartio, keski-	3116.1
Jäteveden puhdistuslaitokset	6636	Kartio, pää-	3114
Jäähdytin	6569.0	Kartio, sisä-	3116
Jäähdytin, ilma-	6569.1	Kartio, sorvaus- *	3114
Jäähdytin, vesi-	6569.2	Kartio, taka-	3115
Jäähdytin, öljy-	6569.3	Kartio, tyvi-	3114.1
Jäähdyttäen, asennustavat	6119.1	Kartio, ulko- *	3114
Jäähdytyskierukka	6571	Kartio, vaippa- *	3114
		Kartio, vasta- *	3115
		Kartio, vierintä-	3113
Kaari, laakeri-	6145	Kartiohammasakseli	5105
Kaari, peitto-	2236.1	Kartiohammasakseli,	
Kaarihammastus	1268	kaarihampainen	5107
Kaarihampainen		Kartiohammasakseli,	
kartiohammasakseli	5107	suorahampainen	5106
Kaarihampainen		Kartiohammaspyörä	1322
kartiohammaspyörä	3173.1	Kartiohammaspyörä	5063
Kaarihampainen kartiovaihde	5024	Kartiohammaspyörä,	
Kaarikulma	3176	kaarihampainen	3173.1
Kaarikulma keskellä	3176.2	Kartiohammaspyörä,	
Kaarikulma ulkoreunalla	3176.1	käyrähampainen *	3173.1
Kaavittu hammastus	5139	Kartiohammaspyörä,	
Kaivinkoneet	6613	palloidihampainen *	3173.1
Kaksilehtinen aluslaatta	6278.2	Kartiohammaspyörä,	
Kaksinokkainen vasararuuvi	6206.3	spiraalihampainen *	3173.1
Kaksiportainen hammasvaihde	5003	Kartiohammaspyörä,	
Kaksipuolinen tiivistelaakeri	6437.2	suorahampainen	1262
Kaksirivinen kartiorullalaakeri	6426	Kartiohammaspyörä,	
Kaksirivinen lieriörullalaakeri	6420	vinohampainen	3173
Kaksirivinen neulalaakeri	6421	Kartiohammaspyörän	
Kaksirivinen urakuulalaakeri	6415	asennusetäisyys	3134
Kaksirivinen viistokuulalaakeri	6417	Kartiohammaspyörän asennustaso	3133
Kaksisuuntainen		Kartiohammaspyörän hampaan	
painekuulalaakeri	6428	aukkokulman puolikas	3159
Kaksitahtinen polttomoottori	6046.2	Kartiohammaspyörän hampaan	
Kaksoisnippa	6549	korkeus	3141
Kaksoisvinohammastus	1266	Kartiohammaspyörän hampaan	
Kaksoisvinohampainen		leveys	3131
hammasakseli	5104	Kartiohammaspyörän hampaan	
Kampaterä	2191	paksuuskulman puolikas	3158
Kampaterällä työstetty hammastus	5132	Kartiohammaspyörän	
Kampiakseli	6120	jakohalkaisija	3124
Kansi	6142	Kartiohammaspyörän jakoympyrä	3123
Kansi, jossa rasvanippa	6146	Kartiohammaspyörän pääetäisyys	
Kansi, laakeri-	6147	kartion kärkeen	3135.1
Kansi, laippa-	6144	Kartiohammaspyörän	
Kansi, läpinäkyvä	6148	päähalkaisija	3127
Kansi, pää-	6143	Kartiohammaspyörän pääkorkeus	3142

SF

Kartiohammaspyörän pääkulma	3143	Keskipakopaineilmamoottori	6048.4
Kartiohammaspyörän pääympyrä	3126	Keskitaso	4311
Kartiohammaspyörän tehollinen		Keskitaso, torus	4113
hammasleveys	3131.1	Keskitysrengas	6303
Kartiohammaspyörän		Keskiviiva	2221
tyvihalkaisija	3127.1	Keskiympyrä, torus	4114
Kartiohammaspyörän tyvikorkeus	3144	Keskiökierrereikä	6130.2
Kartiohammaspyörän tyvikulma	3145	Keskiöreikä	6130.1
Kartiohammaspyörän tyviympyrä	3126.1	Kestoikä	6053
Kartiohammaspyörän ulompi		Ketjupyörä	1331
pääetäisyys	3135	Ketjupyöräakseli	1331.1
Kartiohammaspyöräpari	1324	Kevytmetallikotelo	5204.4
Kartiokiila	6330.2	Kielialuslaatta	6279.0
Kartiokulma, jako-	3121	Kehäkielinen	6279.1
Kartiokulma, jalka- *	3125.1	Reikäkielinen	6279.2
Kartiokulma, pää-	3125	Kierre	4211
Kartiokulma, tyvi-	3125.1	Kierreholkki	6321
Kartiokulma, ulko- *	3125	Kierremuodot	4230
Kartiokulma, vaippa- *	3125	Kierremuoto, Archimedeen *	4231
Kartiokulma, vierintä-	3122	Kierremuoto I *	4234
Kartio-lieriöhammasvaihde	5028	Kierremuoto K *	4233
Kartiomainen aluslaatta	6275	Kierremuoto N *	4232
Kartiomainen ruuvipyöräpari *	1328	Kierremuoto ZA	4231
Kartiomaisen ruuvipyöräparin		Kierremuoto ZI	4234
iso pyörä *	1329	Kierremuoto ZK	4233
Kartiomaisen ruuvipyöräparin		Kierremuoto ZN	4232
pieni pyörä *	1330	Kierrepituus	4215
Kartion sivun pituus		Kierretanko	6234
hammastuksen keskelle	3132.2	Kierukan aksiaalijako	4223
Kartion sivun sisäpituus	3132.1	Kierukan aksiaalimoduuli	4224
Kartion sivun ulkopituus	3132	Kierukan aksiaaliprofiili	4221
Kartio-olakepäinen kuusioruuvi	6202.3	Kierukan hammasluku *	4211.1
Kartiorullalaakeri	6425	Kierukan hammastuksen pituus *	4215
Kartiorullalaakeri, kaksirivinen	6426	Kierukan hammastus *	4211
Kartiosokka	6313	Kierukan hampaan korkeus	4227
Kartiovaihde, kaarihampainen	5024	Kierukan jakohalkaisija	4213
Kartiovaihde, suorahampainen	5023	Kierukan jakolieriö	4212
Kehä, hammas-	1123.1	Kierukan jalkakorkeus *	4229
Kehä, hammas-	5120	Kierukan nousu	4222
Kehähampainen aluslaatta	6276.1	Kierukan pääkorkeus	4228
Kehähampainen aluslaatta,		Kierukan tyvikorkeus	4229
uppokannan	6276.3	Kierukka	1325
Kehäkielinen aluslaatta	6279.1	Kierukka	4121
Kehälehtinen aluslaatta,		Kierukka	5064
uppokannan	6277.3	Kierukka, globoidi-	1325.2
Kehälohkoinen aluslaatta	6277.1	Kierukka, globoidi-	4124
Kehänopeus	6035	Kierukka, jäähdytys-	6571
Kehäpyörä	1127	Kierukka, lieriömäinen	1325.1
Kehäpyörä	5067	Kierukka, lämmitys-	6572
Kehän leveys	4326.1	Kierukka-akseli	5109
Kerroin, halkaisija-	4226	Kierukkapyörä	1326
Kerroin, käyttö-	6042	Kierukkapyörä	4122
Kerroin, sysäys-	6041	Kierukkapyörä	5065
Keskikartio	3116.1	Kierukkapyörä, globoidi-	1326.1
Keskiosa, kotelon	5206.2	Kierukkapyörä, globoidi-	4125
Keskipakopumppu	6536	Kierukkapyörän hampaan korkeus	4341

Kierukkapyörän jakohalkaisija	4324	Koko	6037
Kierukkapyörän jakoympyrä	4317	Kokoaja, öljyn-	6532
Kierukkapyörän jalkakorkeus*	4340	Kokonaishammasluku	3119.1
Kierukkapyörän jalkaympyrä*	4319	Kokonaisryntökaari	2234.1
Kierukkapyörän otsajako	4325	Kokonaisryntökulma	2234
Kierukkapyörän pohjavälys*	4413	Kokonaisryntösuhde	2237
Kierukkapyörän päähalkaisija	4322	Kompressorit	6609
Kierukkapyörän pääkorkeus	4340	Kone, käytettävä	6049
Kierukkapyörän pääkorkeus		Kone, käyttävä	6044
jakoympyrään nähden	4342	Koneet, kaivin-	6613
Kierukkapyörän pääpinta	4313	Koneet, paino-	6633
Kierukkapyörän päävälys*	4413	Koneet, pesu-	6622
Kierukkapyörän pääympyrä	4318	Koneet, purkitus-	6604
Kierukkapyörän tehollinen		Koneet, tiiliteollisuuden	6608
hammasleveys	4326	Koneet, työstö-	6626
Kierukkapyörän tyvihalkaisija	4323	Korjaus, hammasmuodon	1314.2
Kierukkapyörän tyvikorkeus	4340	Korjauskerroin, akselivälin	2256
Kierukkapyörän tyviympyrä	4319	Korkea hattumutteri	6253.1
Kierukkapyörän ulkohalkaisija	4321	Korkea pyälletty ruuvi	6233.1
Kierukkapyörän ulkohalkaisija*	4322	Korkeus, akseli-	6004
Kierukkapyörän ulkolieriö	4314	Korkeus, hampaan	2131
Kierukkapyöräpari	1327	Korkeus, jalka-*	2133
Kierukkapyöräpari	4000	Korkeus, mitta-	2162
Kierukkapyöräpari	4123	Korkeus, pää-	2132
Kierukkapyöräpari, globoidi-	4126	Korkeus, tyvi-	2133
Kierukkapyöräparien ja -pyörien		Korkeus, öljyn-	6516
termit	4120	Korottava vaihde*	1134
Kierukkapyöräparin hampaan		Kostea ympäristö	6054.2
työkorkeus h	4412	Kotelo	5201
Kierukkapyöräparin kylkivälys	4414	Kotelo, hitsattu	5204.3
Kierukkapyöräparin tyvivälys	4413	Kotelo, jaettu	5203
Kierukkavaihde	5026	Kotelo, jossa lisäöljytila	5208
Kierukkavaihde, globoidi-	5027	Kotelo, kevytmetalli-	5204.4
Kiila	6330.0	Kotelo, kytkin-	6134
Tasakiila	6330.1	Kotelo, muovi-	5204.5
Kartiokiila	6330.2	Kotelo, rivoitettu	5205
Kiila, hokka-	6333	Kotelo, teräs-	5204.2
Kiila, jossa kiinnitysporaukset	6336	Kotelo, valurauta-	5204.1
Kiila, porras-	6331	Kotelo, yhtenäinen	5202
Kiila, säädettävä	6335	Kotelon alaosa	5206.3
Kiila, tangentiaali-	6332	Kotelon keskiosa	5206.2
Kiila, Woodruff-	6334	Kotelon puoliosa	5207
Kiilaura	6337	Kotelon vahvike	5211
Kiinnityselimet	6200	Kotelon yläosa	5206.1
Kiinnityslaippa	6138	Kruunumutteri	6254.0
Kiinnitysreiän vahvike	6137	Kruunumutteri	6254.1
Kiinnitystaso	6139	Matala kruunumutteri	6254.2
Kiinteät segmentit,		Kuiva ympäristö	6054.1
aksiaaliliukulaakeri	6439.1	Kuivatelakkanosturit	6614
Kilpi, ohje-	6056	Kuivausrummut	6623
Kilpi, vaihde-	6011	Kuljettimet	6610
Kippauslaitteet, vaunun	6605	Kulma, akseli-	1118
Kiristyskisko, moottorin	6133	Kulma, hammas-	3146
Kiviruuvi	6238	Kulma, jako-	2144
K-kierremuoto*	4233	Kulma, jalka-*	3145
Kohtalaisia sysäyksiä, kuormitus	6050.2	Kulma, kaari-	3176

SF

Kulma, leveys-	4327.1	Kuusioruuvi, hoikkavartinen	6203
Kulma, nousu-	1413	Kuusiosovitusruuvi	6204
Kulma, nousu-	2126	Kyljet, erinimiset*	1244
Kulma, nousu-, peruspinnalla	2127	Kyljet, samannimiset*	1243
Kulma, peitto-	2236	Kyljet, samanpuoleiset	1243
Kulma, työntö-	3191	Kyljet, työ-	1245
Kulma, viistous-*	1412	Kyljet, vapaa-	1246
Kulma, viistous-*	2124	Kyljet, vasta-	1241
Kulma, vinous-	1412	Kyljet, vastakkaiset	1244
Kulma, vinous-	2124	Kylki, hampaan	1231
Kulma, vinous-*	3176	Kylki, jalka-*	1251.1
Kulmaliitin	6552	Kylki, kuormitettu*	1245
Kulmaliitin	6553	Kylki, kuormittamaton*	1246
Kulmanopeus	6034	Kylki, käyttökelpoinen	1253
Kulmasuuntapoikkeama, akselien	6128.1	Kylki, oikea	1242
Kulmavaihde	5022	Kylki, pää-	1251
Kulmavaihde, i = 1	5025	Kylki, tehollinen	1252
Kumiteollisuus	6635	Kylki, tyvi-	1251.1
Kumitiiviste	6531.3	Kylki, vasen	1242.1
Kuoppapäinen urapidätinruuvi	6228	Kylkiprofiili	1233.1
Kuormitettu kylki*	1245	Kylkiviiva	1232
Kuormittamaton kylki*	1246	Kylkiviivojen risteilyetäisyys	3174
Kuormituksen luonne	6050.0	Kylkivälys, kierukkapyöräpari	4414
Tasainen	6050.1	Kylkivälys, normaali	2225
Kohtalaisia sysäyksiä	6050.2	Kylkivälys, vierintä-	2224
Voimakkaita sysäyksiä	6050.3	Kytkin paine-	6565
Kupera jousialuslaatta	6274.1	Kytkin, vapaa-	6346
Kupukantainen uraruuvi	6219	Kytkinhammastus	5127
Kupukantaniitti	6338	Kytkinkotelo	6134
Kupuolakepäinen laipallinen		Kytkinosa, siirrettävä	5126
neliöruuvi	6205.3	Kärki, jakokartion	3112
Kupu-uppokantainen ristiuraruuvi	6215	Kätisyys	1413.1
Kupu-uppokantainen uraruuvi	6222	Käynnistyksiä tunnissa	6051
Kuristuslaatta	6566	Käyntiaika päivässä	6052
Kuulalaakeri	6405	Käyntilämpötila	6055.1
Kuulalaakeri, paine-	6409	Käyntimoduuli	1214.1
Kuulalaakeri, pallomainen	6422	Käyrähammastus*	1268
Kuulalaakeri, säteis-	6408	Käyrähampainen	
Kuumentaen, asennustavat	6119.2	kartiohammaspyörä*	3173.1
Kuusiokolopidätinruuvi	6211	Käytettävä kone	6049
Kuusiokolopidätinruuvi,		Käytettävä pyörä	1125
tappipäinen	6213	Käyttävä kone	6044
Kuusiokolopidätinruuvi,		Käyttävä pyörä	1124
teräväpäinen	6212	Käyttöalueet	6600
Kuusiokolopidätinruuvi,		Käyttökelpoinen kylki	1253
viistepäinen	6214	Käyttökerroin	6042
Kuusiokoloruuvi	6208	Käyttöteho	6020
Kuusiokoloruuvi, matalakantainen	6209	Käyttövipu	6343
Kuusiokoloruuvi, uppokantainen	6210		
Kuusiomutteri	6251.0		
Kuusiomutteri	6251.1	Laakeri	6400
Matala kuusiomutteri	6251.2	Laakeri, aksiaali-	6403
Kuusioruuvi	6202.0	Laakeri, kartiorulla-	6425
Normaali kuusioruuvi	6202.1	Laakeri, kuula-	6405
Tappipäinen kuusioruuvi	6202.2	Laakeri, liuku-	6404
Kartio-olakepäinen kuusioruuvi	6202.3	Laakeri, nelipiste-	6418

SF

Laakeri, neula-	6407	Leikkaava-akselinen	
Laakeri, nivel-	6435	hammaspyöräpari	1115
Laakeri, ohjaava	6433	Leikkaus	6009
Laakeri, ohjaava	6434	Leikkuupyörällä työstetty	
Laakeri, rulla-	6406	hammastus	5133
Laakeri, säteis-	6402	Leveys, hampaan	2119
Laakeri, tiiviste-		Leveys, kehän	4326.1
1. yksipuolinen		Leveyskulma	4327.1
2. kaksipuolinen	6437	Leveyskulma, tehollinen	4327.1
Laakeri, vapaa	6432	Levy, roiske-	6540
Laakeri, vierintä-	6401	Levy, varmistin-	6293
Laakerikaari	6145	Liekkikarkaisu	6151.1
Laakerikansi	6147	Leriö, jako-	2111
Laakeripesä	6438	Leriö, jalka-*	2113.1
Laatta, alus-	6271	Leriö, perus-	2176
Laatta, kuristus-	6566	Leriö, pää-	2113
Laatta, perus-	6141	Leriö, tyvi-	2113.1
Labyrinttitiiviste	6529	Leriö, vierintä-	2112
Laipallinen neliöruuvi	6205.2	Leriöhammaspyörä	1321
Laipallinen neliöruuvi,		Leriöhammaspyörä	5062
kupuolakepäinen	6205.3	Leriöhammaspyörä, evolventtinen	2174
Laippa	6340	Leriöhammaspyörä,	
Laippa, kiinnitys-	6138	suorahampainen	1261
Laippa, liitos-	6136	Leriöhammaspyörä,	
Laippa, moottori-	6341	vinohampainen	1263
Laippa, tuki-	6342	Leriöhammaspyöräpari	1323
Laippa-akseli	6116	Leriöhammaspyöräpari,	
Laippahammasvaihde	5005	suorahampainen (evolventti)	2213
Laippaholkki	6319	Leriöhammaspyöräpari,	
Laippakansi	6144	viistohampainen*	2214
Laipparengas	6305	Leriöhammaspyöräpari,	
Laippavaihde, moottori-	5043	vinohampainen	2214
Laitteet, lajittelu-	6607	Leriöhammasvaihde	5020
Laitteet, selkeytys-	6606	Leriökantainen uraruuvi	6218
Laitteet, syöttö-	6618	Leriökantainen uraruuvi, matala	
Laitteet, tulipesä-	6639	(liitinruuvi)	6220
Lajittelulaitteet	6607	Leriö-kierukkavaihde	5029
Lamellipaineilmamoottori	6048.2	Leriökupukantainen ristiuraruuvi	6217
Lankavarmistin	6292	Leriömäinen kierukka	1325.1
Lasi, öljy-	6520	Leriömäinen painerullalaakeri	6429
Lautaspyörä*	1322	Leriömäinen ruuvi*	1325.1
Lautaspyörän hampaan korkeus*	3141	Leriömäinen ruuvipyöräpari	2215
Lautaspyörän hampaan leveys*	3131	Leriömäinen säteisliukulaakeri	6440.1
Lautaspyörän jakohalkaisija*	3124	Leriörullalaakeri, kaksirivinen	6420
Lautaspyörän jakoympyrä*	3123	Leriörullalaakeri, yksirivinen	6419
Lautaspyörän jalkakorkeus*	3144	Leriösokka	6312
Lautaspyörän jalkaympyrä*	3126.1	Liitin	6547
Lautaspyörän pääkorkeus*	3142	Liitin, kulma-	6552
Lautaspyörän pääympyrä*	3126	Liitin, kulma-	6553
Lautaspyörän tehollinen		Liitin, pyörivä	6555
hammasleveys*	3131.1	Liitin, suora-	6551
Lautaspyörän tyvihalkaisija*	3127	Liitinruuvi	6220
Lehtialuslaatta	6278.0	Liitoslaippa	6136
Yksilehtinen	6278.1	Liitostaso	6135
Kaksilehtinen	6278.2	Linjaus, akselien	6127
Leikkaava akselien asema	6125.3	Liukulaakeri	6404

SF

Liukulaakeri, aksiaali-
1. kiinteä
2. asennoituvat segmentit 6439
Liukulaakeri, hydrodynaaminen 6441
Liukulaakeri, hydrostaattinen
1. paineöljy-
2. paineilma- 6442
Liukulaakeri, magneettinen (ilman
kosketusta) 6443
Liukulaakeri, säteis-
1. lieriömäinen
2. lohkoinen
3. asennoituvat segmentit 6440
Lohkoaluslaatta 6277.0
Kehälohkoinen aluslaatta 6277.1
Reikälohkoinen aluslaatta 6277.2
Uppokannan kehälehtinen
aluslaatta 6277.3
Lohkoinen säteisliukulaakeri 6440.2
Lovi, hammas-* 1212
Lovi, tyvi- 1313
Lukkiutuva vastamutteri 6263
Lukkiutuva hattumutteri 6253.3
Lukumäärä 6015
Luukku, tarkastus- 6149
Lämmitin, vastus- 6573
Lämmityskierukka 6572
Lämpökäsittely 6150
Lämpömittari 6567
Lämpötila 6055.0
Käynti- 6055.1
Ympäristön- 6055.2
Läpinäkyvä kansi 6148
Läpätty hammastus 5140

Maag-mitta* 2165
Magneettinen liukulaakeri (ilman
kosketusta) 6443
Magneettiöljynsuodatin 6515.2
Mallihammaspyörä* 1111.1
Massa 6039
Masterpyörä* 1111.1
Matalakantainen kuusiokoloruuvi 6209
Matala kruunumutteri 6254.2
Matala kuusiomutteri 6251.2
Matala lieriökantainen uraruuvi
(liitinruuvi) 6220
Matala pyälletty mutteri 6260.2
Merivesi 6054.5
Metalliteollisuus 6627
Mineraalirasva 6503.1
Mineraaliöljy 6502.1
Mitat 6001
Mitat 1 x b x h mm:nä 6003
Mittakaava 6007

Mittakorkeus 2.62
Mittakorkeus, vakiojännemitta 2164
Mittari, lämpö- 6567
Mittari, paine- 6564
Mittatikku, öljynkorkeuden 6519
Moduuleista koottu hammasvaihde 5031
Moduuli 1214
Moduuli, käynti- 1214.1
Moduuli, normaali- 2154
Moduuli, otsa- 2145
Moduuli, standardi- 1214.2
Moduuli, terän 2196
Momentti 6022
Momentti, huippu- 6025
Momentti, nimellinen ensiö- 6023
Momentti, nimellinen toisio- 6024
Monivälityksinen hammasvaihde 5047
Monivälityksinen hammasvaihde
-kytkentä käydessä 5050
Monivälityksinen hammasvaihde
-kytkentä levossa 5049
Moottori, hydraulinen 6047
Moottori, paineilma- 6048
Moottori, poltto- 6046
Moottori, sähkö- 6045
Moottori, tasavirta- 6045.2
Moottori, vaihtovirta- 6045.1
Moottorijalkavaihde 5042
Moottorilaippa 6341
Moottorilaippavaihde 5043
Moottorin kiristyskisko 6133
Moottoriteho 6017
Moottorivaihde 5040
Moottorivaihde 5041
Muotojyrsimellä työstetty
hammastus 5134
Muotoluku* 4226
Muovikotelo 5204.5
Muoviteollisuus 6632
Muovitiiviste 6531.2
Murskaimet 6612
Murtotappi 6316
Mutteri, hattu- 6253.0
Mutteri, hattu- 6253.2
Mutteri, hattu-, korkea 6253.1
Mutteri, hattu-, lukkiutuva 6253.3
Mutteri, kruunu- 6254.0
Mutteri, kruunu- 6254.1
Mutteri, kruunu-, matala 6254.2
Mutteri, kuusio- 6251.0
Mutteri, kuusio- 6251.1
Mutteri, kuusio-, matala 6251.2
Mutteri, nostosilmukka- 6262
Mutteri, perustus- 6255
Mutteri, putki- 6252
Mutteri, pyälletty 6260.0

SF

130

Mutteri, pyälletty	6260.1	Nostosilmukkamutteri	6262
Mutteri, pyälletty, matala	6260.2	Nostosilmukkaruuvi	6231
Mutteri, päätyreikä-	6257	Nosturit	6611
Mutteri, siipi-	6261	Nosturit, kuivatelakka-	6614
Mutteri, sivureikä-	6258	Nousu	1414
Mutteri, sivu-ura	6259	Nousu, kierukka	4222
Mutteri, ura-	6256	Nousu, ruuvi*	4222
Mutteri, vasta-	6264	Nousukulma	1413
Mutteri, vasta-, lukkiutuva	6263	Nousukulma	2126
Mutterit	6250	Nousukulma peruspinnalla	2127
Myllyt ja rummut, pyörivät tyypit	6628	n-portainen hammasvaihde	5004
Myllyt, vasara-	6621	Nuolihammastus	1267
Myötäpäivään, pyörimissuunta	6126.1	Nuorrutus	6155
Mäntäpaineilmamoottori	6048.3	n-välityksinen hammasvaihde	5048
Mäntäpumppu	6537		
		Ohivirtausventtiili	6561
Napa	5119	Ohjaava laakeri	6433
Nelipistelaakeri	6418	Ohjaava laakeri	6434
Nelitahtinen polttomoottori	6046.2	Ohjauslevy, öljyn	6513
Neliöruuvi	6205.0	Ohjaussokka	6317
Olakepäinen	6205.1	Ohjausvaihde	5060
Laipallinen	6205.2	Ohjekilpi	6056
Laipallinen, kupuolakepäinen	6205.3	Oikea kylki	1242
Nestemäinen tiiviste	6531.4	Oikeakätinen hammastus	1264
Neulalaakeri	6407	Oikealle, akselin suunta	6124.3
Neulalaakeri, kaksirivinen	6421	Oktoidihammaspyörä	3175
Neulalaakeri, paine-	6413	Olake	6129
Neulalaakeri, säteis-	6412	Olakepäinen neliöruuvi	6205.1
Niitti, kupukanta-	6338	O-rengas	6530
Niitti, uppokanta-	6339	Osat	6100
Nimellinen ensiömomentti	6023	Osat, sisä-	5100
Nimellinen toisiomomentti	6024	Osat, ulkopuoliset	5200
Nimellinen ensiöteho	6018	Osoitin, virtauksen	6562
Nimellinen toisioteho	6019	Otsajako	2143
Nippa	6548	Otsajako, kierukkapyörä	4325
Nippa, kaksois-	6549	Otsajako, ruuvipyörä*	4325
Nippa, voitelu-	6534	Otsamoduuli	2145
Nivellaakeri	6435	Otsaperusjako	2178
N-kierremuoto*	4232	Otsaprofiili	1234
Nokallinen jousialuslaatta	6273.1	Otsaprofiili takakartiolla	3118
Nollapyörä*	2188	Otsaryntökulma	2142
Nollapyöräpari*	2251	Otsaryntökulma pisteessä y	2141
Nollapyöräpari perusakselivälillä*	2254		
Nopea akseli	6104		
Nopeus, kehä-	6035	Paineilmahydrostaattinen	
Nopeus, kulma-	6034	liukulaakeri	6442.2
Nopeus, pyörimis-	6031	Paineilmamoottori	6048.0
Normaali kuusioruuvi	6202.1	Hammaspyörätyyppi	6048.1
Normaalijako	2153	Keskipakotyyppi	6048.4
Normaalikylkivälys	2225	Lamellityyppi	6048.2
Normaalimoduuli	2154	Mäntätyyppi	6048.3
Normaaliperusjako	2178.1	Painekuulalaakeri	6409
Normaaliprofiili	1235	Painekuulalaakeri,	
Normaaliryntökulma	2152	kaksisuuntainen	6428
Normaaliryntökulma pisteessä y	2151	Painekuulalaakeri, yksisuuntainen	6427

SF

131

Painekytkin	6565	Pieni hypoidipyörä*	1330
Painemittari	6564	Pieni pyörä	1122
Paineneulalaakeri	6413	Pieni pyörä, kartiomainen	
Painerullalaakeri	6411	ruuvipyöräpari*	1330
Painerullalaakeri, lieriömäinen	6429	Piirustusnumero	6008
Painerullalaakeri, pallomainen		Pinta, evolventti-	1421
yksisuuntainen	6430	Pinta, jako-	1142
Painevoitelu	6509	Pinta, palloevolventti-	1422
Paineöljyhydrostaattinen		Pinta, pää-	1221
liukulaakeri	6442.1	Pinta, ryntö-	2241
Paino	6040	Pinta, taka-*	3133
Painokoneet	6633	Pinta, tyvi-	1222
Paksuus, hampaan		Pinta, tyvipyöristys-	1254
– normaalileikkauksessa	2156	Pinta, vierintä-	1141
– otsaleikkauksessa	2147	Pintakarkaisu	6151.0
– peruspinnalla		Liekki	6151.1
normaalileikkauksessa	2179.1	Induktio	6151.2
– peruspinnalla otsaleikkauksessa	2179	Piste, ryntö-	2231.1
– pääpinnalla		Piste, vierintä-	2233
normaalileikkauksessa	2156.1	Pistopyörä	2192
Palloevolventti	1419	Pituus, akselinpään	6006
Palloevolventtipinta	1422	Pituus, kartion sivun	3132.2
Palloidihammastus*	1268	Pituus, kierukan hammastus*	4215
Palloidihampainen		Pituus, kierre-	4215
kartiohammaspyörä*	3173.1	Pituus, ryntö-*	2232
Pallomainen kuulalaakeri	6422	Pituus, ryntö-	2242
Pallomainen painerullalaakeri,		Pituus, tyviryntö-	2245
yksisuuntainen	6430	Pituushelpotus	1317
Pallomainen rullalaakeri	6424	Planeettahammasakseli	5108
Paluuputki (öljy)	6545	Planeettakannattaja	1129
Panimo- ja tislausteollisuus	6603	Planeetta-kierukkavaihde	5030
Panosöljynsuodatin	6515.1	Planeettapyörä	1128
Paperiteollisuus	6631	Planeettapyörä	5068
Paperitiiviste	6531.1	Planeettapyörästö	1119
Peitto	2247	Planeettavaihde	5019
Peitto, vinous-*	2247	Pohjavälys*	2223
Peittokaari	2236.1	Pohjavälys, kierukkapyörä*	4413
Peittokulma	2236	Poistotulppa	6523
Peittosuhde	2239	Poksitiiviste	6526
Perusakseliväli	2253	Polttomoottori	6046.0
Perushalkaisija	2177	Sylinterien lukumäärä	6046.1
Perushammaspyörä	1311	Kaksi-tai nelitahtinen	6046.2
Perushammastanko	2182	Porraskiila	6331
Perusjako, normaali-	2178.1	Profiili, aksiaali-	1236
Perusjako, otsa-	2178	Profiili, aksiaali-, kierukka	4221
Peruslaatta	6141	Profiili, hammas-	1233
Peruslieriö	2176	Profiili, kylki-	1233.1
Perusprofiili	2181	Profiili, normaali	1235
Perusruuviviiva	2123	Profiili, otsa-	1234
Perusta 1 × b mm:nä	6002	Profiili, perus-	2181
Perustus	6131	Profiilinsiirretty hammaspyörä	2189
Perustusmutteri	6255	Profiilinsiirretty hammaspyöräpari	2252
Perusympyrä	2175	Profiilinsiirretty hammaspyöräpari,	
Pesukoneet	6622	perusakselivälillä	2254
Pesä, laakeri-	6438	Profiilinsiirto	2186
Pidätinruuvi, kuusiokolo-	6211		

132

Profiilinsiirtokerroin	2187	Pyörä, kierukka-	4122
Profiiliryntökaari	2235.1	Pyörä, kierukka-	5065
Profiiliryntökulma	2235	Pyörä, käytettävä	1125
Protuberanssi*	1315	Pyörä, käyttävä	1124
Puhaltimet	6602	Pyörä, lautas-*	1322
Puhdistuslaitokset, jäteveden	6636	Pyörä, lieriöhammas-	1321
Pumppu, hammaspyörä-	6539	Pyörä, lieriöhammas-	5062
Pumppu, keskipako-	6536	Pyörä, master-*	1111.1
Pumppu, mäntä-	6537	Pyörä, nolla-*	2188
Pumppu, siipi-	6538	Pyörä, pieni	1122
Pumppu, öljy-	6535	Pyörä, pisto-	2192
Pumput	6634	Pyörä, planeetta-	1128
Puoli, ryntö*	2231.1	Pyörä, planeetta-	5068
Puolikas, kotelon	5207	Pyörä, ruuvi-*	1326
Puolikasrengas	6304	Pyörä, ruuvi*	4122
Puristettu-urainen uraruuvi	6223	Pyörä, rälli-*	1322
Purkituskoneet	6604	Pyörä, taso-	3171
Putki	6542	Pyörä, taso-,vakiohammaskorkeus	3172
Putki, paluu- (öljy)	6545	Pyörä, vasta-	1121
Putki, suihku-	6511	Pyörä, vauhti-	6348
Putki, syöttö- (öljy-rasva)	6544	Pyörä, vedetty*	1125
Putki, taipuisa	6543	Pyörä, vetävä*	1124
Putki, ylivuoto-	6546	Pyöräpari, hammas-	1112
Putkiakseli	6108	Pyöräpari, helikon-*	2215
Putkiakselivaihde	5033	Pyöräpari, hypoidi-	1328
Putkimutteri	6252	Pyöräpari, kartiohammas-	1324
Pystysuora akselin suunta	6123.2	Pyöräpari, kierukka-	1327
Pyälletty mutteri	6260.0	Pyöräpari, kierukka-	4000
Pyälletty mutteri	6260.1	Pyöräpari, kierukka-	4123
Matala pyälletty mutteri	6260.2	Pyöräpari, lieriöhammas	1323
Pyälletty ruuvi	6233.0	Pyöräpari, nolla-*	2251
Pyälletty ruuvi, korkea	6233.1	Pyöräpari, nolla-	
Pyälletty ruuvi	6233.2	perusakselivälillä*	2254
Pyörimisnopeuden rajoitin	6345	Pyöräpari, ruuvi-*	1327
Pyörimisnopeus, ensiö-	6032	Pyöräpari, ruuvi-*	4000
Pyörimisnopeus, toisio-	6033	Pyöräpari, rälli-*	1324
Pyörimisnopeus	6031	Pyöräpari, V-*	2252
Sekunnissa		Pyöräpari, V-, negatiivinen	
Minuutissa		profiilinsiirto*	2255.1
Pyörimissuunta	6126.0	Pyöräpari, V-, positiivinen	
Myötäpäivään	6126.1	profiilinsiirto*	2255
Vastapäivään	6126.2	Pyöräpari, V-nolla-*	2252
Pyörivä liitin	6555	Pyöräpari, V-nolla-	
Pyörivätyyppiset myllyt ja		perusakselivälillä*	2254
rummut	6628	Pyöräpari ilman profiilinsiirtoa	2251
Pyörä, aurinko-	1126	Pyörästö, hammas-	1113
Pyörä, aurinko-	5066	Pyörästö, planeetta-	1119
Pyörä, hammas-	1111	Pääetäisyys kartion kärkeen,	
Pyörä, hypoidi-	1329	kartiohammaspyörä	3135.1
Pyörä, iso	1123	Päägloboidi	4315
Pyörä, kartiohammas-	1322	Päägloboidisäde	4328
Pyörä, kartiohammas-	5063	Päähalkaisija	2118
Pyörä, kehä-	1127	Päähalkaisija, kartiohammaspyörä	3127
Pyörä, kehä-	5067	Päähalkaisija, kierukkapyörä	4322
Pyörä, ketju-	1331	Päähelpotus	1314
Pyörä, kierukka-	1326	Pääkansi	6143

SF

133

Pääkartio	3114	Rengas, säätö-	6302
Pääkartiokulma	3125	Rengas, uritettu	6306
Pääkorkeus	2132	Rengas, vähennys-	6550
Pääkorkeus, kartiohammaspyörä	3142	Rengas, väli-	6301
Pääkorkeus, kierukka	4228	Rengasvoitelu	6505
Pääkorkeus, kierukkapyörä	4340	Risteilevä akselien asema	6125.4
Pääkorkeus, lautaspyörä *	3142	Risteilyetäisyys, kylkiviivojen	3174
Pääkorkeus, rällipyörä *	3142	Risteilysuuntapoikkeama, akselien	6128.2
Pääkorkeus jakoympyrään		Ristikkäisakselinen	
nähden, kierukkapyörä	4342	hammaspyöräpari	1116
Pääkulma, kartiohammaspyörä	3143	Ristireikäruuvi	6224
Pääkylki	1251	Ristiuraruuvi, kupu-uppokantainen	6215
Päälieriö	2113	Ristiuraruuvi, lieriökupukantainen	6217
Pääluku	4211.1	Ristiuraruuvi, uppokantainen	6216
Pääpinta	1221	Rivoitettu kotelo	5205
Pääpinta, hampaan	1221.1	Roiskelevy	6540
Pääpinta, kierukkapyörä	4313	Roiskevoitelu	6504
Pääryntö	2244	Rullalaakeri	6406
Pääryntöpituus	2246	Rullalaakeri, kartio-	6425
Päätyreikämutteri	6257	Rullalaakeri, paine-	6411
Päävaihde	5038	Rullalaakeri, pallomainen	6424
Pääviiva	1221.2	Rullalaakeri, säteis-	6410
Päävälys *	2223	Rullalaakeri, tynnyri-	6423
Päävälys, kierukkapyörä *	4413	Rummut, kuivaus-	6623
Pääympyrä	2117	Ruuvi *	1325
Pääympyrä, kartiohammaspyörä	3126	Ruuvi *	4121
Pääympyrä, kierukkapyörä	4318	Ruuvi, globoidi- *	1325.2
Pääympyrä, lautaspyörä *	3126	Ruuvi, globoidi- *	4124
Pääympyrä, rällipyörä *	3126	Ruuvi, hitsaus-	6235
Pölyinen ympäristö	6054.3	Ruuvi, kivi-	6238
		Ruuvi, kuusio-	6202
Radiaalimäntähydraulimoottori	6047.2	Ruuvi, kuusiokolo-	6208
Rajoitin, pyörimisnopeuden	6345	Ruuvi, kuusiosovitus-	6204
Rajoitin, vääntömomentin	6344	Ruuvi, lieriömäinen *	1325.1
Rakoöljynsuodatin	6515.3	Ruuvi, liitin-	6220
Rasva	6503.0	Ruuvi, neliö-	6205
Mineraalirasva	6503.1	Ruuvi, nostosilmukka-	6231
Synteettinen rasva	6503.2	Ruuvi, pyälletty	6233.0
Rasvakuppi	6533	Ruuvi, pyälletty	6233.2
Rasvan suojalevy	6541	Ruuvi, pyälletty, korkea	6233.1
Redusoitu hammasluku	3119.2	Ruuvi, ristireikä-	6224
Redusoitu hammaspyörä	3119	Ruuvi, siipi-	6232
Reikä, keskiö-	6130.1	Ruuvi, silmä-	6230
Reikä, keskiökierre-	6130.2	Ruuvi, T-johde-	6207
Reikähampainen aluslaatta	6276.2	Ruuvi, vaarna-	6236
Reikäkielinen aluslaatta	6279.2	Ruuvi, vasara-	6206.0
Reikälohkoinen aluslaatta	6277.2	Ruuvi, vasara-	6206.1
Reikävarmistin	6291	Ruuvi, vasaralukko-	6206.2
Rengas	6300	Ruuvin nousu *	4222
Rengas, huopa-	6525	Ruuvipyörä *	1326
Rengas, keskitys-	6303	Ruuvipyörä *	4122
Rengas, laippa-	6305	Ruuvipyörä, globoidi- *	1326.1
Rengas, O-	6530	Ruuvipyörä, globoidi- *	4125
Rengas, puolikas-	6304	Ruuvipyörän otsajako *	4325
Rengas, sovite-	6307	Ruuvipyöräpari *	1327
Rengas, synkronointi-	5129	Ruuvipyöräpari *	4000

Ruuvipyöräpari, globoidi-*	4126	Sahateollisuus	6625
Ruuvipyöräpari, kartiomainen*	1328	Saksisokka	6311
Ruuvipyöräpari, lieriömäinen	2215	Samankeskeinen akselien asema	6125.1
Ruuvipyöräparien ja -pyörien		Samannimiset kyljet*	1243
termit*	4120	Samanpuoleiset kyljet	1243
Ruuvit	6201	Seinämä	5209
Ruuvitappi, tasavartinen	6237	Seinämä, väli-	5210
Ruuviviiva	1411	Sekoittimet	6601
Ruuviviiva, jako-	2121	Sekoittimet	6629
Ruuviviiva, jako-	4214	Selkeytyslaitteet	6606
Ruuviviiva, perus-	2123	Sihdit	6637
Ruuviviiva, vierintä-	2122	Siipimutteri	6261
Ryntö, etu-*	2243	Siipipumppu	6538
Ryntö, pää-	2244	Siipiruuvi	6232
Ryntö, särmä-*	1312	Siirrettävä irrotuskytkin	5125
Ryntö, taka-*	2244	Siirrettävä kytkinosa	5126
Ryntö, tyvi-	2243	Siirto, profiilin-	2186
Ryntöinterferenssi	1312	Siirtokerroin, profiilin-	2187
Ryntöjana	2232	Silmäruuvi	6230
Ryntökaari, kokonais-	2234.1	Sisähammaskehä	5122
Ryntökaari, profiili-	2235.1	Sisähammaspyörä	1224
Ryntökulma, kokonais-	2234	Sisähammaspyöräpari	1226
Ryntökulma, normaali-	2152	Sisäkartio	3116
Ryntökulma, normaali pisteessä y	2151	Sisäosat	5100
Ryntökulma, otsa-	2142	Sisäpituus, kartion sivu	3132.1
Ryntökulma, otsa- pisteessä y	2141	Sisäpuolinen hammaspyörä*	1224
Ryntökulma, profiili-	2235	Sisäpuolinen hammaspyöräpari*	1226
Ryntökulma, terän	2194	Sisäympyrä, torus	4115
Ryntöpinta	2241	Sivureikämutteri	6258
Ryntöpiste	2231.1	Sivu-uramutteri	6259
Ryntöpituus*	2232	Sokeriteollisuus	6640
Ryntöpituus	2242	Sokka	6310
Ryntöpituus, pää-	2246	Sokka, jousi-	6315
Ryntöpuoli*	2231.1	Sokka, kartio-	6313
Ryntösuhde	2230	Sokka, lieriö-	6312
Ryntösuhde	2238	Sokka, ohjaus-	6317
Ryntösuhde, ennakko-*	2239	Sokka, saksi-	6311
Ryntösuhde, kokonais-	2237	Sokka, uritettu	6314
Ryntöviiva	2231	Sorvauskartio*	3114
Rällihammaspyörä,		Soviterengas	6307
suorahampainen*	1262	Spiraalihammastus*	1268
Rällihammaspyörä,		Spiraalihampainen	
viistohampainen*	3173	kartiohammaspyörä*	3173.1
Rällipyörä*	1322	Standardimoduuli	1214.2
Rällipyörän hampaan korkeus*	3141	Suhde, peitto-	2239
Rällipyörän hampaan leveys*	3131	Suhde, ryntö-	2230
Rällipyörän jakohalkaisija*	3124	Suhde, ryntö-	2238
Rällipyörän jakoympyrä*	3123	Suihkuputki	6511
Rällipyörän jalkakorkeus*	3144	Suihkutussuutin, öljyn	6512
Rällipyörän jalkaympyrä*	3126.1	Suihkuvoitelu	6510
Rällipyörän pääkorkeus*	3142	Suodatin, öljyn-	6515
Rällipyörän pääympyrä*	3126	Suojalevy, rasvan	6541
Rällipyörän tehollinen		Suojus	6132
hammasleveys*	3131.1	Suorahampainen hammasakseli	5102
Rällipyörän tyvihalkaisija*	3127	Suorahampainen	
Rällipyöräpari*	1324	kartiohammasakseli	5106

SF

Suorahampainen		Takaryntö*	2244
kartiohammaspyörä	1262	Tangentiaalikiila	6332
Suorahampainen kartiovaihde	5023	Tanko, ankkurointi-	6349
Suorahampainen		Tanko, hammas-	2171
lieriöhammaspyörä	1261	Tanko, kierre-	6234
Suorahampainen (evolventti)		Taottu hammastus	5135
lieriöhammaspyöräpari	2213	Tappi, murto-	6316
Suorahampainen		Tappihammaspyörä	2173
rällihammaspyörä*	1262	Tappihammaspyöräpari	2173.1
Suorakylkinen uritus	6110	Tappihammasvaihde	5008
Suoraliitin	6551	Tappipäinen	
Suunnankääntövaihde	5053	kuusiokolopidätinruuvi	6213
Suunta	6010	Tappipäinen kuusioruuvi	6202.2
Suunta, akselin	6123	Tappipäinen urapidätinruuvi	6227
Suunta, akselin	6124	Tarkastusluukku	6149
Suuntapoikkeama, akselien	6128	Tasainen kuormitus	6050.1
Suuri hammaspyörä*	1123	Tasakiila	6330.1
Sykloidi	1415	Tasavartinen ruuvitappi	6237
Sykloidihammaspyörä	2172	Tasavirtamoottori	6045.2
Sykloidihammaspyöräpari	2172.1	Taso, jako-	2184
Sylinterien lukumäärä,		Taso, keski-	4311
polttomoottori	6046.1	Taso, kiinnitys-	6139
Synkronointirengas	5129	Taso, liitos-	6135
Synkronoitu vaihde	5051	Tasopyörä	3171
Synteettinen rasva	6503.2	Tasopyörä, jossa vakio	
Synteettinen öljy	6502.2	hammaskorkeus	3172
Sysäyskerroin	6041	Teho	6016
Syöttäjät, aihion	6638	Teho, käyttö-	6020
Syöttökanaalien avulla voitelu	6506	Teho, moottori-	6017
Syöttölaitteet	6618	Teho, nimellinen ensiö-	6018
Syöttöputki (öljy-rasva)	6544	Teho, nimellinen toisio-	6019
Säde, päägloboidi-	4328	Teho, terminen	6021
Sähkömoottori	6045.0	Tehollinen hammasleveys	2119.1
Vaihtovirta-	6045.1	Tehollinen hammasleveys,	
Tasavirta-	6045.2	kartiohammaspyörä	3131.1
Särmäryntö*	1312	Tehollinen hammasleveys,	
Säteiskuulalaakeri	6408	kierukkapyörä	4326
Säteislaakeri	6402	Tehollinen hammasleveys,	
Säteisliukulaakeri	6440.0	lautaspyörä*	3131.1
Säteisliukulaakeri, lieriömäinen	6440.1	Tehollinen hammasleveys,	
Säteisliukulaakeri, lohkoinen	6440.2	rällipyörä*	3131.1
Säteisliukulaakeri, asennoituvat		Tehollinen kylki	1252
segmentit	6440.3	Tehollinen leveyskulma	4327.1
Säteisneulalaakeri	6412	Tekstiiliteollisuus	6641
Säteisrullalaakeri	6410	Teollisuus, elintarvike-	6619
Säädettävä kiila	6335	Teollisuus, kumi-	6635
Säätörengas	6302	Teollisuus, metalli-	6627
		Teollisuus, muovi-	6632
		Teollisuus, panimo- ja tislaus-	6603
Taipuisa putki	6543	Teollisuus, paperi-	6631
Takaisinpyörintäjarru	6347	Teollisuus, saha-	6625
Takaiskuventtiili	6559	Teollisuus, sokeri-	6640
Takakartio	3115	Teollisuus, tekstiili-	6641
Takartio, otsaprofiili	3118	Teollisuus, öljy-	6630
Takapinta*	3133	Terminen teho	6021
Takapintamitta*	3134	Termostaatti	6568

Terän diametral pitch	2197
Terän jako	2195
Terän moduuli	2196
Teräryntökulma	2194
Teräskotelo	5204.2
Teräväksituloraja, hampaan	2156.2
Teräväpäinen kuusiokolopidätinruuvi	6212
Teräväpäinen urapidätinruuvi	6229
Tiedot	6000
Tiiliteollisuuden koneet	6608
Tiiviste	6531.0
Paperi-	6531.1
Muovi-	6531.2
Kumi-	6531.3
Nestemäinen	6531.4
Tiiviste, aksiaali-	6528
Tiiviste, huuli-	6527
Tiiviste, labyrintti-	6529
Tiiviste, poksi-	6526
Tiiviste, öljy-	6524
Tiivistelaakeri	6437.0
Yksipuolinen-	6437.1
Kaksipuolinen-	6437.2
T-johderuuvi	6207
T-kappale	6554
Toisioakseli	6103
Toisiohammasvaihde	5037
Toisiomomentti, nimellinen	6024
Toisiopyörimisnopeus	6033
Toisioteho, nimellinen	6019
Torsioakseli	6115
Torus	4111
Toruksen keskitaso	4113
Toruksen keskiympyrä	4114
Toruksen muodostava ympyrä	4112
Toruksen sisäympyrä	4115
Toruksen viivat ja pinnat	4110
Trapetsiuritus	6112
Trooppinen ympäristö	6054.4
Tukilaippa	6342
Tulipesälaitteet	6639
Tulkkihammaspyörä	1111.1
Tulppa	6521
Tulppa, poisto-	6523
Tulppa, täyttö-	6522
Tuuletin	6570
Tuulettimet	6617
Tyhjennyshana	6556
Tynnyrimäisyys	1316
Tynnyrirullalaakeri	6423
Typetys	6153
Typpihiiletys	6154
Tyven työstökevennys	1315
Tyvigloboidi	4316
Tyvihalkaisija	2118.1

Tyvihalkaisija, kartiohammaspyörä	3127.1
Tyvihalkaisija, kierukkapyörä	4323
Tyvihalkaisija, lautaspyörä*	3127
Tyvihalkaisija, rällipyörä*	3127
Tyvihelpotus	1314.1
Tyvikartio	3114.1
Tyvikartiokulma	3125.1
Tyvikorkeus	2133
Tyvikorkeus jakoympyrään nähden	4344
Tyvikorkeus, kartiohammaspyörä	3144
Tyvikorkeus, kierukka	4229
Tyvikorkeus, kierukkapyörä	4340
Tyvikulma, kartiohammaspyörä	3145
Tyvikylki	1251.1
Tyvilieriö	2113.1
Tyvilovi	1313
Tyvipinta	1222
Tyvipinta, hammasaukon	1222.1
Tyvipinta, hammasloven*	1222.1
Tyvipyöristyspinta	1254
Tyviryntö	2243
Tyviryntöpituus	2245
Tyvivälys	2223
Tyvivälys, kierukkapyöräpari	4413
Tyviympyrä	2117.1
Tyviympyrä, kartiohammaspyörä	3126.1
Tyviympyrä, kierukkapyörä	4319
Tyyppi	6036
Tyyppi, öljy-	6518
Työkalu, hammastamis-	2190
Työkalu, vierintä-	2190.1
Työkorkeus, hampaan	2222
Työkyljet	1245
Työntökulma	3191
Työstetty hammastus	5130
Työstökevennys, tyven	1315
Työstökoneet	6626
Täyttötulppa	6522

Ulkohalkaisija*	2118
Ulkohalkaisija, kierukkapyörä	4321
Ulkohalkaisija, kierukkapyörä*	4322
Ulkohammaskehä	5121
Ulkohammaspyörä	1223
Ulkohammaspyöräpari	1225
Ulkokartio*	3114
Ulkokartiokulma*	3125
Ulkolieriö, kierukkapyörä	4314
Ulkopituus, kartion sivu	3132
Ulkopuolinen hammaspyörä*	1223
Ulkopuolinen hammaspyöräpari*	1225
Ulkopuoliset osat	5200
Ulko-sisä-hammaskehä	5123
Ulompi pääetäisyys, kartiohammaspyörä	3135

SF

Umpiakseli	6107
Uppokannan kehähampainen aluslaatta	6276.3
Uppokannan kehälehtinen aluslaatta	6277.3
Uppokantainen kuusiokoloruuvi	6210
Uppokantainen ristiuraruuvi	6216
Uppokantainen uraruuvi	6221
Uppokantaniitti	6339
Ura, kiila-	6337
Ura-akseli	6109
Uraholkki	6320
Urakuulalaakeri, avoin	6431
Urakuulalaakeri, kaksirivinen	6415
Urakuulalaakeri, yksirivinen	6414
Uramutteri	6256
Urapidätinruuvi, kuoppapäinen	6228
Urapidätinruuvi, tappipäinen	6227
Urapidätinruuvi, teräväpäinen	6229
Urapidätinruuvi, viistepäinen	6226
Uraruuvi, kupukantainen	6219
Uraruuvi, kupu-uppokantainen	6222
Uraruuvi, lieriökantainen	6218
Uraruuvi, matala lieriökantainen (liitinruuvi)	6220
Uraruuvi, puristettu-urainen	6223
Uraruuvi, uppokantainen	6221
Uravarsiruuvi, viistepäinen	6225
Uritettu	6114
Uritettu akseli	6113
Uritettu rengas	6306
Uritettu sokka	6314
Uritus, evolventti-	6111
Uritus, suorakylkinen	6110
Uritus, trapetsi-	6112
Useita välityssuhteita	6030
Vaaka-akselinen hammasvaihde	5009
Vaakasuora akselin suunta	6123.1
Vaarnaruuvi	6236
Vahvike, kiinnitysreiän	6137
Vahvike, kotelon	5211
Vahvistettu akseli	6117
Vaihde, akseli-	5057
Vaihde, alennus-	1133
Vaihde, alennus-	5034
Vaihde, alentava*	1133
Vaihde, apu-	5039
Vaihde, askeleittain toimiva	5061
Vaihde, automaatti-	5052
Vaihde, differentiaali-	5058
Vaihde, differentiaaliakseli-	5059
Vaihde, ensiöhammas-	5036
Vaihde, globoidikierukka-	5027
Vaihde, hammas-	5001
Vaihde, hammas- i = 1	5069
Vaihde, jako- – kaksi hammasakselia	5055
Vaihde, jako- – kolme hammasakselia	5056
Vaihde, kierukka-	5026
Vaihde, korottava*	1134
Vaihde, kulma-	5022
Vaihde, kulma- i = 1	5025
Vaihde, lieriöhammas-	5020
Vaihde, lieriö-kierukka-	5029
Vaihde, moottori-	5040
Vaihde, moottori-	5041
Vaihde, moottorijalka-	5042
Vaihde, moottorilaippa-	5043
Vaihde, ohjaus-	5060
Vaihde, planeetta-	5019
Vaihde, planeetta-kierukka-	5030
Vaihde, putkiakseli-	5033
Vaihde, pää-	5038
Vaihde, suunnankääntö-	5053
Vaihde, synkronoitu	5051
Vaihde, toisiohammas-	5037
Vaihde, valssin jako-	5054
Vaihde, ylennys-	1134
Vaihde, ylennys-	5045
Vaihdekilpi	6011
Vaihtohammaspyörä	1111.2
Vaihtovipu	5128
Vaihtovirtamoottori	6045.1
Vaippakartio*	3114
Vaippakartiokulma*	3125
Vakiojännemitan mittakorkeus	2164
Vakiojännemitta	2163
Valettu hammastus	5136
Valmistusnumero	6038
Valssattu hammastus	5137
Valssin jakovaihde	5054
Valta-akselit	6624
Valurautakotelo	5204.1
Vapaa laakeri	6432
Vapaakytkin	6346
Vapaakyljet	1246
Varaosaluettelo	6013
Varaosanumero	6014
Varaosa(t)	6012
Varmistin, akseli-	6290
Varmistin, lanka-	6292
Varmistin, reikä-	6291
Varmistinlevy	6293
Varmistusrengasjousialuslaatta	6273.3
Vasaralukkoruuvi	6206.2
Vasaramyllyt	6621
Vasararuuvi	6206.0
Vasararuuvi	6206.1
Vasaralukkoruuvi	6206.2
Kaksinokkainen vasararuuvi	6206.3

Vasemmalle, akselin suunta	6124.4	Viiva, ryntö-	2231
Vasen kylki	1242.1	Vino akselin suunta	6123.3
Vasenkätinen hammastus	1265	Vinoaluslaatta	6272.0
Vastahammastanko	2183	Vinoaluslaatta, I-palkkia varten	6272.2
Vastakartio*	3115	Vinoaluslaatta, U-palkkia varten	6272.1
Vastakkaiset kyljet	1244	Vinohampainen hammasakseli	5103
Vastakyljet	1241	Vinohampainen	
Vastamutteri	6264	kartiohammaspyörä	3173
Vastamutteri, lukkiutuva	6263	Vinohampainen	
Vastapyörä	1121	lieriöhammaspyörä	1263
Vastapäivään, pyörimissuunta	6126.2	Vinohampainen	
Vastuslämmitin	6573	lieriöhammaspyöräpari	2214
Vaunun kippauslaitteet	6605	Vinous*	1413.1
Vauhtipyörä	6348	Vinouskulma	1412
Vedetty pyörä*	1125	Vinouskulma	2124
Venttiili	6558	Vinouskulma*	3176
Venttiili, ohivirtaus-	6561	Vinouskulma keskellä*	3176.2
Venttiili, takaisku-	6559	Vinouskulma peruspinnalla	2125
Venttiili, ylipaine-	6560	Vinouskulma ulkoreunalla*	3176.1
Vesijäähdytin	6569.2	Vinouspeitto*	2247
Vetävä pyörä*	1124	Vintturit	6643
Vierintä	1144	Virtauksen osoitin	6562
Vierintäakseli	1431	V-nollapyöräpari*	2252
Vierintähalkaisija	2116.1	V-nollapyöräpari	
Vierintäjyrsin	2193	perusakselivälillä*	2254
Vierintäjyrsitty hammastus	5131	Voimakkaita sysäyksiä, kuormitus	6050.3
Vierintäkartio	3113	Voitelu	6500
Vierintäkartiokulma	3122	Voitelu, paine-	6509
Vierintäkylkivälys	2224	Voitelu, rengas-	6505
Vierintälaakeri	6401	Voitelu, roiske-	6504
Vierintälieriö	2112	Voitelu, suihku-	6510
Vierintäpinta	1141	Voitelu syöttökanaalien avulla	6506
Vierintäpiste	2233	Voiteluaine	6501
Vierintäruuviviiva	2122	Voiteluhammaspyörä	6507
Vierintätyökalu	2190.1	Voitelunippa	6534
Vierintäympyrä	2115.1	V-pyöräpari*	2252
Viistepäinen		V-pyöräpari, jossa negatiivinen	
kuusiokolopidätinruuvi	6214	profiilinsiirto*	2255.1
Viistepäinen urapidätinruuvi	6226	V-pyöräpari, jossa positiivinen	
Viistepäinen uravarsiruuvi	6225	profiilinsiirto*	2255
Viistetty aluslaatta	6271.2	Vähennysrengas	6550
Viistohampainen hammaspyörä*	1263	Väli, akseli-	1117
Viistohampainen		Väli, akseli-	1117.1
lieriöhammaspyöräpari*	2214	Väli, akseli-	6005
Viistohampainen		Väliakseli	6106
rällihammaspyörä*	3173	Välihammaspyörä	1125.1
Viistokuulalaakeri, kaksirivinen	6417	Välimitta, hammas-	2165
Viistokuulalaakeri, yksirivinen	6416	Välirengas	6301
Viistouskulma*	1412	Väliseinämä	5210
Viistouskulma*	2124	Välitys, hammastanko-	2171.1
Viistouskulma peruspinnalla*	2125	Välityssuhde	1132
Viistämätön aluslaatta	6271.1	Välityssuhde	6026
Viiva, keski-	2221	Välityssuhde, alentava	1135
Viiva, kylki-	1232	Välityssuhde, alentava	6027
Viiva, pää-	1221.2	Välityssuhde, ylentävä	1136
Viiva, ruuvi-	1411	Välityssuhde, ylentävä	6029

SF

139

Välityssuhde 1 = 1	6028	Ympyrä, tyvi-	2117.1
Välityssuhteita useita	6030	Ympyrä, vierintä-	2115.1
Välys, pohja-*	2223	Ympyräevolventti	1418
Välys, pää-*	2223	Ympäristö	6054.0
Välys, tyvi-	2223	Kuiva	6054.1
Vääntömomentin rajoitin	6344	Kostea	6054.2
		Pölyinen	6054.3
Woodruff-kiila	6334	Trooppinen	6054.4
		Merivesi	6054.5
		Ympäristön lämpötila	6055.2
Yhdensuuntainen akselien asema	6125.2		
Yhdensuuntaisakselinen			
hammaspyöräpari	1114	ZA-kierremuoto	4231
Yhdistetty hammasvaihde	5015	ZI-kierremuoto	4234
Yhdysakseli	6118	ZK-kierremuoto	4233
Yhtenäinen kotelo	5202	ZN-kierremuoto	4232
Yksilehtinen aluslaatta	6278.1		
Yksiportainen hammasvaihde	5002		
Yksipuolinen tiivistelaakeri	6437.1	Öljy	6502.0
Yksirivinen lieriörullalaakeri	6419	Öljy, mineraali	6502.1
Yksirivinen urakuulalaakeri	6414	Öljy, synteettinen	6502.2
Yksirivinen viistokuulalaakeri	6416	Öljyjäähdytin	6569.3
Yksisuuntainen painekuulalaakeri	6427	Öljylaahin	6508
Yksisuuntainen pallomainen		Öljylasi	6520
painerullalaakeri	6430	Öljymäärä	6517
Ylennysvaihde	1134	Öljyn ohjauslevy	6513
Ylennysvaihde	5045	Öljyn suihkutussuutin	6512
Ylennysvaihde, jossa suuri		Öljynkokoaja	6532
kehänopeus	5046	Öljynkorkeuden mittatikku	6519
Ylentävä välityssuhde	1136	Öljynkorkeus	6516
Ylentävä välityssuhde	6029	Öljynpaineella, asennustavat	6119.3
Ylimitta, hammastuksen*	2165	Öljynsuodatin	6515.0
Ylipaineventtiili	6560	Panos-	6515.1
Ylivuotoputki	6546	Magneetti-	6515.2
Yläosa, kotelon	5206.1	Rako-	6515.3
Ylöspäin, akselin suunta	6124.1	Öljypumppu	6535
Ympyrä, jako-	2115	Öljysäiliö	6514
Ympyrä, jalka-*	2117.1	Öljyteollisuus	6630
Ympyrä, perus-	2175	Öljytiiviste	6524
Ympyrä, pää-	2117	Öljytyyppi	6518

Glossar	D
Diccionario	E
Glossaire	F
Glossary	GB
Glossario	I
Glossarium	NL
Ordbok	S
Sanasto	SF

5000		D Zahnradgetriebe E Reductores F Ensemble à engrenages GB Gear unit assemblies I Riduttore ad ingranaggi NL Tandwielaandrijvingen S Kuggväxlar SF Hammasvaihteet
5001		D Zahnradgetriebe E Reductor de engranajes F Ensemble à engrenages (sous carter) GB Gear unit I Riduttore NL Tandwielkast S Kuggväxel SF Hammasvaihde
5002		D Einstufiges Zahnradgetriebe E Reductor de una etapa de reducción F Ensemble à 1 engrenage (sous carter) GB Single stage gear unit I Riduttore ad un ingranaggio NL Eén-traps tandwielkast S 1-stegs kuggväxel SF Yksiportainen hammasvaihde
5003		D Zweistufiges Zahnradgetriebe E Reductor de dos etapas de reducción F Ensemble à 2 engrenages (sous carter) GB Two stage gear unit I Riduttore a due ingranaggi NL Twee-traps tandwielkast S 2-stegs kuggväxel SF Kaksiportainen hammasvaihde
5004		D N-stufiges Zahnradgetriebe E Reductor de n etapas de reducción F Ensemble à "n" engrenages (sous carter) GB n-stage gear unit I Riduttore a n ingranaggi NL N-traps tandwielkast S Kuggväxel med n-steg SF n-portainen hammasvaihde

143

5005		D Flanschgetriebe E Reductor con brida F Ensemble à engrenages flasque-bride GB Flange mounted gear unit I Riduttore con flangia NL Tandwielkast met flensbevestiging S Kuggväxel i flänsutförande SF Laippahammasvaihde
5006		D Fußgetriebe E Reductor con patas F Ensemble à engrenages à pattes GB Foot mounted gear unit I Riduttore con piedi di appoggio NL Tandwielkast met voetbevestiging S Kuggväxel i fotutförande SF Jalkahammasvaihde
5007		D Getriebe mit Bodenflansch E Reductor con placa base F Ensemble à engrenages à semelle GB Gear unit with bottom flange I Riduttore con basamento NL Tandwielkast met bevestigingsflens S Kuggväxel med fotfläns SF Hammasvaihde, jossa jalkalaippa
5008		D Aufsteckgetriebe E Reductor flotante F Ensemble flottant GB Shaft mounted gear unit I Riduttore pendolare NL Vlottend gemonteerde tandwielkast S Tappväxel SF Tappihammasvaihde
5009		D Horizontalgetriebe E Reductor de ejes horizontales F Ensemble à engrenages horizontal GB Horizontal gear unit I Riduttore ad ingranaggi orizzontali NL Kast met horizontaal opgestelde assen S Horisontell kuggväxel SF Vaaka-akselinen hammasvaihde

5010		D Vertikalgetriebe E Reductor de ejes superpuestos F Ensemble à engrenages supporposés GB Vertical gear unit I Riduttore ad ingranaggi sovrapposti NL Kast met vertikaal opgestelde assen S Vertikal kuggväxel SF Hammasvaihde, jossa vaaka-akselit samassa pystytasossa
5011		D Getriebe mit einer Eingangswelle E Reductor con una entrada F Ensemble à engrenages à 1 entrée GB Single input gear unit I Riduttore a una entrata NL Tandwielkast met één ingaande as S Kuggväxel med 1 ingående axel SF Hammasvaihde, jossa yksi ensiöakseli
5012		D Getriebe mit n-Eingangswellen E Reductor con n entradas F Ensemble à engrenages à n entrées GB n-inputs gear unit I Riduttore a n. entrate NL Tandwielkast met n ingaande assen S Kuggväxel med n-ingående axlar SF Hammasvaihde, jossa n ensiöakselia
5013		D Getriebe mit einer Ausgangswelle E Reductor con una salida F Ensemble à engrenages à 1 sortie GB Single output gear unit I Riduttore ad una uscita NL Tandwielkast met één uitgaande as S Kuggväxel med n-utgående axlar SF Hammasvaihde, jossa yksi toisioakseli
5014		D Getriebe mit n-Ausgangswellen E Reductor con n salidas F Ensemble à engrenages à n sorties GB n-outputs gear unit I Riduttore a n uscite NL Tandwielkast met n uitgaande assen S Kuggväxel med n-utgående axlar SF Hammasvaihde, jossa n toisioakselia

5015		D Kombiniertes Getriebe E Reductor combinado F Ensemble combiné GB Combined gear unit I Riduttore combinato NL Gekombineerde tandwielkast S Kombinerad kuggväxel SF Yhdistetty hammasvaihde
5016		D Getriebe mit parallelen Wellen E Reductor de ejes paralelos F Ensemble à arbres parallèles GB Parallel shaft gear unit I Riduttore ad assi paralleli NL Tandwielkast met evenwijdige assen S Kuggväxel med parallella axlar SF Hammasvaihde, jossa yhdensuuntaiset akselit
5017		D Getriebe mit parallel zueinander liegenden Wellen E Reductor de ejes paralelos no coaxial F Ensemble à arbres parallèles GB Gear unit with parallel shafts I Riduttore ad assi paralleli non coassiali NL Tandwielkast met in één vlak liggende evenwijdige assen S Kuggväxel med parallella axlar SF Hammasvaihde, jonka akselit yhdensuuntaiset
5018		D Getriebe mit koaxialen Wellen E Reductor de ejes coaxiales F Ensemble coaxial GB Co-axial gear unit I Riduttore coassiale NL Co-axiale tandwielkast S Kuggväxel med koaxiella axlar SF Hammasvaihde, jossa ensiö- ja toisioakseli ovat samankeskeiset
5019		D Planetengetriebe E Reductor planetario F Ensemble planétaire GB Planetary gear unit I Riduttore planetario (o epicicloidale) NL Planetaire tandwielkast S Planetväxel SF Planeettavaihde

5020		D Stirnradgetriebe E Reductor de engranajes cilíndricos F Ensemble à engrenages cylindriques GB Cylindrical gear unit I Riduttore ad ingranaggi cilindrici NL Tandwielkast met cilindrische tandwielen S Cylindrisk kuggväxel SF Lieriöhammasvaihde

5021		D Getriebe mit rechtwinklig zueinander
		    angeordneten Wellen
		E Reductor de ejes perpendiculares
		F Ensemble à arbres perpendiculaires
		GB Right angle drive gear unit
		I Riduttore ad assi ortogonali
		NL Tandwielkast met haakse assen
		S Kuggväxel med axlar i rät vinkel
		SF Hammasvaihde, jossa ensiö- ja toisioakseli
		    kohtisuorassa

5022		D Winkelgetriebe E Reenvío en ángulo F Renvoi d'angle GB Right angle drive gear unit I Rinvio ad angolo NL Ashoektandwielkast S Vinkelväxel SF Kulmavaihde
5023		D Kegelradgetriebe mit Geradverzahnung E Reenvío en ángulo dos engranajes cónicos de dientes rectos F Renvoi d'angle conique à denture droite GB Bevel gear unit I Rinvio ad angolo con dentatura conica diritta NL Tandwielkast met rechte kegeltandwielen S Konisk kuggväxel med raka kuggar SF Suorahampainen kartiovaihde

5024		D Kegelradgetriebe mit Spiralverzahnung
		E Reenvío en ángulo cónico de engranaje
		    espiral
		F Renvoi d'angle conique à denture spirale
		GB Spiral bevel gear unit
		I Rinvio ad angolo con dentatura conica a
		    spirale
		NL Tandwielkast met kegeltandwielen met
		    spirale vertanding
		S Konisk kuggväxel med spiralkugg
		SF Kaarihampainen kartiovaihde

5025		D Winkelgetriebe i = 1 E Reenvío en ángulo i = 1 F Renvoi d'angle i = 1 GB Right angled gear unit i = 1 I Rinvio ad angolo con ingranaggio a vite i = 1 NL Ashoekkast i = 1 S Vinkelväxel i = 1 SF Kulmavaihde i = 1
5026		D Schneckengetriebe E Reductor de tornillo sinfín F Ensemble à vis cylindrique GB Worm gear unit I Riduttore a vite NL Wormkast S Snäckväxel SF Kierukkavaihde
5027		D Globoidschneckengetriebe E Reductor de sinfín-globoidal F Ensemble à vis globique GB Double enveloping worm gear unit I Riduttore a vite globoidale NL Globoïde-wormkast S Globoidsnäckväxel SL Globoidikierukkavaihde
5028		D Kegelstirnradgetriebe E Reductor de engranajes cilíndricos y cónicos F Ensemble cylindro-conique GB Bevel and cylindrical gear unit I Riduttore ad assi ortogonali (1 ingranaggio conico e 1 cilindrico) NL Tandwielkast met cilindrische en kegeltandwielen S Konisk-cylindrisk kuggväxel SF Kartio-lieriöhammasvaihde
5029		D Schneckenstirnradgetriebe E Reductor de tornillo sinfín y engranaje cilíndrico F Ensemble vis sans fin et engrenage cylindrique GB Worm and cylindrical gear unit I Riduttore a vite e ingranaggio cilindrico NL Tandwielkast met cilindrische tandwielen en wormoverbrenging S Kombinerad snäck- och kuggväxel SF Lieriö-kierukkavaihde

5030		D	Schneckenplanetengetriebe
		E	Reductor de tornillo sinfín y engranaje planetario
		F	Ensemble vis sans fin et engrenage planétaire
		GB	Worm planetary gear unit
		I	Riduttore a vite e ingranaggio planetario
		NL	Planetaire tandwielkast en wormoverbrenging
		S	Kombinerad snäck- och planetväxel
		SF	Planeetta-kierukkavaihde
5031		D	Baukastengetriebe
		E	Montaje monobloc de varios reductores
		F	Ensemble modulaire
		GB	Gear unit of modular construction
		I	Riduttore modulare
		NL	Aanbouw-(tandwiel)-kast
		S	Modulbyggd kuggväxel
		SF	Moduuleista koottu hammasvaihde
5032		D	Schnellaufendes Getriebe
		E	Reductor de alta velocidad
		F	Ensemble grande vitesse
		GB	High speed gear unit
		I	Riduttore per alta velocità
		NL	Tandwielkast met sneldraaiende assen
		S	Turboväxel
		SF	Hammasvaihde, jossa suuri kehänopeus
5033		D	Hohlwellengetriebe
		E	Reductor de eje hueco
		F	Ensemble à arbre creux
		GB	Hollow shaft gear unit
		I	Riduttore ad albero cavo
		NL	Tandwielkast met holle as
		S	Hålaxelväxel
		SF	Putkiakselivaihde
5034	$i > 1$	D	Untersetzungsgetriebe
		E	Reductor de velocidad
		F	Réducteur de vitesse
		GB	Speed reducing gear
		I	Riduttore di velocità
		NL	Reduktiekast
		S	Reduktionsväxel
		SF	Alennusvaihde

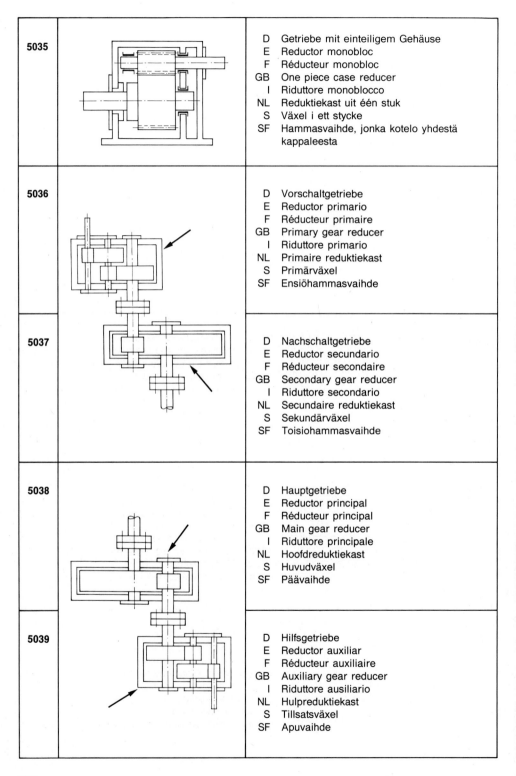

5035		D Getriebe mit einteiligem Gehäuse E Reductor monobloc F Réducteur monobloc GB One piece case reducer I Riduttore monoblocco NL Reduktiekast uit één stuk S Växel i ett stycke SF Hammasvaihde, jonka kotelo yhdestä kappaleesta
5036		D Vorschaltgetriebe E Reductor primario F Réducteur primaire GB Primary gear reducer I Riduttore primario NL Primaire reduktiekast S Primärväxel SF Ensiöhammasvaihde
5037		D Nachschaltgetriebe E Reductor secundario F Réducteur secondaire GB Secondary gear reducer I Riduttore secondario NL Secundaire reduktiekast S Sekundärväxel SF Toisiohammasvaihde
5038		D Hauptgetriebe E Reductor principal F Réducteur principal GB Main gear reducer I Riduttore principale NL Hoofdreduktiekast S Huvudväxel SF Päävaihde
5039		D Hilfsgetriebe E Reductor auxiliar F Réducteur auxiliaire GB Auxiliary gear reducer I Riduttore ausiliario NL Hulpreduktiekast S Tillsatsväxel SF Apuvaihde

5040		D Getriebemotor E Motorreductor F Moto-réducteur GB Gear motor I Motoriduttore NL Motorreduktor S Kuggväxelmotor SF Moottorivaihde
5041		D Motorgetriebe E Motorreductor F Moteur réducteur GB Motor gear unit I Motoriduttore con giunto (tra motore e riduttore) NL Motorreduktiekast S Kuggväxelmotor SF Moottorivaihde
5042		D Fußgetriebemotor E Motorreductor de patas F Moto-réducteur à pattes GB Foot-mounted gear motor I Motoriduttore con piedi di appoggio NL Motorreduktor met voetbevestiging S Kuggväxelmotor i fotutförande SF Moottorijalkavaihde
5043		D Flanschgetriebemotor E Motorreductor de brida F Moto-réducteur à bride GB Flange-mounted gear motor I Motoriduttore con flangia NL Motorreduktor met flensbevestiging S Kuggväxelmotor i flänsutförande SF Moottorilaippavaihde
5044		D Schnellaufendes Untersetzungsgetriebe E Reductor de alta velocidad F Réducteur grande vitesse GB High speed reducer I Riduttore per alta velocità NL Sneldraaiende reduktiekast S Reduktionsväxel med hög hastighet SF Alennusvaihde, jossa suuri kehänopeus

5045	$i<1$	D Übersetzungsgetriebe E Multiplicador de velocidad F Multiplicateur grande vitesse GB Speed increasing gear I Moltiplicatore di velocità NL Versnellingskast S Kuggväxel med uppväxling SF Ylennysvaihde
5046		D Schnellaufendes Übersetzungsgetriebe E Multiplicador de alta velocidad F Multiplicateur de vitesse GB High speed increaser I Moltiplicatore per alta velocità NL Sneldraaiende versnellingskast S Kuggväxel med uppväxling och hög hastighet SF Ylennysvaihde, jossa suuri kehänopeus
5047		D Schaltgetriebe E Caja de velocidades F Boîte de vitesses GB Speed change gear unit I Cambio di velocità NL Schakeltandwielkast S Omläggbar växel SF Monivälityksinen hammasvaihde
5048	$i_1\ i_2\ i_3\ i_n$	D N-Gang-Getriebe E Caja de velocidades de n trenes de engranajes F Boîte de vitesses à n rapports GB n-speeds gear unit I Cambio di velocità a n rapporti NL Schakeltandwielkast met n-overbrengingen S Omläggbar växel med n-utväxlingar SF n-välityksinen hammasvaihde
5049		D Schaltgetriebe – schaltbar bei Stillstand E Caja de velocidades con cambio en paro F Boîte de vitesses à changement à l'arrêt GB Speed change gear unit (at standstill) I Cambio di velocità con innesto da fermo NL Schakeltandwielkast, schakelbaar bij stilstand S Växellåda omläggbar vid stillastående SF Monivälityksinen hammasvaihde – kytkentä levossa

5050		D	Schaltgetriebe – schaltbar während des Betriebes
		E	Caja de velocidades con cambio en marcha
		F	Boîte de vitesses à changement en marche
		GB	Speed change gear unit (when running)
		I	Cambio di velocità con innesto in marcia
		NL	Schakeltandwielkast, schakelbaar tijdens bedrijf
		S	Växellåda omläggbar under gång
		SF	Monivälityksinen hammasvaihde – kytkentä käydessä
5051		D	Synchrongetriebe
		E	Caja de velocidades sincronizadas
		F	Boîte de vitesses synchronisées
		GB	Synchro-mesh gear box
		I	Cambio di velocità sincronizzato
		NL	Gesynchronizeerde tandwielkast
		S	Synkroniserad kuggväxel
		SF	Synkronoitu vaihde
5052		D	Automatikgetriebe
		E	Caja de velocidades con cambio automático
		F	Boîte de vitesses à changement automatique
		GB	Automatic speed change gear box
		I	Cambio di velocità automatico
		NL	Automatische schakeltandwielkast
		S	Kuggväxel med automatisk växling
		SF	Automaattivaihde
5053		D	Wendegetriebe
		E	Inversor de marcha
		F	Inverseur de marche
		GB	Reversing gear unit
		I	Invertitore
		NL	Omkeertandwielkast
		S	Reverseringsväxel
		SF	Suunnankääntövaihde
5054		D	Kammwalzgerüst
		E	Caja de piñones
		F	Cage à pignons
		GB	Pinion stand
		I	Gabbia a pignoni
		NL	Verdeeltandwielkast
		S	Koppeltrillstol
		SF	Valssin jakovaihde

5055		D Zweistufiges Kammwalzgerüst E Caja de piñones duó F Cage à pignons duo GB Two high pinion stand I Gabbia a due pignoni NL Verdeeltandwielkast met twee rondsels S Duo-trillstol SF Jakovaihde, jossa kaksi hammasakselia
5056		D Dreistufiges Kammwalzgerüst E Caja de piñones trio F Cage à pignons trio GB Three high pinion stand I Gabbia a tre pignoni NL Verdeeltandwielkast met drie rondsels S Trio-trillstol SF Jakovaihde, jossa kolme hammasakselia
5057		D Achsgetriebe E Caja puente F Pont moteur GB Axle drive I Scatola differenziale NL Traktietandwielkast S Axelväxel SF Akselivaihde
5058		D Differential E Reductor diferencial F Différentiel GB Differential gear I Differenziale NL Differentieel S Differential SF Differentiaalivaihde
5059		D Achsgetriebe mit Differential E Puente diferencial F Pont différentiel GB Axle differential gear unit I Gruppo differenziale NL Brug met differentieel S Differentialaxelväxel SF Differentiaaliakselivaihde

5060		D Lenkgetriebe E Servodirección F Boîtier de direction GB Steering gear unit I Scatola sterzo NL Stuurkast S Styrväxel SF Ohjausvaihde
5061		D Schrittschaltgetriebe E Reductor de dirección F Réducteur à pas indexé GB Indexing gear unit I Riduttore unidirezionale NL Indexeermechanisme S Indexeringsväxel SF Askeleittain toimiva vaihde
5062		D Stirnrad E Rueda cilíndrica F Roue cylíndrique GB Cylindrical gear I Ruota cilindrica NL Cilindrisch wiel S Cylindriskt kugghjul SF Lieriöhammaspyörä
5063		D Kegelrad E Rueda cónica F Roue conique GB Bevel gear I Ruota conica NL Kegelwiel S Koniskt kugghjul SF Kartiohammaspyörä
5064		D Schnecke E Tornillo sinfín F Vis sans fin GB Worm I Vite NL Worm S Snäcka SF Kierukka

5065		D Schneckenrad
		E Rueda para tornillo sinfín
		F Roue à vis sans fin
		GB Wormwheel
		I Ruota a vite
		NL Wormwiel
		S Snäckhjul
		SF Kierukkapyörä

5066		D Sonnenrad
		E Rueda solar
		F Roue solaire
		GB Sun wheel
		I Ruota solare
		NL Zonnewiel
		S Solhjul
		SF Aurinkopyörä

5067		D Hohlrad eines Planetengetriebes
		E Corona dentada
		F Couronne
		GB Annulus
		I Corona
		NL Ringwiel
		S Annulusring
		SF Kehäpyörä

5068		D Planetenrad
		E Pinón satélite
		F Roue satellite
		GB Planet gear
		I Ruota planetaria
		NL Planeetwiel
		S Planethjul
		SF Planeettapyörä

5069		D Getriebe mit Übersetzung $i = 1$
		E Reductor con relación $i = 1$
		F Ensemble à engrenages au rapport $i = 1$
		GB Gear unit with ratio $i = 1$
		I Rinvio (o riduttore con rapporto $i = 1$)
		NL Tandwielkast met verhouding $i = 1$
		S Växel $i = 1$
		SF Hammasvaihde $i = 1$

5100		D Innenteile E Componentes internos F Composants internes GB Internal components I Componenti interni NL Inwendige onderdelen S Inre komponenter SF Sisäosat
5101		D Ritzelwelle E Piñón-eje F Pignon arbré GB Integral pinion shaft I Pignone cilindrico (alberato) NL Rondselas S Drevaxel SF Hammasakseli
5102		D Geradverzahnte Ritzelwelle E Piñón-eje con dentado recto F Pignon arbré à denture droite GB Integral spur pinion shaft I Pignone cilindrico diritto (alberato) NL Rondselas met rechte vertanding S Drevaxel med rak kugg SF Suorahampainen hammasakseli
5103		D Schrägverzahnte Ritzelwelle E Piñón-eje con dentado helicoidal F Pignon arbré à denture hélicoïdale GB Integral helical pinion shaft I Pignone cilindrico elicoidale (alberato) NL Rondselas met schroefvertanding S Drevaxel med snedkugg SF Vinohampainen hammasakseli

5104		D Doppelschrägverzahnte Ritzelwelle E Piñón-eje con dentado doble helicoidal F Pignon arbré à denture double hélicoïdale GB Integral double helical pinion shaft I Pignone cilindrico bielicoidale (alberato) NL Rondselas met dubbele schroefvertanding S Drevaxel med dubbel snedkugg SF Kaksoisvinohampainen hammasakseli
5105		D Kegelritzelwelle E Piñón-eje cónico F Pignon conique arbré GB Integral bevel pinion shaft I Pignone conico (alberato) NL Kegelrondselas S Drevaxel med konisk kugg SF Kartiohammasakseli
5106		D Geradverzahnte Kegelritzelwelle E Piñón-eje cónico con dentado recto F Pignon conique arbré à denture droite GB Integral bevel pinion shaft with straight teeth I Pignone conico diritto (alberato) NL Recht kegelrondselas S Drevaxel med konisk rak kugg SF Suorahampainen kartiohammasakseli
5107		D Spiralverzahnte Kegelritzelwelle E Piñón-eje cónico con dentado espiral F Pignon conique arbré à denture spirale GB Integral bevel pinion shaft with spiral teeth I Pignone conico a spirale NL Kegelrondselas met spiraalvertanding S Drevaxel med konisk spiralkugg SF Kaarihampainen kartiohammasakseli
5108		D Planetenachse E Eje satélite F Satellite arbré GB Integral planet wheel shaft I Satelliti (alberati) NL Planeetwielas (uit één stuk) S Planethjul med axel SF Planeettahammasakseli

5109		D Schneckenwelle E Husillo sinfín F Vis tangente arbrée GB Integral worm shaft I Vite (alberata) NL Worm-as S Snäckaxel SF Kierukka-akseli
5110		D Formwelle E Piñón múltiple F Pignon étagé GB Integral stepped gear shaft I Ruota multipla NL Traprondselas S Kuggaxel i trappsteg SF Hammasakseli, jossa useita hammastuksia
5111		D Zahnrad (oder Zahnritzel) aus Stahlguß oder Grauguß E Rueda (o piñón) de acero moldeado o hierro fundido F Roue (ou pignon) en acier ou fonte moulée GB Wheel (or pinion) in cast steel or cast iron I Ruota (o pignone) di acciaio fuso o ghisa NL Gietstalen of gietijzeren tandwiel (of rondsel) S Hjul eller drev i stålgjutgods eller gjutjärn SF Hammaspyörä (-akseli) valuteräksestä tai -raudasta
5112		D Zahnrad (oder Zahnritzel) aus Schmiede- stahl oder Preßstahl E Rueda (o piñón) de acero forjado F Roue (ou pignon) en acier forgé ou estampé GB Wheel (or pinion) in forged or stamped steel I Ruota (o pignone) di acciaio fucinato o stam- pato NL Smeedstalen of vormgesmeed tandwiel (of rondsel) S Hjul eller drev i smide SF Hammaspyörä (-akseli) takeesta tai muottita- keesta
5113		D Zahnrad (oder Zahnritzel) aus Walzstahl E Rueda (o piñón) de acero laminado F Roue (ou pignon) en acier laminé GB Wheel (or pinion) in rolled steel I Ruota (o pignone) di acciaio laminato NL Tandwiel (of rondsel) uit gewalst staal S Hjul eller drev av rundstång SF Hammaspyörä (-akseli) valssatusta teräksestä

5114		D	Zahnrad (oder Zahnritzel) aus legiertem Stahl
		E	Rueda (o piñón) de acero aleado
		F	Roue (ou pignon) en acier allié
		GB	Wheel (or pinion) in alloy steel
		I	Ruota (o pignone) di acciaio legato
		NL	Gelegeerd stalen tandwiel (of rondsel)
		S	Hjul eller drev i legerat stål
		SF	Hammaspyörä (-akseli) seostetusta teräksestä

5115		D	Geschweißtes Zahnrad aus Stahl
		E	Rueda de acero soldado
		F	Roue en acier soudé
		GB	Fabricated steel wheel
		I	Ruota di acciaio legato saldato
		NL	Gelast stalen tandwiel
		S	Hjul eller drev i svetsat utförande
		SF	Hitsausrakenteinen hammaspyörä

5116		D	Zahnrad aus Stahlguß oder Grauguß mit aufgeschrumpfter Bandage
		E	Rueda con núcleo de fundición o acero moldeado y llanta calada
		F	Roue frettée avec centre en fonte ou en acier moulé
		GB	Wheel with cast iron or cast steel centre and fitted rim
		I	Corona calettata su mozzo di acciaio fuso o ghisa
		NL	Tandwiel met gietijzeren of stalen naaf en opgekrompen krans
		S	Hjul med nav av gjutstål med påkrympt kuggkrans
		SF	Hammaspyörä, jossa valuteräsnavalle tai valurautanavalle kutistettu hammaskehä

5117		D	Geschweißtes Zahnrad aus Stahl mit aufgeschrumpfter Bandage
		E	Rueda con núcleo de acero soldado y llanta calada
		F	Roue frettée avec centre en acier soudé
		GB	Wheel with fabricated centre and fitted rim
		I	Corona calettata su mozzo di acciaio legato saldato
		NL	Tandwiel met gelaste naaf en opgekrompen krans
		S	Hjul med nav i svetsat utförande och kuggkrans av stål
		SF	Hammaspyörä, jossa hitsausrakenteiselle navalle kutistettu hammaskehä

5118		D Nabe mit Zahnkranz verschraubt E Rueda con llanta atornillada al núcleo F Roue avec jante boulonnée GB Bolted wheel I Corona imbullonata su mozzo NL Tandwiel met vastgeschroefde krans S Hjul med påskruvad kuggkrans SF Hammaspyörä, jossa hammaskehä ruuvi- kiinnitetty napaan
5119		D Nabe E Núcleo F Moyeu GB (Wheel or pinion) centre I Mozzo NL Naaf S Nav SF Napa
5120		D Zahnkranz E Corona dentada F Couronne GB Gear rim I Corona NL Ringwiel S Kuggkrans SF Hammaskehä
5121		D Zahnkranz, außenverzahnt E Corona dentada exterior F Couronne à denture extérieure GB Gear rim with external teeth I Corona a dentatura esterna NL Tandkrans met uitwendige vertanding S Kuggkrans med ytterkugg SF Ulkohammaskehä
5122		D Zahnkranz, innenverzahnt E Corona dentada interior F Couronne à denture intérieure GB Gear rim with internal teeth I Corona a dentatura interna NL Tandkrans met inwendige vertanding S Kuggkrans med innerkugg SF Sisähammaskehå

5123		D Zahnkranz, innen- und außenverzahnt E Corona dentada exterior e interior F Couronne à denture extérieure et intérieure GB Gear rim with external and internal teeth I Corona a dentatura esterna ed interna NL Tandkrans met uit-en inwendige vertanding S Kuggkrans med inner- och ytterkugg SF Ulko-sisähammaskehä
5124		D Geteilter Zahnkranz, n-Teile E Corona compuesta de "n" segmentos F Couronne en n parties GB Sectional gear rim I Corona composta in n parti NL Gedeeld ringwiel S Delad kuggkrans SF Jaettu hammaskehä
5125		D Verschiebbare Klauenkupplung E Cambio de velocidades F Train baladeur GB Change gear train (dog clutch) I Dispositivo di innesto ad ingranaggi (treno ballerino) NL Verschuifbare tandkoppeling S Axiellt frikopplingsbart kuggjulspar SF Siirrettävä irrotuskytkin
5126	A	D Kupplungsring E Corredera F Baladeur GB Clutch ring I Manicotto di innesto NL Verschuifbare koppelbus S Frikopplingsstycke SF Siirrettävä kytkinosa
5127	B	D Schaltklaue E Acoplamiento dentado F Crabot GB Clutch hub I Dentatura di innesto NL Klauwkoppeling S Klokoppling SF Kytkinhammastus

5128	C	D Schaltgabel E Horquilla de mando F Fourchette de commande GB Clutch fork I Forcella di comando NL Vorkhefboom S Gaffel SF Vaihtovipu
5129		D Synchronring E Anillo de sincronización F Bague de synchronisation GB Synchroniser ring I Anello di sincronizzazione NL Synchronizatie-ring S Synkroniseringsring SF Synkronointirengas
5130		D Verzahnung E Dentado tallado F Denture taillée GB Cut teeth I Dentatura tagliata NL Vertanding S Skuren kugg SF Työstetty hammastus
5131		D Gefräste Verzahnung E Dentado tallado con fresa madre F Denture taillée par fraise mère GB Hobbed teeth I Dentatura tagliata con creatore NL Met afwikkelfrees gefreesde vertanding S Fräst kugg SF Vierintäjyrsitty hammastus
5132		D Mit Zahnstange erzeugte Verzahnung E Dentado tallado con peine o cremallera F Denture taillée par outil crémaillère GB Planed teeth I Dentatura tagliata con dentiera utensile NL Met heugel gestoken vertanding S Med kamstål hyvlad kugg SF Kampaterällä työstetty hammastus

5133		D Mit Ritzel erzeugte Verzahnung E Dentado tallado con útil piñón F Denture taillée par outil pignon GB Shaped teeth I Dentatura tagliata con pignone utensile NL Steekrondselvertanding S Med skärhjul hyvlad kugg SF Leikkuupyörällä työstetty hammastus
5134		D Mit Formfräser erzeugte Verzahnung E Dentado tallado con útil o fresa de forma F Denture taillée par outil de forme GB Form milled teeth I Dentatura tagliata con fresa di forma NL Profielfreesvertanding S Kuggskärning med formfräs SF Muotojyrsimellä työstetty hammastus
5135		D Geschmiedete Verzahnung E Dentado forjado F Denture forgée GB Forged teeth I Dentatura stampata NL Gesmede vertanding S Smidd kugg SF Taottu hammastus
5136		D Gegossene Verzahnung E Dentado en bruto de fundición F Denture brute de fonderie GB Cast teeth I Dentatura grezza di fusione NL Ruw gegoten vertanding S Gjuten kugg SF Valettu hammastus
5137		D Gerollte Verzahnung E Dentado rodado F Denture roulée GB Rolled teeth I Dentatura rullata NL Gerolde vertanding S Rullad kugg SF Valssattu hammastus

5138		D Geschliffene Verzahnung E Dentado rectificado F Denture rectifiée GB Profile ground teeth I Dentatura rettificata NL Geslepen vertanding S Slipad kugg SF Hiottu hammastus
5139		D Geschabte Verzahnung E Dentado afeitado F Denture rasée GB Shaved teeth I Dentatura rasata NL Geschraapte vertanding S Skavd kugg SF Kaavittu hammastus
5140		D Geläppte Verzahnung E Dentado lapeado F Denture rodée GB Lapped teeth I Dentatura rodata NL Gelapte vertanding S Läppad kugg SF Läpätty hammastus
5200		D Außenteile E Componentes externos F Composants externes GB External components I Uitwendige onderdelen NL Onderdelen (uitwendig) S Yttre komponenter SF Ulkopuoliset osat

5201		D Gehäuse E Cárter F Carter GB Gear case I Carcassa (o cassa) NL Huis S Växelhus SF Kotelo
5202		D Kompaktes Gehäuse E Cárter monobloc F Carter compact GB Compact gear case I Carcassa monoblocco NL Kompakt huis S Kompakt växelhus SF Yhtenäinen kotelo
5203		D Gestrecktes Gehäuse E Cárter alargado F Carter déployé GB Split gear case I Carcassa monoblocco NL Ontplooid huis S Delat växelhus SF Jaettu kotelo
5204.1		D Gehäuse aus Gußeisen E Cárter de fundición F Carter en fonte GB Cast iron gear case I Carcassa di ghisa NL Gietijzeren huis S Växelhus av gjutjärn SF Valurautakotelo
5204.2		D Gehäuse aus Stahl E Cárter en acero moldeado F Carter en acier moulé GB Steel gear case I Carcassa di acciaio fuso NL Gietstalen huis S Växelhus av stålgjutsgods SF Teräskotelo

5204.3		D Gehäuse aus geschweißtem Blech E Cárter en chapa soldada F Carter en tôle soudée GB Fabricated gear case I Carcassa di acciao legato saldato NL Gelast stalen huis S Växelhus av svetsad plåt SF Hitsattu kotelo
5204.4		D Gehäuse aus Leichtmetall E Cárter en aleación ligera F Carter en alliage léger GB Light alloy gear case I Carcassa di lega leggera NL Lichtmetalen huis S Växelhus av lättmetall SF Kevytmetallikotelo
5204.5		D Gehäuse aus Kunststoff E Cárter en plástico F Carter en matière plastique GB Gear case in plastic material I Carcassa di materiale plastico NL Kunststofhuis S Växelhus av plast SF Muovikotelo
5205		D Gehäuse mit (Kühl-)rippen E Cárter con aletas F Carter avec ailettes GB Finned gear case I Carcassa alettata NL Huis met (koel)-ribben S Hus med ribbor SF Rivoitettu kotelo
5206.1	A	D Gehäuseoberteil E Cárter superior F Carter supérieur GB Gear case upper section I Carcassa superiore NL Bovenste huissektie S Växelhus, överdel SF Kotelon yläosa

5206.2	B	D Gehäusezwischenteil E Cárter intermedio F Carter intermédiaire GB Gear case middle section I Carcassa intermedia NL Tussen-huis S Växelhus, mellandel SF Kotelon keskiosa
5206.3	C	D Gehäuseunterteil E Cárter inferior F Carter inférieur GB Gear case bottom section I Carcassa inferiore NL Onderste huissektie S Växelhus, underdel SF Kotelon alaosa
5207		D Gehäusehälfte E Semicárter F Demi-carter GB Half case I Semicarcassa NL Huishelft S Växelhushalva SF Kotelon puolikas
5208		D Gehäuse mit Ölwanne E Cárter con depósito de aceite F Carter avec réservoir d'huile GB Gear case with sump I Carcassa con serbatoio dell'olio NL Huis met oliereservoir S Växelhus med oljesump SF Kotelo, jossa lisäöljytila
5209	a	D Wand E Contorno exterior F Paroi GB Wall I Parete NL Zijde S Sida SF Seinämä

168

5210	b	D Steg E Asiento interior F Cloison GB Web I Parete di separazione NL Tussenwand S Vägg SF Väliseinämä
5211		D Verstärkungsrippe E Nervios de refuerzo F Nervure de renforcement GB Gear case reinforcing rib I Nervature di rinforzo NL Verstijvingsrib S Husförstärkning SF Kotelon vahvike
6000		D Kenndaten E Características F Caractéristiques GB Characteristics I Caratteristiche NL Karakteristieken S Data SF Tiedot
6001		D Dimensionen E Dimensiones F Dimensions GB Dimensions I Dimensioni NL Afmetingen S Mått SF Mitat

169

6002		D Grundfläche l×b in mm E Dimensiones en planta, l×b (en mm) F Encombrement au sol l×b en mm GB Plan dimensions l×b in mm I Ingombro in pianta l×b in mm NL Grondoppervlak l×b in mm S Grundyta l×b i mm SF Perusta l×b mm:nä
6003		D Abmessungen l×b×h in mm E Dimensiones totales l×b×h (en mm) F Encombrement total l×b×h en mm GB Overall dimensions l×b×h in mm I Ingombro totale l×b×h in mm NL Afmetingen l×b×h in mm S Mått l×b×h i mm SF Mitat l×b×h mm:nä
6004		D Achshöhe E Altura del eje F Hauteur d'axe GB Centre height I Altezza dell'asse NL Aslijnhoogte S Axelhöjd SF Akselikorkeus
6005		D Achsabstand E Dinstancia entre ejes F Entraxe GB Centre distance I Interasse NL Asafstand S Axelavstånd SF Akseliväli
6006		D Wellenendenlänge E Longitud extremo del eje F Longueur du bout d'arbre GB Shaft extension length I Lunghezza della estremità d'albero NL Lengte aseind S Axeltapplängd SF Akselinpään pituus

6007		D Maßstab E Escala F Echelle GB Scale I Scala NL Schaal S Skala SF Mittakaava
6008		D Zeichnungsnummer E Número del plano F Numéro du plan GB Drawing number I Numero del disegno NL Tekeningsnummer S Ritningsnummer SF Piirustusnumero
6009		D Schnitt E Sección F Section GB Section I Sezione NL Doorsnede S Snitt SF Leikkaus
6010		D Ansicht E Vista F Vue GB View I Vista NL Aanzicht S Vy SF Suunta
6011		D Typenschild E Placa de características F Plaque signalétique GB Name plate I Targa di identificazione NL Kenmerkenplaat S Märkskylt SF Vaihdekilpi

6012		D Ersatzteil E Pieza de recambio F Pièce de rechange GB Spare part I Pezzi di ricambio NL Reservedeel S Reservdel SF Varaosat
6013		D Ersatzteilliste E Lista de piezas de recambio F Liste de pièces de rechange GB Spare parts list I Elenco dei pezzi di ricambio NL Lijst van reservedelen S Reservdelslista SF Varaosaluettelo
6014		D Ersatzteilnummer E Número de la pieza de recambio F Numero de la pièce de rechange GB Spare parts number I Numero del pezzo di ricambio NL Reservedeelnummer S Reservdelsnummer SF Varaosanumero
6015		D Stückzahl E Cantidad F Nombre de GB Quantity I Quantità NL Aantal S Antal SF Lukumäärä
6016	kW	D Leistung E Potencia F Puissance GB Power I Potenza NL Vermogen S Effekt SF Teho

6017		D Motorleistung E Potencia del motor F Puissance moteur GB Motor power I Potenza motore NL Motorvermogen S Motoreffekt SF Moottoriteho
6018		D Nenn-Antriebsleistung E Potencia nominal a la entrada F Puissance nominale sur l'arbre d'entrée GB Nominal input power I Potenza nominale in entrata NL Nominaal ingaand vermogen S Nominell ingående effekt SF Nimellinen ensiöteho
6019		D Nenn-Abtriebsleitung E Potencia nominal a la salida F Puissance nominale sur l'arbre de sortie GB Nominal output power I Potenza nominale in uscita NL Nominal uitgaand vermogen S Nominell utgående effekt SF Nimellinen toisioteho
6020		D Effektive Leistung E Potencia absorbida F Puissance absorbée GB Absorbed power I Potenza assorbita NL Effektief vermogen S Överförd effekt SF Käyttöteho
6021		D Thermische Leistung E Potencia térmica F Puissance thermique GB Thermal power I Potenza termica NL Termisch vermogen S Termisk effekt SF Terminen teho

6022	T [Nm]	D Drehmoment E Par F Couple GB Torque I Momento torcente NL Koppel S Vridmoment SF Momentti
6023		D Nenn-Antriebsdrehmoment E Par nominal sobre el eje de entrada F Couple nominal sur l'arbre d'entrée GB Nominal input torque I Momento torcente nominale in entrata NL Nominaal ingaand koppel S Ingångsmoment SF Nimellinen ensiömomentti
6024		D Nenn-Abtriebsdrehmoment E Par nominal sobre el eje de salida F Couple nominal sur l'arbre de sortie GB Nominal output torque I Momento torcente nominale in uscita NL Nominaal uitgaand koppel S Utgående moment SF Nimellinen toisiomomentti
6025		D Spitzendrehmoment E Par de punta F Couple de pointe GB Peak torque I Momento torcente massimo istantaneo NL Piekkoppel S Spetsmoment SF Huippumomentti
6026	i	D Übersetzungsverhältnis E Relación de transmisión F Rapport de transmission GB Transmission speed ratio I Rapporto di trasmissione NL Transmissieverhouding S Utväxlingsförhållande SF Välityssuhde

6027	$i > 1$	D Übersetzung ins Langsame E Relación de reducción F Rapport de réduction GB Speed reducing ratio I Rapporto di riduzione NL Vertragingsverhouding S Utväxling SF Alentava välityssuhde
6028	$i = 1$	D Gleiche Übersetzung $1 = 1$ E Relación de transmisión $1 = 1$ F Rapport de transmission égal à un GB One to one speed ratio I Rapporto di trasmissione uguale a 1 NL Transmissieverhouding 1 op 1 S Utväxling $1 = 1$ SF Välityssuhde $1 = 1$
6029	$i < 1$	D Übersetzung ins Schnelle E Relación de multiplación F Rapport de multiplication GB Speed increasing ratio I Rapporto di moltiplicazione NL Versnellingsverhouding S Uppväxling SF Ylentävä välityssuhde
6030	$i_1 \; i_2 \; i_3 \cdots i_n$	D Mehrfachübersetzung E Relación de transmisión múltiple F Rapport de transmission multiple GB Multiple speed ratio I Rapporto di velocità multiplo NL Meervoudige transmissieverhouding S Flerstegsutväxling SF Useita välityssuhteita
6031	$n\,[\mathrm{s}^{-1}]$ $n\,[\mathrm{min}^{-1}]$	D Drehzahlen, pro Sekunde, pro Minute E Número de revoluciones, por segundo (r.p.s), por minuto (r.p.m.) F Nombre de tour, par seconde, par minute GB Revolutions, per second, per minute I Numero di giri, al secondo, al minuto NL Toerental, per sekonde, per minuut S Varvtal, per sekund, per minut SF Pyörimisnopeus, sekunnissa, minuutissa

6032	$n_1 [\text{min}^{-1}]$	D	Antriebsdrehzahl
		E	Velocidad de entrada
		F	Nombre de tours à l'entrée
		GB	Input speed
		I	Numero di giri in entrata (giri/min)
		NL	Ingaand toerental
		S	Ingångsvarvtal
		SF	Ensiöpyörimisnopeus
6033	$n_2 [\text{min}^{-1}]$	D	Abtriebsdrehzahl
		E	Velocidad de salida
		F	Nombre de tours à la sortie
		GB	Output speed
		I	Numero di giri in uscita (giri/min)
		NL	Uitgaand toerental
		S	Utgångsvarvtal
		SF	Toisiopyörimisnopeus
6034	$\omega [\text{rad s}^{-1}]$	D	Winkelgeschwindigkeit
		E	Velocidad angular
		F	Vitesse angulaire
		GB	Angular speed
		I	Velocità angolare
		NL	Hoeksnelheid
		S	Vinkelhastighet
		SF	Kulmanopeus
6035	$v [\text{ms}^{-1}]$	D	Tangentialgeschwindigkeit
		E	Velocidad tangencial
		F	Vitesse tangentielle
		GB	Tangential speed
		I	Velocità tangenziale (o periferica)
		NL	Tangentiaalsnelheid
		S	Tangentiell hastighet
		SF	Kehänopeus
6036		D	Bauart
		E	Tipo de aparato
		F	Type d'appareil
		GB	Type
		I	Tipo
		NL	Type
		S	Typ
		SF	Tyyppi

6037		D Größe E Tamaño F Taille GB Size I Grandezza NL Grootte S Storlek SF Koko
6038		D Getriebenummer E Número de fabricación F Numéro de fabrication GB Serial number I Numero di fabbricazione NL Fabricagenummer S Tillverkningsnummer SF Valmistusnumero
6039	kg	D Masse E Masa F Masse GB Mass I Massa NL Massa S Massa SF Massa
6040	N	D Gewicht E Peso F Poids GB Weight I Peso NL Gewicht S Vikt SF Paino
6041	K_A	D Anwendungsfaktor E Factor de aplicación F Facteur d'application GB Application factor I Fattore di applicazione NL Toepassingsfaktor S Driftfaktor SF Sysäyskerroin

6042	K_{SF}	D Servicefaktor E Factor de servicio F Facteur de service GB Service factor I Fattore di servizio NL Bedrijfsfaktor S Servicefaktor SF Käyttökerroin
6043	η	D Wirkungsgrad E Rendimiento F Rendement GB Efficiency I Rendimento NL Rendement S Verkningsgrad SF Hyötysuhde
6044		D Antriebsmotor E Máquina motriz F Moteur d'entrainement GB Prime mover I Motore principale NL Aandrijfmotor S Drivmotor SF Käyttävä kone
6045.0		D Elektromotor E Motor eléctrico F Moteur électrique GB Electric motor I Motore elettrico NL Elektromotor S Elektrisk motor SF Sähkömoottori
6045.1	$\sim$	D Wechselstrommotor E Motor eléctrico corriente alterna F Moteur courant alternatif GB Alternating current motor I Motore elettrico a corrente alternata NL Wisselstroom-motor S Växelströmsmotor SF Vaihtovirtamoottori

6045.2	$=$	D Gleichstrommotor E Motor eléctrico corriente continua F Moteur courant continu GB Direct current motor I Motore elettrico a corrente continua NL Gelijkstroom-motor S Likströmsmotor SF Tasavirtamoottori
6046.0		D Verbrennungsmotor E Motor de combustión interna F Moteur thermique GB Internal combustion engine I Motore endotermico NL Verbrandingsmotor S Förbränningsmotor SF Polttomoottori
6046.1		D Anzahl der Zylinder E Número de cilindros F Nombre de cylindres GB Number of cylinders I Numero di cilindri NL Aantal cilinders S Antal cylindrar SF Sylinterien lukumäärä
6046.2		D Zwei- oder Viertakt E Dos o cuatro tiempos F Deux ou quatre temps GB Two or four stroke I Due o quattro tempi NL Twee- of viertakt S Två-eller-fyrtakt SF Kaksi- tai nelitahtinen
6047.0		D Hydromotor E Motor hidráulico F Moteur hydraulique GB Hydraulic motor I Motore idraulico NL Hydraulische motor S Hydraulisk motor SF Hydraulimoottori

6047.1		D Hydro-Zahnradmotor E Motor hidráulico de engranajes F Moteur hydraulique à engrenages GB Hydraulic motor, gear type I Motore idraulico ad ingranaggi NL Hydraulische motor met tandwielen S Hydraulisk motor av kugghjulstyp SF Hammaspyörähydraulimoottori
6047.2		D Hydro-Radialkolbenmotor E Motor hidráulico de pistones radiales F Moteur hydraulique à pistons radiaux GB Hydraulic motor, radial piston type I Motore idraulico a pistoni radiali NL Hydraulische motor met radiale zuigers S Hydraulisk motor av radialkolvtyp SF Radiaalimäntähydraulimoottori
6047.3		D Hydro-Axialkolbenmotor E Motor hidráulico de pistones axiales F Moteur hydraulique à pistons axiaux GB Hydraulic motor, axial piston type I Motore idraulico a pistoni assiali NL Hydraulische motor met axiale zuigers S Hydraulisk motor av axialkolvtyp SF Aksiaalimäntähydraulimoottori
6048.0		D Druckluftmotor E Motor neumático F Moteur pneumatique GB Air motor I Motore pneumatico NL Pneumatische motor S Luftmotor SF Paineilmamoottori
6048.1		D Druckluft-Zahnradmotor E Motor neumático de engranajes F Moteur pneumatique à engrenages GB Air motor, gear type I Motore pneumatico ad ingranaggi NL Pneumatische motor met tandwielen S Luftmotor av kugghjulstyp SF Hammaspyöräpaineilmamoottori

6048.2		D E F GB I NL S SF	Druckluft-Lamellenmotor Motor neumático de paletas Moteur pneumatique à palettes Vane air motor Motore pneumatico a palette Pneumatische schoepenmotor Luftmotor av vingtyp Lamellipaineilmamoottori
6048.3		D E F GB I NL S SF	Druckluft-Kolbenmotor Motor neumático de pistones Moteur pneumatique à pistons Air motor, piston type Motore pneumatico a pistoni Pneumatische motor met zuigers Luftmotor av radialkolvtyp Mäntäpaineilmamoottori
6048.4		D E F GB I NL S SF	Druckluft-Turbine Motor neumático centrıfugo Moteur pneumatique centrífuge Air motor, centrifugal type Motore pneumatico centrifugo Pneumatische centrifugaal motor Luftmotor av centrifugaltyp Keskipakopaineilmamoottori
6049		D E F GB I NL S SF	Angetriebene Maschine Máquina accionada Machine entraînée Driven machine Macchina azionata Lastwerktuig Driven maskin Käytettävä kone
6050.0		D E F GB I NL S SF	Belastungsarten Modo de funcionamiento Mode de fonctionnement Load classifications Modalità di funzionamento Belasting Belastning Kuormituksen luonne

6050.1		D Fast stoßfrei E Choques uniformes F Uniforme GB Uniform I Carico uniforme NL Gelijkmatige belasting S Likformig SF Tasainen
6050.2		D Mäßige Stöße E Choques moderados F Chocs modérés GB Moderate shock I Urti moderati NL Lichtstotende belasting S Måttligt olikformig SF Kohtalaisia sysäyksiä
6050.3		D Heftige Stöße E Choques importantes F Chocs importants GB Heavy shock I Urti forti NL Stootbelasting S Mycket olikformig SF Voimakkaita sysäyksiä
6051		D Anzahl der Anläufe pro Stunde E Número de arranques por hora F Nombre de démarrage(s) par heure GB Number of starts per hour I Numero di avviamenti all'ora NL Aanloopfrekwentie S Antal starter per timme SF Käynnistyksiä tunnissa
6052		D Laufzeit pro Tag E Tiempo de funcionamiento diario F Durée de fonctionnement par jour GB Running time per day I Durata di funzionamento al giorno (h/d) NL Bedrijfsduur per dag S Drifttid per dag SF Käyntiaika päivässä

6053		D Lebensdauer E Duración de vida F Durée de vie GB Life I Durata di funzionamento totale (h) NL Levensduur S Livstid SF Kestoikä
6054.0		D Betriebsbedingungen E Ambiente de trabajo F Ambiance de fontionnement GB Working conditions I Ambiente di lavoro NL Bedrijfsomstandigheden S Omgivning SF Ympäristö
6054.1		D Trocken E Seco F Sèche GB Dry I Secco NL Droog S Torr SF Kuiva
6054.2		D Naß E Húmedo F Humide GB Wet I Umido NL Vochtig S Våt SF Kostea
6054.3		D Staubig E Polvoriento F Poussièreuse GB Dusty I Polveroso NL Stoffig S Dammig SF Pölyinen

6054.4	D Tropisch E Tropical F Tropicale GB Tropical I Tropicale NL Tropisch S Tropisk SF Trooppinen
6054.5	D Seewasser E Marino F Marine GB Marine I Marino NL Maritiem S Marin SF Merivesi
6055.0	D Temperatur E Temperatura F Température GB Temperature I Temperatura NL Temperatuur S Temperatur SF Lämpötila
6055.1	D Betriebstemperatur E Temperatura de funcionamiento F Température de fonctionnement GB Running temperature I Temperatura di funzionamento NL Bedrijfstemperatuur S Driftstemperatur SF Käyntilämpötila
6055.2	D Umgebungstemperatur E Temperatura ambiente F Température ambiante GB Ambient temperature I Temperatura ambiente NL Omgevingstemperatuur S Omgivningstemperatur SF Ympäristön lämpötila

6056		D Anweisungsschild E Placa de instrucciones F Plaque d'instruction GB Instruction plate I Targa con istruzioni NL Voorschriftplaat S Instruktionsskylt SF Ohjekilpi
6100		D Teile E Componentes F Composants GB Components I Componenti NL Onderdelen S Komponenter SF Osat
6101		D Welle E Eje F Arbre GB Shaft I Albero NL As S Axel SF Akseli
6102		D Antriebswelle E Eje de entrada F Arbre d'entrée GB Input shaft I Albero d'entrata NL Ingaande as S Ingående axel SF Ensiöakseli

6103		D Abtriebswelle E Eje de salida F Arbre de sortie GB Output shaft I Albero d'uscita NL Uitgaande as S Utgående axel SF Toisoakseli
6104		D Schnellaufende Welle E Eje rápido F Arbre grande vitesse (GV) GB High speed shaft (H.S.S.) I Albero veloce NL Sneldraaiende as S Hastiggående axel SF Nopea akseli
6105		D Langsamlaufende Welle E Eje lento F Arbre petite vitesse (PV) GB Low speed shaft (L.S.S.) I Albero lento NL Langzaamdraaiende as S Långsamgående axel SF Hidas akseli
6106		D Zwischenwelle E Eje intermedio F Arbre intermédiaire GB Intermediate shaft I Albero intermedio NL Tussenas S Mellanaxel SF Väliakseli
6107		D Vollwelle E Eje macizo F Arbre plein GB Solid shaft I Albero pieno NL Volle as S Hel axel SF Umpiakseli

6108		D Hohlwelle E Eje hueco F Arbre creux GB Hollow shaft I Albero cavo NL Holle as S Hålaxel SF Putkiakseli
6109		D Keilwelle E Eje estriado F Arbre cannelé GB Splined shaft I Albero scanalato NL Gegroefde as S Bomaxel SF Ura-akseli
6110		D Geradkeile E Eje estriado recto F Cannelures droites GB Straight splines I Scanalature diritte NL Rechte groeven S Raka bommar SF Suorakylkinen uritus
6111		D Evolventenkeile E Eje estriado helicoidal F Cannelures en développante GB Involute splines I Scanalature ad evolvente NL Evolvente groeven S Evolventbommar SF Evolventtiuritus
6112		D Kegelkeile E Eje estriado cónico F Cannelures coniques GB Tapered splines I Scanalature coniche NL Kegelgroeven S Koniska bommar SF Trapetsiuritus

6113		D Kerbzahnwelle E Eje dentado de sierra F Arbre dentelé GB Serrated shaft I Albero dentellato NL Gekartelde as S Lättrad axel SF Uritettu akseli
6114		D Kerbzähne E Dentado de sierra F Dentelures GB Serrations I Dentellature NL Kerfvertanding S Lättring SF Uritettu
6115		D Torsionswelle E Eje de torsión F Arbre de torsion GB Quill shaft I Barra di torsione NL Torsie-as S Torsionsaxel SF Torsioakseli
6116		D Flanschwelle E Eje brida F Arbre à plateau GB Flanged shaft I Albero flangiato NL Flens-as S Flänsaxel SF Laippa-akseli
6117		D Verstärkte Welle E Eje refozado F Arbre renforcé GB Strengthened shaft I Albero rinforzato NL Versterkte as S Förstärkt axel SF Vahvistettu akseli

6118	D Verbindungswelle E Eje de unión F Arbre de liaison GB Connecting shaft I Albero di collegamento NL Verbindingsas S Förbindningsaxel SF Yhdysakseli
6119.0	D Montagemethode E Método de montaje F Méthode de montage GB Mounting method I Metodo di calettamento NL Montage metode S Monteringsmetoder SF Asennustavat
6119.1	D Kaltpressung E Calado en frio F Emmanchement à froid GB Freeze fit I Calettamento a freddo NL Monteren door onderkoeling S Nedkylning SF Asennus jäähdyttäen
6119.2	D Warmpressung E Calado en caliente F Emmanchement à chaud GB Shrink fit I Calettamento a caldo NL Warm monteren S Uppvärmning SF Asennus kuumentaen
6119.3	D Ölpressung E Calado hidráulico F Emmanchement à pression d'huile GB Oil injection fit I Calettamento a pressione d'olio NL Monteren met oliedruk S Oljetryck SF Asennus öljynpaineella

6120		D Kurbelwelle E Eje de manivela F Arbre manivelle GB Crank shaft I Albero manovella NL Krukas S Vevaxel SF Kampiakseli
6121		D Exzenterwelle E Eje excéntrico F Arbre excentrique GB Eccentric shaft I Albero eccentrico NL Excentrische as S Excenteraxel SF Epäkeskoakseli
6122		D Wellenende E Extremo de eje F Bout d'arbre GB Shaft end I Estremità d'albero NL Aseind S Axelände SF Akselin pää
6123.0		D Einbaulage der Wellen E Orientación de los ejes F Direction des arbres GB Shaft direction I Direzione degli albori NL Asrichting S Axelriktning SF Akselin suunta
6123.1		D Horizontal E Horizontal F Horizontale GB Horizontal I Orizzontale NL Horizontaal S Horisontal SF Vaakasuora

6123.2		D Vertikal E Vertical F Verticale GB Vertical I Verticale NL Vertikaal S Vertikal SF Pystysuora
6123.3		D Schräg E Inclinado F Oblique GB Angled I Obliquo NL Schuin S Vinkel SF Vino
6124.0	6124.1 6124.4 6124.3 6124.2	D Wellenrichtung E Posición de los ejes F Orientation des arbres GB Shaft orientation I Orientamento degli alberi NL As-oriëntatie S Axelposition SF Akselin suunta
6124.1		D Nach oben E Hacia arriba F Vers le haut GB Vertically upwards I Verso l'alto NL Naar boven S Uppåt SF Ylöspäin
6124.2		D Nach unten E Hacia abajo F Vers le bas GB Vertically downwards I Verso il basso NL Naar onder S Nedåt SF Alaspäin

6124.3		D Nach rechts E Hacia la derecha F Vers la droite GB To the right I Verso destra NL Naar rechts S Höger SF Oikealle
6124.4		D Nach links E Hacia la izquierda F Vers la gauche GB To the left I Verso sinistra NL Naar links S Vänster SF Vasemmalle
6125.0		D Lage der Wellen E Disposición de los ejes F Disposition des arbres GB Shaft arrangement I Disposizione degli alberi NL Asschikking S Axelläge SF Akselien asema
6125.1		D Koaxial E Coaxiales F Coaxial GB Co-axial I Coassiali NL Co-axiaal S Koaxial SF Samankeskeinen
6125.2		D Parallel E Paralelos F Parallèle GB Parallel I Paralleli NL Evenwijdig S Parallell SF Yhdensuuntainen

192

6125.3		D Schneidend E Concurrentes F Concourant GB Crossed (in the same plane) I Concorrenti (ortogonali e non) NL Snijdend S Korsande i lika plan SF Leikkaava
6125.4		D Kreuzend E Cruzados F Décalé GB Crossed (off-set) I Sghembi (ortogonali e non) NL Kruisend S Korsande i olika plan SF Risteilevä
6126.0		D Drehrichtung E Sentido de rotación F Sens de rotation GB Shaft rotation I Senso di rotazione NL Draairichting S Rotationsriktning SF Pyörimissuunta
6126.1		D Rechtsdrehend E Según agujas reloj F Sens des aiguilles d'une montre GB Clockwise I Orario NL Rechts S Medurs SF Myötäpäivään
6126.2		D Linksdrehend E Contrario agujas reloj F Sens inverse des aiguilles d'une montre GB Anti-clockwise I Antiorario NL Links S Moturs SF Vastapäivään

6127		D Ausrichtung der Wellen E Alineación F Alignement GB Alignment I Allineamento NL Uitlijning S Uppriktning SF Akselien linjaus
6128.0		D Wellenversatz E Desalineación F Désalignement GB Misalignment I Disallineamento NL As-afwijking S Axelförsättning SF Akselien suuntapoikkeama
6128.1		D Winklig E Angular F Angulaire GB Angular I Angolare NL Hoekafwijking S Vinklad SF Kulma
6128.2		D Radial E Radial F Radial GB Radial I Radiale NL Radiaal S Radial SF Risteily
6128.3		D Axial E Axial F Axial GB Axial I Assiale NL Axiaal S Axial SF Aksiaali

6129		D Schulter E Cambio de sección F Epaulement GB Shoulder I Spallamento NL Kraag S Skuldra SF Olake
6130.1		D Zentrierung E Punto de centrado F Trou de centrage GB Centre hole I Centraggio NL Center (gat) S Centrumhål SF Keskiöreikä
6130.2		D Zentrierung mit Gewinde E Punto de centrado roscado F Trou de centrage taraudé GB Centre hole with thread I Centraggio filettato NL Center (gat) met draad S Centrumhål med gänga SF Keskiökierrereikä
6131	 6141	D Fundament E Fundación F Fondation GB Foundation I Fondazione NL Fundatie S Fundament SF Perustus
6132		D Schutzhaube E Protección F Protection GB Guard I Protezione NL Beschermkap S Skyddshuv SF Suojus

6133		D Motorspannschlitten E Carril tensor motor F Support moteur ajustable GB Motor slide rail I Slitta tendi-cinghia NL Motorspanslede S Justerbar motorhylla SF Moottorin kiristyskisko
6134		D Laterne E Soporte para motor-brida F Lanterne GB Bell housing I Lanterna NL Lantaarn S Mellanfläns SF Kytkinkotelo
6135		D Dichtungsfläche E Plano de unión F Plan de joint GB Joint face I Piano di unione NL Scheidingsvlak S Delningsplan SF Liitostaso
6136		D Gehäuseflansch E Pestañas de unión F Bride d'assemblage GB Joint flange I Flange di assiemaggio NL Verbindingsflens S Delningsfläns SF Liitoslaippa
6137		D Verstärkungsauge E Saliente F Bossage GB Boss I Borchia NL Nok S Vårta SF Kiinnitysreiän vahvike

6138		D Bodenflansch E Base F Semelle GB Bottom flange I Piano di base NL Bodemflens S Fotfläns SF Kiinnityslaippa
6139		D Montagefläche E Cara de fijación F Plan de pose GB Mounting face I Piano di appoggio NL Bevestigingsvlak S Fästplan SF Kiinnitystaso
6140		D Grundplatte E Bancada F Châssis GB Base plate I Piastra di base NL Basisplaat S Grundplatta SF Alusta
6141		D Bodenplatte E Bloque de cimentación F Taque GB Bed plate I Piastra di fondazione NL Bodemplaat S Bottenplatta SF Peruslaatta
6142		D Deckel E Tapa F Couvercle GB Cover I Coperchio NL Deksel S Lock SF Kansi

The image for 6138 is labelled with: 6140, 6139, 6131, 6138, 6141.

6143		D Hauptdeckel E Tapa principal F Couvercle principal GB Main cover I Coperchio principale NL Hoofddeksel S Huvudlock SF Pääkansi
6144		D Flanschdeckel E Tapa brida F Couvercle à bride GB Flanged cover I Coperchio con flangia NL Flensdeksel S Flänslock SF Laippakansi
6145		D Lagerkappe E Soporte de cojinete F Chapeau de palier GB Bearing housing (top half) I Cappello cuscinetto NL Lagerkap S Lageröverfall SF Laakerikaari
6146		D Deckel mit Schmiernippel E Tapa con engrasador F Couvercle avec graisseur GB End cover with grease nipple I Coperchio con ingrassatore NL Deksel met smeernippel S Lock med smörjnippel SF Kansi, jossa rasvanippa
6147		D Lagerdeckel E Tapa de cojinete F Couvercle de palier GB Bearing end cover I Coperchio cuscinetto NL Lagerdeksel S Lagerlock SF Laakerikansi

6148		D Durchsichtiger Deckel E Tapa de plástico F Couvercle transparent GB Transparent cover I Coperchio trasparente NL Transparant deksel S Transparent lock SF Läpinäkyvä kansi
6149		D Schaulochdeckel E Tapa de registro F Porte de visite GB Inspection cover I Coperchio d'ispezione NL Inspektiedeksel S Inspektionslock SF Tarkastusluukku
6150		D Wärmebehandlung E Tratamiento térmico F Traitement thermique GB Heat treatment I Trattamento termico NL Warmtebehandeling S Värmebehandling SF Lämpökäsittely
6151.0		D Randschichthärtung E Temple superficial F Trempe superficielle GB Surface hardening I Tempra superficiale NL Oppervlakteharding S Ythärdning SF Pintakarkaisu
6151.1		D Randschichthärtung mit Flamme E Temple superficial a la llama F Trempe superficielle à la flamme GB Flame hardening I Tempra superficiale alla fiamma NL Vlamharden S Flamhärdning SF Liekkikarkaisu

6151.2		D Randschichthärtung durch Induktion E Temple superficial por inducción F Trempe superficielle par induction GB Induction hardening I Tempra superficiale ad induzione NL Induktieharden S Induktionshärdning SF Induktiokarkaisu
6152		D Einsatzhärtung E Cementación F Cémentation GB Case carburizing I Cementazione NL Karboneren S Sätthärdning SF Hiiletyskarkaisu
6153		D Nitrierung E Nitruración F Nitruration GB Nitriding I Nitrurazione NL Nitreren S Nitrering SF Typetys
6154		D Karbonitrierung E Carbonitruración F Carbonitruration GB Carbonitriding I Carbonitrurazione NL Karbonitreren S Carbonitrering SF Typpihiiletys
6155		D Durchhärtung E Temple total F Trempe totale GB Through hardening I Tempra totale NL Volledig harden S Seghärdning SF Nuorrutus

6200		D Befestigungselemente E Fijaciones F Fixations GB Fixings I Fissaggio NL Bevestigingen S Fastsättningar SF Kiinnityselimet
6201		D Schrauben E Tornillos F Vis GB Screws I Viti NL Bouten S Skruvar SF Ruuvit
6202.0		D Sechskantschraube E Tornillo de cabeza exagonal F Vis à tête hexagonale GB Hexagon headed screw I Vite a testa esagonale NL Zeskantbout S Sexkantskruv SF Kuusioruuvi
6202.1		D Sechskantschraube, normal E Tornillo de cabeza exagonal, normal F Vis à tête hexagonale normale GB Hexagon headed screw, normal I Vite a testa esagonale, normale NL Zeskantbout, normaal S Normal sexkantskruv SF Normaali kuusioruuvi

6202.2		D	Sechskantschraube mit Zapfen
		E	Tornillo de cabeza exagonal de cuello largo y tetón
		F	Vis à tête hexagonale avec tourillon
		GB	Hexagon headed screw with full dog point
		I	Vite a testa esagonale con estremità cilindrica
		NL	Zeskantbout met tap
		S	Sexkantskruv med frispår och tapp
		SF	Tappipäinen kuusioruuvi

6202.3		D	Sechskantschraube mit Ansatzspitze
		E	Tornillo de cabeza exagonal de cuello corto y punta cónica
		F	Vis à tête hexagonale avec bout pointeau
		GB	Hexagon headed screw with half dog point and cone end
		I	Vite a testa esagonale con estremità conica
		NL	Zeskantbout met kegelpunt
		S	Sexkantskruv med avrundad tapp
		SF	Kartio-olakepäinen kuusioruuvi

6203		D	Sechskantschraube mit dünnem Schaft
		E	Tornillo de cabeza exagonal con cuello liso
		F	Vis à tête hexagonale avec tige mince
		GB	Hexagon headed bolt with reduced shank
		I	Vite a testa esagonale con gambo alleggerito
		NL	Zeskantbout met flensvormig topeind
		S	Sexkantskruv med reducerad stamdiameter
		SF	Hoikkavartinen kuusioruuvi

6204		D	Sechskant-Paßschraube
		E	Tornillo de ajuste de cabeza exagonal
		F	Vis ajustée à tête six pans
		GB	Hexagon headed fitting bolt
		I	Vite a testa esagonale con gambo calibrato
		NL	Pasbout
		S	Sexkantskruv passkruv
		SF	Kuusiosovitusruuvi

6205.0		D	Vierkantschraube
		E	Tornillo de cabeza cuadrada
		F	Vis à tête carrée
		GB	Square headed bolt
		I	Vite a testa quadra
		NL	Vierkantbout
		S	Fyrkantskruv
		SF	Neliöruuvi

6205.1		D Vierkantschraube mit Kernansatz E Tornillo de cabeza cuadrada con cuello corto F Vis à tête carrée et bout téton GB Square headed bolt with half dog point I Vite a testa quadra estremità a colletto piano e cilindrica NL Vierkantbout met scherpe top S Skruv med fyrkanthuvud och tapp SF Olakepäinen neliöruuvi
6205.2		D Vierkantschraube mit Bund E Tornillo de cabeza cuadrada con reborde F Vis à tête carrée avec embase et à bout chanfreiné GB Square headed bolt with collar I Vite a testa quadra con bordino NL Vierkantkraagbout S Skruv med fyrkanthuvud och fläns SF Laipallinen neliöruuvi
6205.3		D Vierkantschraube mit Bund und Ansatzkuppe E Tornillo de cabeza cuadrada con reborde y cuello corto con punta redonda F Vis à tête carrée avec embase et bout téton GB Square headed bolt with collar and half dog point with rounded end I Vite a testa quadra con bordino ed estremità a colletto con calotta NL Vierkantkraagbout met tap S Skruv med fyrkanthuvud och fläns samt avrundad tapp SF Laipallinen neliöruuvi, kupuolakepäinen
6206.0		D Hammerschraube E Tornillo de martillo F Boulon à tête en T GB Tee headed bolt I Vite con testa a martello NL Hamerkopbout S T-skruv SF Vasararuuvi
6206.1		D Hammerschraube, normal E Tornillo de martillo, normal F Boulon à tête en T normal GB Tee headed bolt, normal I Vite con testa a martello, normale NL Hamerkopbout, normaal S Normal T-skruv SF Vasararuuvi

6206.2		D Hammerschraube mit Vierkant E Tornillo de martillo con cuello cuadrado F Boulon à tête en T avec carré GB Tee headed bolt with square neck I Vite con testa a martello con quadro sotto testa NL Hamerkopbout met vierkant S T-skruv med fyrkant SF Vasaralukkoruuvi
6206.3		D Hammerschraube mit Nase E Tornillo de martillo con prisionero F Boulon à tête en T avec ergot double GB Tee headed bolt with double nip I Vite con testa a martello con doppio nasello sotto testa NL Hamerkopbout met dubbele nok S T-skruv med dubbla klackar SF Kaksinokkainen vasararuuvi
6207		D T-Nutenschraube E Tornillo acanalado en T. F Boulon en T de clamage GB Tee slot bolt I Vite per scanalature a T NL Opspan T-bout S T-spårskruv SF T-johderuuvi
6208		D Zylinderschraube mit Innensechskant E Tornillo de cabeza cilíndrica con exágono interior F Vis à tête cylindrique à six pans creux GB Hexagon socket head cap screw I Vite a testa cilindrica con esagono incassato NL Binnenzeskantschroef met cilinderkop S Skruv med cylindriskt huvud och 6-kanthål SF Kuuslokoloruuvi
6209		D Zylinderschraube mit Innensechskant und niedrigem Kopf E Tornillo de cabeza baja cilíndrica con exágono interior F Vis à six pans creux et tête cylindrique réduite GB Hexagon socket head cap screw and small head I Vite a testa cilindrica ribassata, con esagono incassato NL Binnenzeskantschroef met lage cilinderkop S Skruv med lågt cylindriskt huvud och sexkanthål SF Matalakantainen kuusiokoloruuvi

6210		D	Senkschraube mit Innensechskant
		E	Tornillo avellanado con exágono interior
		F	Vis à six pans creux et tête fraisée
		GB	Hexagon socket countersunk head screw
		I	Vite a testa svasata con esagono incassato
		NL	Binnenzeskantschroef met verzonken kop
		S	Skruv med försänkt huvud och sexkanthål
		SF	Uppokantainen kuusiokoloruuvi

6211		D	Gewindestift mit Innensechskant und Ringschneide
		E	Tornillo prisionero sin cabeza con exágono interior y punta cóncava
		F	Tige filetée à six pans creux et extrémité à cuvette
		GB	Hexagon socket set screw with cone end
		I	Vite senza testa con esagono incassato ed estremità a coppa
		NL	Stelschroef met binnenzeskant en kratereind
		S	Stoppskruv med invändig sexkant och skålad ände
		SF	Kuusiokolopidätinruuvi

6212		D	Gewindestift mit Innensechskant und Spitze
		E	Tornillo prisionero sin cabeza con exágono interior y punta cónica
		F	Tige filetée à six pans creux et bout pointeau
		GB	Hexagon socket set screw with cone point
		I	Vite senza testa, con esagono incassato, ed estremità conica
		NL	Stelschroef met binnenzeskant en kegelpunt
		S	Stoppskruv med invändig sexkant och spets
		SF	Kuusiokolopidätinruuvi, teräväpäinen

6213		D	Gewindestift mit Innensechskant und Zapfen
		E	Tornillo prisionero sin cabeza, con exágono interior y tetón cilíndrico
		F	Tige filetée à six pans creux et bout têton
		GB	Hexagon socket set screw with dog point
		I	Vite senza testa con esagono incassato ed estremità cilindrica
		NL	Stelschroef met binnenzeskant en tap
		S	Stoppskruv med invändig sexkant och tapp
		SF	Kuusiokolopidätinruuvi, tappipäinen

6214		D	Gewindestift mit Innensechskant und Kegelkuppe
		E	Tornillo prisionero sin cabeza, con exágono interior y punta plana
		F	Tige filetée à six pans creux et bout plat
		GB	Hexagon socket set screw with flat point
		I	Vite senza testa con esagono incassato ed estremità piana smussata
		NL	Stelschroef met binnenzeskant en vlakke top
		S	Stoppskruv med invändig sexkant och fasad ände
		SF	Kuusiokolopidätinruuvi, viistepäinen

6215		D Linsensenkschraube mit Kreuzschlitz E Tornillo de cabeza gota de sebo con mortaja cruzada F Vis à tête goutte de suif fraisée avec empreinte cruciforme GB Cross recessed countersunk (oval) head screw I Vite a testa svasata con calotta ed intaglio a croce NL Bolverzonken schroef met kruisgleuf S Skruv med kullrigt försänkt huvud och krysspår SF Kupu-uppokantainen ristiuraruuvi
6216		D Senkschraube mit Kreuzschlitz E Tornillo de cabeza avellanada con mortaja cruzada F Vis à tête fraisée avec empreinte cruciforme GB Cross recessed countersunk (flat) head screw I Vite a testa svasata con intaglio a croce NL Verzonken schroef met kruisgleuf S Skruv med försänkt huvud och krysspår SF Uppokantainen ristiuraruuvi
6217		D Linsenschraube mit Kreuzschlitz E Tornillo alomado con mortaja cruzada F Vis à tête cylindrique bombée avec empreinte cruciforme GB Cross recessed raised cheese head screw I Vite a testa cilindrica con calotta con intaglio a croce NL Lenscilinderkopschroef met kruisgleuf S Skruv med rundat cylindriskt huvud och krysspår SF Lieriökupukantainen ristiuraruuvi
6218		D Zylinderschraube mit Schlitz E Tornillo de cabeza cilíndrica ranurada F Vis à tête cylindrique rainurée GB Slotted cheese head screw I Vite a testa cilindrica con intaglio NL Cilinderkopschroef met zaagsnede S Spårskruv med cylindriskt huvud SF Lieriökantainen uraruuvi
6219		D Halbrundschraube E Tornillo redondo con ranura longitudinal F Vis à tête ronde GB Round headed screw I Vite a testa tonda con intaglio NL Bolkopschroef met zaagsnede S Spårskruv med halvrunt huvud SF Kupukantainen uraruuvi

6220		D Flachkopfschraube mit Schlitz E Tornillo alomado con ranura longitudinal F Vis à tête cylindrique mince rainurée GB Slotted cheese head screw I Vite a testa cilindrica con calotta ed intaglio NL Vlakke cilinderkopschroef met zaagsnede S Spårskruv med rundat cylindriskt huvud SF Matala lieriökantainen uraruuvi (liitinruuvi)
6221		D Senkschraube mit Schlitz E Tornillo avellanado con ranura longitudinal F Vis à tête fraisée rainurée GB Slotted countersunk (flat) head screw I Vite a testa svasata con intaglio NL Platverzonken schroef met zaagsnede S Spårskruv med försänkt huvud SF Uppokantainen uraruuvi
6222		D Linsensenkschraube mit Schlitz E Tornillo de cabeza gota de sebo ranurada F Vis à tête goutte de suif rainurée GB Slotted raised countersunk (oval) head screw I Vite a testa svasata con calotta ed intaglio NL Verzonken lenskopschroef met zaagsnede S Spårskruv med kullrigt försänkt huvud SF Kupu-uppokantainen uraruuvi
6223		D Senkschraube mit Schlitz (für Stahlkonstruktionen) E Tornillo de cabeza avellanada ranurada F Vis à tête fraisée rainurée (pour construction métallique) GB Countersunk head bolt with slot (for steel structures) I Vite a testa svasata con intaglio incassato (per carpenteria metallica) NL Verzonken schroef met zaagsnede (voor metaalbouw) S Försänkt skruv SF Puristettu-urainen uraruuvi
6224		D Kreuzlochschraube mit Schlitz E Tornillo de cabeza cilíndrica ranurada y perforada en cruz F Vis à tête cylindrique rainurée et perforée en croix GB Slotted capstan screw I Vite a testa cilindrica forata con calotta ed intaglio NL Cilinderkopschroef met kruisgat(en) en zaagsnede S Spårskruv med cylindriskt korsborrat huvud SF Ristireikäruuvi

6225		D Schaftschraube mit Schlitz und Kegelkuppe
		E Pitón roscado
		F Vis sans tête rainurée et bout plat
		GB Slotted headless screw with flat point (chamfered end)
		I Vite senza testa con intaglio, ed estremità filettata piana smussata
		NL Kolomschroef met zaagsnede en vlakke top
		S Spårskruv utan huvud och med fasad ände
		SF Uravarsiruuvi, viistepäinen
6226		D Gewindestift mit Schlitz und Kegelkuppe
		E Varilla roscada con chaflán
		F Vis sans tête rainurée et bout plat
		GB Slotted set screw with flat point (chamfered ends)
		I Vite senza testa con intaglio ed estremità piana smussata
		NL Stelschroef met zaagsnede en vlakke top
		S Stoppskruv med spår och fasad ände
		SF Urapidätinruuvi, viistepäinen
6227		D Gewindestift mit Schlitz und Zapfen
		E Varilla roscada con tetón
		F Vis sans tête, rainurée et bout têton
		GB Slotted set screw with (full) dog point
		I Vite senza testa con intaglio ed estremità cilindrica
		NL Stelschroef met zaagsnede en tap
		S Stoppskruv med spår och tapp
		SF Urapidätinruuvi, tappipäinen
6228		D Gewindestift mit Schlitz und Ringschneide
		E Varilla roscada con chaflán cóncavo
		F Vis sans tête rainurée et bout cuvette
		GB Slotted set screw with cup point
		I Vite senza testa con intaglio ed estremità a coppa
		NL Stelschroef met zaagsnede en kratereind
		S Stoppskruv med spår och skål
		SF Urapidätinruuvi, kuoppapäinen
6229		D Gewindestift mit Schlitz und Spitze
		E Varilla roscada con punta
		F Vis sans tête rainurée et bout pointu
		GB Slotted set screw with cone point
		I Vite senza testa con intaglio ed estremità conica
		NL Stelschroef met zaagsnede en kegelpunt
		S Stoppskruv med spår och spets
		SF Urapidätinruuvi, teräväpäinen

6230		D Augenschraube E Tornillo con ojo F Boulon à oeil GB Eye bolt I Tirante ad occhio NL Knevelschroef S Länkskruv SF Silmäruuvi
6231		D Ringschraube E Tornillo de cáncamo F Vis à anneau GB Flanged eye bolt I Golfare ad occhio cilindrico con gambo filettato NL Oogbout S Lyftögla med tapp SF Nostosilmukkaruuvi
6232		D Flügelschraube E Tornillo de mariposa F Vis à oreilles GB Wing screw I Vite ad alette NL Vleugelschroef S Vingskruv SF Siipiruuvi
6233.0		D Rändelschraube E Tornillo de cabeza moleteada F Vis à tête moletée GB Thumb screw I Vite a testa cilindrica zigrinata NL Schroef met gekartelde cilinderkop S Räfflad skruv SF Pyälletty ruuvi
6233.1		D Hohe Rändelschraube E Tornillo de cabeza moleteada alta F Vis à tête moletée haute GB Knurled thumb screw I Vite a testa cilindrica zigrinata con colletto NL Schroef met hoge gekartelde cilinderkop S Skruv med högt räfflat huvud SF Pyälletty ruuvi, korkea

6233.2	D Flache Rändelschraube E Tornillo de cabeza moleteada plana F Vis à tête moletée plate GB Flat knurled thumb screw I Vite a testa cilindrica zigrinata piana NL Schroef met vlakke en gekartelde cilinderkop S Skruv med lågt räfflat huvud SF Pyälletty ruuvi
6234	D Gewindestange E Espárrago fileteado F Tige filetée GB Threaded rod I Barra filettata NL Draadstang S Gängad stång SF Kierretanko
6235	D Anschweißenden E Espárrago para soldar F Tige à souder GB Stud for welding I Vite senza testa, da saldare NL Laseind S Gängad svetstapp SF Hitsausruuvi
6236	D Stiftschraube E Espárrago F Goujon GB Stud I Vite prigioniera NL Tapeind S Pinnskruv SF Vaarnaruuvi
6237	D Schraubenbolzen E Espárrago con doble garganta, doble filete y tetón F Goujon à deux gorges et à téton GB Double ended stud with full shank I Tirante a doppia gola NL Dubbel tapeind S Dubbel pinnskruv SF Tasavartinen ruuvitappi

6238	A B C	D Steinschraube E Pernos de anclaje F Boulon de scellement GB Stone bolt I Vite di ancoraggio NL Steenbout S Stenskruv SF Kiviruuvi
6250		D Muttern E Tuerca F Ecrous GB Nuts I Dadi NL Moeren S Muttrar SF Mutterit
6251.0		D Sechskantmutter E Tuerca exagonal F Ecrou hexagonal GB Hexagon nut I Dado esagonale NL Zeskantmoer S Sexkantmutter SF Kuusiomutteri
6251.1		D Sechskantmutter, normal E Tuerca exagonal normal F Ecrou hexagonal, normal GB Hexagon nut normal I Dado esagonale normale NL Zeskantmoer, normaal S Normal sexkantmutter SF Kuusiomutteri
6251.2		D Flache Sechskantmutter E Tuerca exagonal delgada F Ecrou hexagonal mince GB Hexagon nut thin I Dado esagonale ribassato NL Zeskantmoer, laag S Låg sexkantmutter SF Matala kuusiomutteri

6252		D Rohrmutter E Tuerca para tubería F Ecrou pour tube GB Pipe nut I Dado esagonale sottile NL Buismoer S Rörmutter SF Putkimutteri
6253.0		D Hutmutter E Tuerca de sombrerete F Ecrou borgne GB Cap nut I Dado esagonale cieco NL Dopmoer S Hattmutter SF Hattumutteri
6253.1		D Hutmutter, hohe Form E Tuerca de sombrerete alta F Ecrou borgne, haut GB Cap nut with high dome I Dado esagonale cieco a calotta sferica NL Dopmoer, hoog S Hög hattmutter SF Korkea hattumutteri
6253.2		D Hutmutter, niedrige Form E Tuerca de sombrerete baja F Ecrou borgne, bas GB Cap nut with low dome I Dado esagonale cieco a calotta bombala NL Dopmoer, laag S Låg hattmutter SF Hattumutteri
6253.3		D Hutmutter, selbstsichernd E Tuerca exagonal con autoseguro F Ecrou borgne de sécurité avec bague en nylon GB Cap nut, self locking I Dado esagonale cieco con anello autobloccante NL Dopmoer, zelfborgend S Självlåsande hattmutter SF Lukkiutuva hattumutteri

6254.0		D Kronenmutter E Tuerca almenada F Ecrou crénaux GB Castle nut I Dado esagonale ad intagli NL Kroonmoer S Kronmutter SF Kruunumutteri
6254.1		D Kronenmutter, normal E Tuerca almenada alta F Ecrou crénaux haut GB Castle nut normal I Dado esagonale ad intagli NL Kroonmoer, hoog S Normal kronmutter SF Kruunumutteri
6254.2		D Flache Kronenmutter E Tuerca almenada delgada F Ecrou crénaux mince GB Castle nut, thin I Dado esagonale ribassato ad intagli NL Kroonmoer, laag S Låg kronmutter SF Matala kruunumutteri
6255		D Ankermutter E Tuerca cuadrada F Ecrou d'ancrage GB Special foundation nut I Dado quadro NL Ankermoer S Ankarmutter SF Perustusmutteri
6256		D Schlitzmutter E Tuerca amortajada F Ecrou cylindrique à rainure GB Slotted round nut I Dado cilindrico ad intaglio NL Cilindermoer met zaagsnede S Spårmutter SF Uramutteri

6257		D Zweilochmutter E Tuerca cilíndrica con dos taladros ciegos F Ecrou cylindrique à deux trous sur une face GB Round nut with holes in one face I Dado cilindrico a due fori frontali NL Cilindermoer met twee gaten S Rund mutter med 2 pinnhål SF Päätyreikämutteri
6258		D Kreuzlochmutter E Tuerca cilíndrica taladrada en cruz F Ecrou cylindrique, perforé en croix GB Round nut with radial holes I Dado cilindrico a fori a croce laterali NL Cilindermoer met kruisgaten S Korshålsmutter SF Sivureikämutteri
6259		D Nutmutter E Tuerca ranurada F Ecrou cylindrique à 4 encoches GB Slotted round nut for C spanner I Ghiera con intagli NL Gleufmoer S Rund mutter med 4 spår SF Sivu-uramutteri
6260.0		D Rändelmutter E Tuerca moleteada F Ecrou cylindrique moleté GB Knurled nut I Dado cilindrico zigrinato NL Gekartelde cilindermoer S Räfflad mutter SF Pyälletty mutteri
6260.1		D Rändelmutter, hohe E Tuerca moleteada alta F Ecrou cylindrique moleté haut GB Knurled nut, high I Dado cilindrico zigrinato con risalto NL Gekartelde cilindermoer, hoog S Hög räfflad mutter SF Pyälletty mutteri

6260.2		D Rändelmutter, flache E Tuerca moleteada baja F Ecrou cylindrique moleté bas GB Knurled nut, shallow I Dado cilindrico zigrinato con colletto NL Gekartelde cilindermoer, laag S Låg räfflad mutter SF Matala pyälletty mutteri
6261		D Flügelmutter E Tuerca de mariposa F Ecrou à oreilles GB Wing nut I Dado ad alette NL Vleugelmoer S Vingmutter SF Siipimutteri
6262		D Ringmutter E Tuerca cáncamo F Ecrou à anneau GB Eye nut I Golfare ad occhio cilindrico con foro filettato NL Oogmoer S Öglemutter SF Nostosilmukkamutteri
6263		D Sicherungsmutter E Arandela embutida de seguridad F Ecrou de sécurité embouti GB Pressed self locking counter nut I Dado esagonale elastico (di sicurezza) NL Borgmoer S Självlåsande kontramutter SF Lukkiutuva vastamutteri
6264		D Kontermutter E Contratuerca F Contre-écrou GB Lock nut I Controdado NL Tegenmoer S Kontramutter SF Vastamutteri

6270		D Sicherungen E Arandelas F Rondelles GB Washers I Rosette NL Ringen S Brickor SF Aluslaatat
6271.0		D Unterlegscheibe E Arandela F Rondelle plate GB Flat washer I Rosetta piana NL Vlakke sluitring S Plan bricka SF Aluslaatta
6271.1		D Unterlegscheibe ohne Fase E Arandela plana F Rondelle plate sans chanfrein GB Flat washer without chamfer I Rosetta piana normale NL Vlakke sluitring, normaal S Bricka utan fas SF Viistämätön aluslaatta
6271.2		D Unterlegscheibe mit Fase E Arandela achaflanada F Rondelle plate avec chanfrein GB Flat washer with chamfer I Rosetta piana con smusso esterno NL Vlakke sluitring met afschuining S Bricka med fas SF Viistetty aluslaatta
6272.0		D Unterlegscheibe viereckig E Arandela cuadrada en cuña F Plaquette oblique GB Square tapered washer I Piastrina di appoggio su ali di trave NL Vierhoekige hellingsluitplaat S Fyrkantig konisk bricka SF Vinoaluslaatta

216

6272.1		D Unterlegscheibe viereckig für U-Profile E Arandela cuadrada en cuña perfil en U F Plaquette oblique pour profilé en U GB Square tapered washer for U sections I Piastrina di appoggio su ali di trave per profilo ad U NL Vierhoekige hellingsluitplaat voor U-profielen S Fyrkantig konisk bricka för U-balk SF Vinoaluslaatta U-palkkia varten
6272.2		D Unterlegscheibe viereckig für I-Profile E Arandela cuadrada en cuña perfil en I F Plaquette oblique pour profilé en I GB Square tapered washer for I sections I Piastrina di appoggio su ali di trave per profilo ad I NL Vierhoekige hellingsluitplaat voor I-profielen S Fyrkantig konisk bricka för I-balk SF Vinoaluslaatta I-palkkia varten
6273.0		D Federring E Arandela resorte F Rondelle à ressort GB Spring washer I Rosetta elastica spaccata NL Open veerring S Fjäderbricka SF Jousialuslaatta
6273.1		D Federring, aufgebogen E Arandela resorte plana (grower) F Rondelle à ressort fendue normale GB Split spring washer I Rosetta elastica spaccata NL Open veerring, normaal S Öpen fjäderbricka SF Nokallinen jousialuslaatta
6273.2		D Federring, gewölbt E Arandela resorte ondulada F Rondelle à ressort ondulée GB Split, crinkled, spring washer I Rosetta elastica spaccata ondulata NL Open veerring, gegolfd S Öppen vågformad fjäderbricka SF Aaltomainen jousialuslaatta

6273.3		D Federring mit Schutzmantel
		E Arandela resorte con anillo de seguridad
		F Rondelle à ressort et anneau de protection
		GB Split spring washer with safety ring
		I Rosetta elastica spaccata con anello di protezione
		NL Open veerring met veiligheidsring
		S Öppen fjäderbricka med skyddsring
		SF Varmistusrengasjousialuslaatta

6274.0		D Federscheibe
		E Arandela resorte
		F Rondelle élastique
		GB Spring washer
		I Rosetta elastica
		NL Veerring
		S Fjäderbricka
		SF Jousialuslaatta

6274.1		D Federscheibe, gebogen
		E Arandela resorte curvada
		F Rondelle élastique galbée
		GB Spring washer curved
		I Rosetta elastica curvata
		NL Veerring, gebogen
		S Välvd fjäderbricka
		SF Kupera jousialuslaatta

6274.2		D Federscheibe, gewölbt
		E Arandela resorte ondulada
		F Rondelle elastique voilée
		GB Spring washer wavy
		I Rosetta élastica ondulata
		NL Veerring, gegolfd
		S Vågformad fjäderbricka
		SF Aaltomainen jousialuslaatta

6275		D Spannscheibe
		E Arandela de platillo
		F Rondelle élastique conique
		GB Conical spring washer
		I Rosetta elastica conica
		NL Schotelveerring
		S Konisk fjäderbricka
		SF Kartiomainen aluslaatta

6276.0		D Zahnscheibe E Arandela elástica dentada F Rondelle élastique à denture GB Toothed lock washer I Rosetta elastica NL Tandveerring S Tandad låsbricka SF Hammasaluslaatta
6276.1		D Zahnscheibe, außenverzahnt E Arandela elástica dentado exterior F Rondelle élastique à denture extérieure GB Toothed lock washer with external teeth I Rosetta piana con dentatura esterna NL Tandveerring, uitwendig getand S Yttertandad låsbricka SF Kehähampainen aluslaatta
6276.2		D Zahnscheibe, innenverzahnt E Arandela elástica dentado interior F Rondelle élastique à denture intérieure GB Toothed lock washer with internal teeth I Rosetta piana con dentatura interna NL Tandveerring, inwendig getand S Innertandad låsbricka SF Reikähampainen aluslaatta
6276.3		D Zahnscheibe, versenkt E Arandela elástica embutida y dentada F Rondelle élastique à denture en cuvette GB Toothed lock washer, countersunk I Rosetta svasata con dentatura esterna NL Tandveerring, verzonken S Konisk yttertandad låsbricka SF Uppokannan kehähampainen aluslaatta
6277.0		D Fächerscheibe E Arandela de abanico F Rondelle élastique éventail GB Serrated lock washer I Rosetta elastica con dentatura sovrapposta NL Waaierveerring S Räfflad låsbricka SF Lohkoaluslaatta

6277.1		D Fächerscheibe, außenverzahnt E Arandela de abanico dentado exterior F Rondelle élastique éventail à denture extérieure GB Serrated lock washer with external teeth I Rosetta piana con dentatura esterna sovrapposta NL Waaierveerring, uitwendig getand S Ytterräfflad låsbricka SF Kehälohkoinen aluslaatta
6277.2		D Fächerscheibe, innenverzahnt E Arandela de abanico dentado interior F Rondelle élastique éventail à denture intérieure GB Serrated lock washer with internal teeth I Rosetta piana con dentatura interna sovrapposta NL Waaierveerring, inwendig getand S Innerräfflad låsbricka SF Reikälohkoinen aluslaatta
6277.3		D Fächerscheibe versenkt E Arandela de abanico embutida y dentada F Rondelle élastique éventail en cuvette GB Serrated lock washer, countersunk I Rosetta svasata con dentatura esterna sovrapposta NL Waaierveerring, verzonken S Konisk ytterräfflad låsbricka SF Uppokannan kehälehtinen aluslaatta
6278.0		D Sicherungsblech E Arandela de seguridad F Rondelle de sécurité à aileron GB Tab washer I Rosetta di sicurezza con linguctta NL Lipborgplaat S Låsbleck med vikarm SF Lehtialuslaatta
6278.1		D Sicherungsblech mit 1 Lappen E Arandela de seguridad con una aleta F Rondelle de sécurité à un aileron GB Tab washer with 1 tab I Rosetta di sicurezza con 1 linguetta NL Lipbrogplaat met één lip S Låsbleck med en vikarm SF Yksilehtinen aluslaatta

6278.2		D Sicherungsblech mit 2 Lappen E Arandela de seguridad con dos aletas F Rondelle de sécurité à deux ailerons GB Tab washer with 2 tabs I Rosetta di sicurezza con 2 linguette ad angolo NL Lipborgplaat met twe lippen S Låsbleck med två vikarmar SF Kaksilehtinen aluslaatta
6279.0		D Sicherungsblech E Arandela de seguridad F Rondelle frein d'écrou à ergot GB Tab washer I Rosetta di sicurezza con nasello NL Nokborgring S Låsbleck med läpp SF Kielialuslaatta
6279.1		D Sicherungsblech mit Nase E Arandela de seguridad con pestaña exterior F Rondelle frein d'écrou à ergot extérieur GB Tab washer with external tab I Rosetta di sicurezza con nasello esterno NL Nokbrogplaat, uitwendig S Låsbleck med ytterläpp SF Kehäkielinen aluslaatta
6279.2		D Sicherungsblech mit Innennase E Arandela de seguridad con pestaña interior F Rondelle frein d'écrou à ergot intérieur GB Tab washer with internal tab I Rosetta di sicurezza con nasello interno NL Nokborgring, inwendig S Låsbleck med innerläpp SF Reikäkielinen aluslaatta
6290		D Sicherungsring für Wellen E Anillo elástico para ejes F Segment d'arrêt (arbre) GB External circlip I Anello d'arresto per alberi NL Veerborgring, uitwendig S Låsring för axel SF Akselivarmistin

6291		D Sicherungsring für Bohrungen E Anillo elástico para agujeros F Segment d'arrêt (alésage) GB Internal circlip I Anello d'arresto per fori NL Veerborgring, inwendig S Låsring för hål SF Reikävarmistin
6292		D Runddraht-Sprengring E Anillo de retención circular F Anneau de retenue circulaire GB Round wire snap rings I Anello elastico di arresto (forma A oppure B) NL Cilindrische veerborgring S Låsring utan öron SF Lankavarmistin
6293		D Sicherungsscheibe für Wellen E Arandela de seguridad para ejes F Segment d'arrêt (à montage radial) GB Radial retaining ring for shafts I Anello radiale d'arresto NL Opsteekasborgring S Låsskiva för axel SF Varmistinlevy
6300		D Ring E Anillo F Bague GB Ring I Anello NL Ring S Ring SF Rengas

6301		D Abstandsring E Anillo distanciador F Entretoise GB Spacing bush I Distanziale NL Afstandsring S Distansring SF Välirengas
6302		D Stellring E Anillo de tope F Bague d'arrêt GB Clamp ring I Anello d'arresto NL Stelring S Stoppring SF Säätörengas
6303		D Zentrierring E Anillo de centraje F Bague de centrage GB Centering ring I Anello di centratura NL Centreerring S Centreringsring SF Keskitysrengas
6304		D Halber Ring E Semianillo F Demi-bague GB Half ring I Semianello NL Gedeelde ring S Ringhalva SF Puolikasrengas
6305		D Ring mit Schulter E Anillo de apoyo F Bague épaulée GB Shouldered ring I Distanziale di spallamento NL Kraagring S Ring med skuldra SF Laipparengas

6306	D Außenkeilnabe E Anillo estriado F Bague cannelée GB Slotted ring (external slots) I Anello scanalato NL Groefring S Ring med spår SF Uritettu rengas
6307	D Paßscheibe E Anillo de reglaje F Bague d'ajustage GB Shim I Spessore d'aggiustaggio NL Afstelring S Distansbricka SF Soviterengas
6310	D Stift E Pasador F Goupille GB Dowel pin I Copiglia NL Pen S Pinne SF Sokka
6311	D Splint E Pasador de aletas F Goupille fendue GB Split pin I Copiglia divisa NL Splitpen S Saxpinne SF Saksisokka
6312	D Zylinderstift E Pasador cilíndrico F Goupille cylindrique GB Cylindrical dowel I Spina cilindrica NL Cilindrische pen S Cylindrisk pinne SF Lieriösokka

6313		D Kegelstift E Pasador cónico F Goupille conique GB Taper dowel I Spina conica NL Kegelpen S Konisk pinne SF Kartiosokka
6314		D Kerbstift E Pasador estriado F Goupille cannelée GB Grooved dowel pin I Spina scanalata NL Gegroefde pen S Räfflad pinne SF Uritettu sokka
6315		D Spannhülse E Pasador elástico F Goupille élastique GB Spring dowel I Spina elastica NL Verende pen S Fjäderpinne SF Jousisokka
6316		D Sicherungsstift E Clavija de rotura F Goupille de sécurité GB Shear pin I Spina di sicurezza NL Breekpen S Brytpinne SF Murtotappi
6317		D Zentrierstift E Pasador de centraje F Goupille de centrage GB Locating dowel I Spina di riferimento NL Centreerpen S Styrpinne SF Ohjaussokka

225

6318		D Buchse E Casquillo F Douille GB Bush I Bussola NL Bus S Bussning SF Holkki
6319		D Flanschbuchse E Casquillo con valona F Douille épaulée GB Flanged bush I Bussola flangiata NL Flensbus S Flänsbussning SF Laippaholkki
6320		D Gerillte Buchse E Casquillo estriado F Douille cannelée GB Grooved bush I Bussola scanalata NL Gegroefde bus S Räfflad bussning SF Uraholkki
6321		D Gewindebuchse E Casquillo roscado F Douille vissée GB Screwed bush I Bussola con scanalatura elicoidale NL Bus met schroefdraad S Gängad bussning SF Kierreholkki
6330.0		D Paßfeder E Chaveta F Clavette GB Key I Chiavetta NL Spie S Kil SF Kiila

6330.1		D Paßfeder, parallel E Chaveta paralela F Clavette parallèle GB Key parallel I Linguetta parallela NL Spie, evenwijdig S Kil, parallell SF Tasakiila
6330.2		D Paßfeder, konisch E Chaveta cónica F Clavette inclinée GB Key tapered I Chiavetta conica NL Spie, konisch S Kil, konisk SF Kartiokiila
6331		D Stufenkeil E Chaveta escalonada F Clavette étagée GB Stepped key I Linguetta a gradini NL Trapspie S Trappkil SF Porraskiila
6332		D Tangentialkeil E Chaveta tangencial F Clavette tangentielle GB Tangential key I Linguetta tangenziale NL Tangentiaalspie S Tangentialkil SF Tangentiaalikiila
6333		D Nasenkeil E Chaveta con cabeza F Clavette à talon GB Gib head key I Chiavetta con nasetto NL Kopspie S Hakkil SF Hokkakiila

6334		D Scheibenfeder E Chaveta de media-luna F Clavette demi-lune GB Woodruff key I Linguetta a disco NL Schijfspie S Halvmånformad kil SF Woodruff-kiila
6335		D Keilpaar E Chaveta regulable de media caña F Clavette réglable GB Fitted key I Chiavetta regolabile NL Stelspie S Kil med justerbar höjd SF Säädettävä kiila
6336		D Verschraubbare Feder E Chaveta para atornillar F Clavette à visser GB Key with retaining screw(s) I Linguetta avvitata NL Spie met schroefgaten S Kil med skruv SF Kiila, jossa kiinnitysporaukset
6337		D Nut E Chavetero F Rainure de clavette GB Keyway I Cava per chiavetta o linguetta NL Spiebaan S Kilspår SF Kiilaura
6338		D Halbrundniet E Remache de cabeza redonda F Rivet à tête ronde GB Round head rivet I Ribattino a testa tonda NL Klinknagel met bolkop S Nit med runt huvud SF Kupukantaniitti

6339		D Senkniet E Remache de cabeza avellanada F Rivet à tête conique GB Pan head rivet I Ribattino a testa svasata NL Klinknagel met kegelkop S Nit med koniskt huvud SF Uppokantaniitti
6340		D Flansch E Brida F Bride GB Flange I Flangia NL Flens S Fläns SF Laippa
6341		D Motorflansch E Brida de motor F Bride de moteur GB Motor flange I Flangia motore NL Motorflens S Motorfläns SF Moottorilaippa
6342		D Stützflansch E Brida de apoyo F Flasque d'appui GB Support flange I Flangia d'appoggio NL Steunflens S Stödfläns SF Tukilaippa
6343		D Bedienungshebel E Palanca de mando F Levier de comande GB Control lever I Leva di comando NL Bedieningshefboom S Manöverspak SF Käyttövipu

6344		D Drehmomentbegrenzer E Limitador de par F Limiteur d'effort GB Torque limiter I Limitatore di momento torcente NL Koppelbegrenzer S Momentbegränsare SF Vääntömomentin rajoitin
6345		D Geschwindigkeitsbegrenzer E Limitador de sobre-velocidad F Limiteur de survitesse GB Upper speed limiter I Limitatore di velocità NL Snelheidsbegrenzer S Hastighetsbegränsare SF Pyörimisnopeuden rajoitin
6346		D Freilauf E Rueda libre F Roue libre GB Freewheel I Ruota libera NL Vrijloop S Frihjul SF Vapaakytkin
6347		D Rücklaufsperre E Antirretroceso F Antidévireur GB Backstop I Anti-retro NL Teruglooprem S Backspärr SF Takaisinpyörintäjarru
6348		D Schwungrad E Volante F Volant GB Flywheel I Volano NL Vliegwiel S Svänghjul SF Vauhtipyörä

6349		D Drehmomentenstütze E Brazo de reacción F Bras de réaction GB Torque réaction arm I Braccio di reazione NL Reaktiestang S Momentstöd SF Ankkurointitanko
6400		D Lager E Cojinete F Palier GB Bearing I Cuscinetto NL Lager S Lager SF Laakeri
6401		D Wälzlager E Rodamiento F Palier à roulement GB Rolling element bearing I Cuscinetto volvente (a rotolamento) NL Wentellager S Rullningslager SF Vierintälaakeri
6402		D Radiallager E Rodamiento radial F Roulement radial GB Radial bearing I Cuscinetto radiale NL Radiaal lager S Radiallager SF Säteislaakeri

6403		D Axiallager E Rodamiento axial F Butée axiale GB Thrust bearing I Cuscinetto assiale NL Axiaal lager S Axiallager SF Aksiaalilaakeri
6404		D Gleitlager E Cojinete de deslizamiento F Palier lisse GB Sliding bearing I Cuscinetto liscio NL Glijlager S Glidlager SF Liukulaakeri
6405		D Kugellager E Rodamiento de bolas F Roulement à billes GB Ball bearing I Cuscinetto a sfere NL Kogellager S Kullager SF Kuulalaakeri
6406		D Rollenlager E Rodamiento de rodillos F Roulement à rouleaux GB Roller bearing I Cuscinetto a rulli NL Rollager S Rullager SF Rullalaakeri
6407		D Nadellager E Rodamiento de agujas F Roulement à aiguilles GB Needle roller bearing I Cuscinetto a rullini NL Naaldlager S Nållager SF Neulalaakeri

6408		D	Radial-Kugellager
		E	Rodamiento radial de bolas
		F	Roulement à billes (contact radial)
		GB	Radial ball bearing
		I	Cuscinetto radiale a sfere
		NL	Radiaal kogellager
		S	Radialkullager
		SF	Säteiskuulalaakeri
6409		D	Axial-Kugellager
		E	Rodamiento axial de bolas
		F	Butée à billes
		GB	Thrust ball bearing
		I	Cuscinetto assiale a sfere
		NL	Axiaal kogellager
		S	Axialkullager
		SF	Painekuulalaakeri
6410		D	Radial-Rollenlager
		E	Rodamiento radial de rodillos
		F	Roulement à rouleaux à contact radial
		GB	Radial roller bearing
		I	Cuscinetto radiale a rulli
		NL	Radiaal rollager
		S	Radialrullager
		SF	Säteisrullalaakeri
6411		D	Axial-Rollenlager
		E	Rodamiento axial de rodillos
		F	Butée à rouleaux
		GB	Roller thrust bearing
		I	Cuscinetto assiale a rulli
		NL	Axiaal rollager
		S	Axialrullager
		SF	Painerullalaakeri
6412		D	Nadellager
		E	Rodamiento radial de agujas
		F	Roulement à aiguilles radial
		GB	Radial needle roller bearing
		I	Cuscinetto radiale a rullini
		NL	Radiaal naaldlager
		S	Radialnållager
		SF	Säteisneulalaakeri

6413		D Axial-Nadellager E Rodamiento axial de agujas F Butée à aiguilles GB Thrust needle roller bearing I Cuscinetto assiale a rullini NL Axiaal naaldlager S Axialnållager SF Paineneulalaakeri
6414		D Rillenkugellager E Rodamiento rígido con una hilera de bolas F Roulement à billes simple rangée GB Single row deep groove ball bearing I Cuscinetto radiale rigido ad una corona di sfere NL Eénrijig radiaal kogellager S Enradigt spårkullager SF Yksirivinen urakuulalaakeri
6415		D Zweireihiges Rillenkugellager E Rodamiento rígido con dos hileras de bolas F Roulement à double rangée de billes GB Double row deep groove ball bearing I Cuscinetto radiale rigido a due corone di sfere NL Tweerijig radiaal kogellager S Tvåradigt spårkullager SF Kaksirivinen urakuulalaakeri
6416		D Schrägkugellager E Rodamiento de contacto angular con una hilera de bolas F Roulement à contact oblique GB Single row angular contact ball bearing I Cuscinetto obliquo ad una corona di sfere NL Eénrijig hoekkontaktkogellager S Enradigt vinkelkontaktkullager SF Yksirivinen viistokuulalaakeri
6417		D Zweireihiges Schrägkugellager E Rodamiento de contacto angular con dos hileras de bolas F Roulement à deux rangées de billes à contact oblique GB Double row angular contact ball bearing I Cuscinetto obliquo a due corone di sfere NL Tweerijig hoekkontaktkogellager S Tvåradigt vinkelkontaktkullager SF Kaksirivinen viistokuulalaakeri

6418		D Vierpunktlager E Rodamiento de bolas con cuatro puntos de contacto F Roulement à quatre points de contact GB Four-point contact bearing I Cuscinetto a sfere a quattro contatti NL Vierpuntskontaktlager S Fyrpunktskontaktkullager SF Nelipistelaakeri

6419		D Zylinderrollenlager
		E Rodamiento con una hilera de rodillos
		     cilíndricos
		F Roulement à galets cylindriques à simple
		     rangée
		GB Single row cylindrical roller bearing
		I Cuscinetto radiale ad una corona di rulli
		     cilindrici
		NL Eénrijig cilinderlager
		S Enradigt cylindriskt rullager
		SF Yksirivinen lieriörullalaakeri

6420	1:12	D Zweireihiges Zylinderrollenlager
		E Rodamiento con dos hileras de rodillos
		     cilíndricos
		F Roulement à galets cylindriques sur deux
		     rangées
		GB Double row cylindrical roller bearing
		I Cuscinetto radiale a due corone di rulli
		     cilindrici
		NL Tweerijig cilinderlager
		S Tvåradigt cylindriskt rullager
		SF Kaksirivinen lieriörullalaakeri

6421		D Zweireihiges Nadellager E Rodamiento con dos hileras de agujas F Roulement sur deux rangées d'aiguilles GB Double row needle roller bearing I Cuscinetto a due corone di rullini NL Tweerijig naaldlager S Tvåradigt nållager SF Kaksirivinen neulalaakeri
6422	1:12	D Pendelkugellager E Rodamiento oscilante de bolas F Roulement à rotule à deux rangées de billes GB Double row self-aligning ball bearing I Cuscinetto radiale orientabile a sfere NL Tweerijig zelfinstellend kogellager S Sfäriskt kullager SF Pallomainen kuulalaakeri

6423		D Tonnenlager E Rodamiento oscilante con una hilera de rodillos F Roulement à rouleaux tonneaux GB Single row self-aligning roller bearing I Cuscinetto radiale orientabile ad una corona di rulli NL Zelfinstellend eenrijig tonlager S Enradigt sfäriskt rullager SF Tynnyrirullalaakeri
6424		D Pendelrollenlager E Rodamiento oscilante con dos hileras de rodillos F Roulement à rotule sur rouleaux GB Double row self-aligning roller bearing I Cuscinetto radiale orientabile a due corone di rulli NL Zelfinstellend tweerijig tonlager S Tvåradigt sfäriskt rullager SF Pallomainen rullalaakeri
6425		D Kegelrollenlager E Rodamiento de rodillos cónicos F Roulement à rouleaux coniques GB Taper roller bearing I Cuscinetto a rulli conici NL Kegellager S Koniskt rullager SF Kartiorullalaakeri
6426		D Zweireihiges Kegelrollenlager E Rodamiento doble de rodillos cónicos en oposición F Roulement double en opposition GB Double row taper roller bearing I Cuscinetto a due corone di rulli conici NL Dubbel kegellager S Dubbelt koniskt rullager SF Kaksirivinen kartiorullalaakeri
6427		D Einseitig wirkendes Axial-Rillenkugellager E Rodamiento axial de bolas de simple efecto F Butée à billes à simple effet GB Single thrust ball bearing I Cuscinetto assiale a sfere a semplice effetto NL Enkel axiaal kogellager S Enkelverkande axialkullager SF Yksisuuntainen painekuulalaakeri

6428		D Zweiseitig wirkendes Axial-Rillenkugellager E Rodamiento axial de bolas de doble efecto F Butée à billes à double effet GB Double thrust ball bearing I Cuscinetto assiale a sfere a doppio effetto NL Dubbel axiaal kogellager S Dubbelverkande axialkullager SF Kaksisuuntainen painekuulalaakeri
6429		D Axial-Zylinderrollenlager E Rodamiento axial de rodillos cilíndricos F Butée à rouleaux cylindriques GB Cylindrical roller thrust bearing I Cuscinetto assiale a rulli cilindrici (a semplice effetto) NL Axiaal cilinderlager S Cylindriskt axialrullager SF Lieriömäinen painerullalaakeri
6430		D Einseitig wirkendes Axial-Pendelrollenlager E Rodamiento axial de rodillos a rótula F Butée à rotule à rouleaux GB Spherical roller thrust bearing (single thrust) I Cuscinetto assiale orientabile a rulli NL Tontaatslager S Enkelverkande axialrullager SF Yksisuuntainen pallomainen painerullalaakeri
6431		D Schulterkugellager E Rodamiento de bolas de contacto angular F Roulement à billes à épaulement GB Magneto type ball bearing I Cuscinetto radiale a sfere sfilabile NL Magneet-kogellager S Speciellt enradigt vinkelkontaktkullager SF Avoin urakuulalaakeri
6432		D Loslager E Rodamiento libre F Roulement coulissant GB Floating bearing I Cuscinetto scorrevole NL Los lager S Flytande lager SF Vapaa laakeri

6433		D Festlager E Rodamiento fijo F Roulement buté GB Fixed bearing I Cuscinetto fisso NL Vast lager S Fast lager SF Ohjaava laakeri
6434		D Führungslager E Rodamiento guía F Roulement de guidage GB Locating bearing I Cuscinetto di guida NL Richtlager S Styrlager SF Ohjaava laakeri
6435		D Gelenklager E Rótula F Palier à rotule GB Self-aligning plain bearing I Snodo sferico NL Scharnierlager S Länklager SF Nivellaakeri
6436		D Lagerbuchse E Casquillos de cojinete F Manchon GB Bearing sleeve I Bussola por cuscinello NL Lagerbus S Hylsa SF Holkki
6437.0		D Lager mit Dichtscheibe(n) E Rodamiento estanco F Roulement étanche GB Sealed bearing I Cuscinetto a tenuta stagna NL Afdichtlager S Tätat lager SF Tiivistelaakeri

6437.1		D Lager mit 1 Dichtscheibe E Rodamiento estanco con una placa de obturación F Roulement étanche à joint à une lèvre GB Single seal I Cuscinetto con uno schermo stagno NL Afdichtlager enkele afdichting S Tätat lager, enkel tätning SF Yksipuolinen tiivistelaakeri
6437.2		D Lager mit 2 Dichtscheiben E Rodamiento estanco con dos placas de obturación F Roulement étanche à joint à deux lèvres GB Double seal I Cuscinetto con due schermi stagni NL Afdichtlager dubbele afdichting S Tätat lager, dubbel tätning SF Kaksipuolinen tiivistelaakeri
6438	 a b	D Lagergehäuse E Caja de rodamiento F Braquette (a), boitard (b) GB Bearing housing I Alloggiamento del cuscinetto NL Lagerhuis S Lagerhus SF Laakeripesä
6439.0		D Axialgleitlager E Cojinete de empuje axial F Butée axiale à patins GB Plain thrust bearing I Cuscinetto liscio assiale NL Axiaal glijlager S Axialglidlager SF Aksiaaliliukulaakeri
6439.1		D Axialgleitlager, fest E Cojinete de empuje axial con patines fijas F Butée axiale à patins fixes GB Plain thrust bearing fixed I Cuscinetto liscio assiale a guida fissa NL Axiaal glijlager, vast S Fast axialglidlager SF Aksiaaliliukulaakeri, kiinteät segmentit

6439.2		D Axialgleitlager mit Kippsegmenten E Cojinete de empuje axial con patines oscilantes F Butée axiale à patins oscillants GB Plain thrust bearing tilt pads I Cuscinetto liscio assiale a guida oscillante NL Axiaal glijlager met axiale kantelblokjes S Axialglidlager med rörliga segment SF Aksiaaliliukulaakeri, asennoituvat segmentit
6440.0		D Radialgleitlager E Cojinete liso radial F Palier lisse radial GB Plain radial bearing I Cuscinetto liscio radiale NL Radiaal glijlager S Radialglidlager SF Säteisliukulaakeri
6440.1		D Zylindrisches Radialgleitlager E Cojinete liso radial cilíndrico F Palier lisse radial cylindrique GB Plain radial bearing clindrical I Cuscinetto liscio radiale cilindrico NL Cilindrisch radiaal glijlager S Cylindriskt radialglidlager SF Lieriömäinen säteisliukulaakeri
6440.2		D Radiallager mit Keilflächen E Cojinete liso radial de lóbulos F Palier lisse radial à lobes GB Plain radial bearing with lobes I Cuscinetto liscio radiale a lobi NL Gelobd radiaal glijlager S Radialglidlager med lob SF Lohkoinen säteisliukulaakeri
6440.3		D Radiales Kippsegmentlager E Cojineto liso de patines radiales oscilantes F Palier lisse radial à patins radiaux oscillants GB Plain bearing with radial tilt pads I Cuscinetto liscio a guida radiale oscillante NL Radiaal glijlager met radiale kantelblokjes S Radialglidlager med rörliga segment SF Säteisliukulaakeri, asennoituvat segmentit

6441		D Hydrodynamisches Gleitlager E Cojinete liso hidrodinámico F Palier hydrodynamique GB Plain hydrodynamic bearing I Cuscinetto idrodinamico NL Hydrodynamisch glijlager S Hydrodynamiskt glidlager SF Hydrodynaaminen liukulaakeri
6442.0		D Hydrostatisches Gleitlager E Cojinete liso hidrostático F Palier hydrostatique GB Plain hydrostatic bearing I Cuscinetto idrostatico NL Hydrostatisch glijlager S Hydrostatiskt glidlager SF Hydrostaattinen liukulaakeri
6442.1		D Hydrostatisches Gleitlager mit Öldruck E Cojinete liso hidrostático con presión de aceite F Palier hydrostatique à pression d'huile GB Plain hydrostatic bearing with oil pressure I Cuscinetto idrostatico a pressione d'olio NL Hydrostatisch glijlager met oliedruk S Hydrostatiskt glidlager med oljetryck SF Paineöljyhydrostaattinen liukulaakeri
6442.2		D Hydrostatisches Gleitlager mit Luftdruck E Cojinete liso hidrostático con presión de aire F Palier hydrostatique à pression d'air GB Plain hydrostatic bearing with air pressure I Cuscinetto idrostatico a pressione d'aria NL Hydrostatisch glijlager met luchtdruk S Hydrostatiskt glidlager med lufttryck SF Paineilmahydrostaattinen liukulaakeri
6443		D Magnetgleitlager (ohne Kontakt) E Cojinete liso magnético (sin contacto) F Palier magnétique (sans contact) GB Plain magnetic bearing (without contact) I Supporto magnetico (senza contatto) NL Magnetisch glijlager (zonder kontakt) S Magnetiskt glidlager (utan kontakt) SF Magneettinen liukulaakeri (ilman kosketusta)

6500		D Schmierung E Lubricación F Lubrification GB Lubrication I Lubrificazione NL Smering S Smörjning SF Voitelu
6501		D Schmiermittel E Lubricante F Lubrifiant GB Lubricant I Lubrificante NL Smeermiddel S Smörjmedel SF Voiteluaine
6502.0		D Öl E Aceite F Huile GB Oil I Olio NL Olie S Olja SF Öljy
6502.1		D Mineralöl E Aceite mineral F Huile minérale GB Mineral oil I Olio minerale NL Minerale olie S Mineralolja SF Mineraaliöljy

6502.2		D Synthetiköl E Aceite sintético F Huile synthétique GB Synthetic oil I Olio sintetico NL Syntetische olie S Syntetisk olja SF Synteettinen öljy
6503.0		D Fett E Grasa F Graisse GB Grease I Grasso NL Vet S Fett SF Rasva
6503.1		D Mineralfett E Grasa mineral F Graisse minérale GB Mineral grease I Grasso minerale NL Mineraal vet S Mineralfett SF Mineraalirasva
6503.2		D Synthetikfett E Grasa sintética F Graisse synthétique GB Synthetic grease I Grasso sintetico NL Syntetisch vet S Syntetiskt fett SF Synteettinen rasva
6504		D Tauchschmierung E Lubricación por barboteo F Lubrification par barbotage GB Dip lubrication I Lubrificazione a sbattimento NL Dompelsmering S Doppsmörjning SF Roiskevoitelu

6505		D Ringschmierung E Lubricación por anillo de aceite F Lubrification par bague GB Lubrication by pick-up ring I Lubrificazione con anelli NL Ringsmering S Ringsmörjning SF Rengasvoitelu
6506		D Zuführschmierung E Lubricación ayudada F Lubrification aménagée GB Oil circulating system I Lubrificazione non forzata NL Oliegroefsmering S Cirkulationssmörjning SF Voitelu syöttökanaalien avulla
6507		D Schmierrad E Rueda de engrase F Roue de lubrification GB Lubricating wheel I Ruota di lubrificazione NL Smeerwiel S Smörjhjul SF Voiteluhammaspyörä
6508		D Ölabstreifer E Rascador de aceite F Racleur d'huile GB Oil scraper I Raschiaolio NL Olieschraper S Oljeavstrykare SF Öljylaahin
6509		D Drucköłschmierung E Lubricación forzada F Lubrification sous pression GB Forced lubrication I Lubrificazione forzata NL Oliedruksmering S Trycksmörjning SF Painevoitelu

6510		D Einspritzschmierung E Lubricación por inyección F Lubrification par injection GB Spray lubrication I Lubrificazione ad iniezione NL Injektiesmering S Sprutsmörjning SF Suihkuvoitelu
6511		D Ölrampe E Distribuidor de aceite F Rampe de lubrification GB Oil spray pipe I Canale di lubrificazione NL Olieverdeler S Oljefördelare SF Suihkuputki
6512		D Ölspritzdüse E Difusor de aceite F Diffuseur d'huile GB Oil spray nozzle I Diffusore dell'olio NL Oliesproeier S Oljespridare SF Öljyn suihkutussuutin
6513		D Ölleitblech E Deflector de aceite F Déflecteur d'huile GB Oil flinger I Deflettore dell'olio NL Oliedeflector S Oljestyrplåt SF Öljyn ohjauslevy
6514		D Ölbehälter E Depósito de aceite F Réservoir d'huile GB Oil tank I Serbatoio dell'olio NL Oliereservoir S Oljebehållare SF Öljysäiliö

6515.0		D Ölfilter E Filtro de aceite F Filtre à huile GB Oil filter I Filtro dell'olio NL Oliefilter S Oljefilter SF Öljynsuodatin
6515.1		D Ölfilter mit Patrone E Filtro de aceite de cartucho F Filtre à huile à cartouche GB Cartridge oil filter I Filtro dell'olio (a cartuccia) NL Patroonfilter S Patronfilter SF Panosöljynsuodatin
6515.2		D Ölfilter mit Magnet E Filtro de aceite magnético F Filtre à huile magnétique GB Magnetic oil filter I Filtro dell'olio (magnetico) NL Magnetisch filter S Magnetfilter SF Magneettiöljynsuodatin
6515.3		D Ölfilter mit Spalt E Filtro de aceite de láminas F Filtre à huile à lamelles GB Laminated oil filter I Filtro dell'olio (a lamelle) NL Lamellenfilter S Lamellfilter SF Rakoöljynsuodatin
6516		D Ölstand E Nivel de aceite F Niveau d'huile GB Oil level I Livello olio NL Oliepeil S Oljenivå SF Öljynkorkeus

6517		D Ölmenge E Cantidad de aceite F Quantité d'huile GB Oil quantity I Quantità d'olio NL Olieinhoud S Oljemängd SF Öljymäärä
6518		D Ölsorte E Tipo de aceite F Type de l'huile GB Oil grade I Tipo d'olio NL Olietype S Oljetyp SF Öljytyyppi
6519		D Ölmeßstab E Varilla de nivel de aceite F Jauge de niveau d'huile GB Dipstick I Indicatore di livello olio NL Oliepeilstaaf S Oljesticka SF Öljynkorkeuden mittatikku
6520		D Ölstandsglas E Visor de nivel de aceite F Voyant de niveau d'huile GB Oil level sight gauge I Spia di livello olio NL Oliepeilglas S Oljeståndsglas SF Öljylasi
6521		D Stöpsel E Tapón F Bouchon GB Plain plug I Tappo NL Dop S Plugg SF Tulppa

6522		D	Füllstopfen
		E	Tapón de llenado
		F	Bouchon de remplissage
		GB	Filter plug
		I	Tappo di carico
		NL	Vuldop
		S	Påfyllningsplugg
		SF	Täyttötulppa

6523		D	Ablaßstopfen
		E	Tapón de vaciado
		F	Bouchon de vidange
		GB	Drain plug
		I	Tappo di scarico
		NL	Aftapdop
		S	Avtappningsplugg
		SF	Poistotulppa

6524		D	Öldichtungsring
		E	Junta de estanquidad
		F	Joint d'étanchéïté
		GB	Oil seal
		I	Anello di tenuta
		NL	Afdichtring
		S	Oljetätring
		SF	Öljytiiviste

6525		D	Filzring
		E	Anillo de fieltro
		F	Anneau de feutre
		GB	Felt sealing-ring
		I	Anello di feltro
		NL	Vlltring
		S	Filtring
		SF	Huoparengas

6526		D	Stopfbuchse
		E	Prensaestopas
		F	Presse étoupe
		GB	Stuffing box
		I	Premistoppa
		NL	Pakkingbus
		S	Packbox
		SF	Poksitiiviste

6527		D Dichtring mit Lippen E Retén de grasa a labios F Joint à lèvres GB Lipped seal I Anello di tenuta a labbro NL Afdichting met lippen S Läpptätring SF Huulitiiviste
6528		D Axialdichtung E Junta de estanquidad axial F Joint d'etanchéïte axial GB Face seal I Anello di tenuta assiale NL Axiale afdichting S Axial tätning SF Aksiaalitiiviste
6529		D Labyrinthdichtung E Junta laberíntica F Joint labyrinthe GB Labyrinth seal I Tenuta a labirinto NL Labyrinth afdichting S Labyrinttätning SF Labyrinttitiiviste
6530		D O-Ring E Junta tórica F Joint torique GB O-ring I Anello di tenuta torico (O-ring) NL O-ring S O-ring SF O-rengas
6531.0		D Dichtung E Junta F Joint GB Gasket I Guarnizione NL Afdichting S Tätning SF Tiiviste

6531.1		D Papierdichtung E Junta de papel F Joint papier GB Paper gasket I Guarnizione di carta NL Papierafdichting S Papperstätning SF Paperitiiviste
6531.2		D Kunststoffdichtung E Junta de plástico F Joint plastique GB Plastic gasket I Guarnizione di plastica NL Kunststofafdichting S Plasttätning SF Muovitiiviste
6531.3		D Gummidichtung E Junta de caucho F Joint caoutchouc GB Rubber gasket I Guarnizione di gomma NL Rubberafdichting S Gummitätning SF Kumitiiviste
6531.4		D Flüssige Dichtung E Junta líquida F Joint liquide GB Liquid gasket I Guarnizione liquida NL Vloeibare afdichting S Flytande tätning SF Nestemäinen tiiviste
6532		D Ölfangblech E Colector de aceite F Collecteur d'huile GB Oil catcher I Collettore dell'olio NL Olievanger S Oljefångare SF Öljynkokoaja

6533		D Fettstopfbüchse E Engrasador a grasa Stauffer F Bac à graisse GB Grease stuffing box I Ingrassatore con coperchio a vite NL Vetpot S Smörjkopp SF Rasvakuppi
6534		D Schmiernippel E Engrasador de bola F Graisseur à bille GB Grease nipple I Ingrassatore a sfera NL Smeernippel S Smörjnippel SF Voitelunippa
6535		D Ölpumpe E Bomba de aceite F Pompe à huile GB Oil pump I Pompa dell'olio NL Oliepomp S Oljepump SF Öljypumppu
6536		D Kreiselpumpe E Bomba centrífuga F Pompe centrifuge GB Centrifugal pump I Pompa centrifuga NL Centrifugaalpomp S Centrifugalpump SF Keskipakopumppu
6537		D Kolbenpumpe E Bomba de pistones F Pompe à piston GB Piston pump I Pompa a pistoni NL Zuigerpomp S Kolvpump SF Mäntäpumppu

6538		D Flügelzellenpumpe E Bomba de paletas F Pompe à palettes GB Vane pump I Pompa a palette NL Schroefpomp S Vingpump SF Siipipumppu
6539		D Zahnradpumpe E Bomba de engranajes F Pompe à engrenages GB Gear pump I Pompa ad ingranaggi NL Tandwielpomp S Kugghjulspump SF Hammaspyöräpumppu
6540		D Ölschirm E Protector de aceite F Ecran de protection d'huile GB Splash guard I Schermo per l'olio NL Oliescherm S Oljeskärm SF Roiskelevy
6541		D Fett-Abschirmplatte E Placa de retención de grasa F Plaque de retenue de graisse GB Grease retaining plate I Schermo di ritegno del grasso NL Vetafschermplaat S Fettskärm SF Rasvan suojalevy
6542		D Rohr E Tubo F Tuyau GB Pipe I Tubo NL Buis S Rör SF Putki

6543		D Flexibles Rohr E Tubo flexible F Tuyau flexible GB Flexible pipe I Tubo flessibile NL Flexibele buis S Böjligt rör SF Taipuisa putki
6544		D Zuflußleitung (Öl – Fett) E Tubo de aspiración (aceite – grasa) F Tuyau d'admission (huile – graisse) GB Supply pipe (oil or grease) I Tubo di immissione (olio – grasso) NL Toevoer (olie – vet) S Tilloppsledning (olja – fett) SF Syöttöputki (öljy – rasva)
6545		D Rückflußleitung (Öl) E Tubería de retorno (aceite) F Tuyau de retour (huile) GB Drain pipe (oil) I Tubo di ritorno (grasso) NL Terugloop (olie) S Returledning (olja) SF Paluuputki (öljy)
6546		D Überlaufrohr E Tubería de rebose F Tuyau de trop plein GB Overflow pipe I Tubo di troppo pieno NL Overloop S Överströmningsrör SF Ylivuotoputki
6547		D Verbindungsstück E Unión F Raccord GB Connector I Raccordo NL Verbindingsstuk S Förbindningsstycke SF Liitin

6548		D Nippel E Unión macho-hembra de reducción F Mamelon GB Nipple I Nipplo NL Nippel S Nippel SF Nippa
6549		D Doppelnippel E Unión doble macho F Mamelon double GB Double nipple I Nipplo doppio NL Dubbele nippel S Dubbelnippel SF Kaksoisnippa
6550		D Reduziernippel E Unión doble macho de reducción F Raccord de réduction GB Reducing connector I Raccordo di riduzione NL Verloopring S Reducerring SF Vähennysrengas
6551		D Geradverbindung E Unión doble hembra F Raccord droit GB Straight connector I Raccordo diritto NL Recht verbindingsstuk S Rak förbindning SF Suoraliitin
6552		D Winkelverbindung E Unión escuadra doble macho F Raccord équerre GB Right angle connector I Raccordo a squadra NL Haaks verbindingsstuk S Vinkelförbindning SF Kulmaliitin

6553		D Winkelverbindungsstück E Unión escuadra doble macho F Raccord coudé GB Elbow connector I Raccordo ad angolo NL Elboog S Vinkelförbindningsstycke SF Kulmaliitin
6554		D T-Verbindungsstück E Unión en T F Raccord en T GB T-connector I Raccordo a T NL T-stuk S T-förbindningsstycke SF T-kappale
6555		D Drehbares Verbindungsstück E Racor orientable F Raccord tournant GB Rotating joint I Raccordo orientabile NL Roterende verbinding S Rörligt förbindningsstycke SF Pyörivä liitin
6556		D Ablaßhahn E Grifo de vaciado F Robinet de vidange GB Drain tap I Rubinetto di svuotamento (o di scarico) NL Aftapkraan S Avtappningskran SF Tyhjennyshana
6557		D Hahn E Grifo F Robinet GB Tap I Rubinetto NL Afsluiter S Kran SF Hana

6558		D Ventil E Válvula F Vanne GB Valve I Valvola NL Klep S Ventil SF Venttiili
6559		D Rückschlagventil E Válvula de retención F Clapet de retenue GB Non-return valve I Valvola di ritegno NL Terugslagklep S Backventil SF Takaiskuventtiili
6560		D Überdruckventil E Válvula de sobrepresión F Clapet de décharge GB Relief valve I Valvola limitatrice di pressione NL Overdrukklep S Övertrycksventil SF Ylipaineventtiili
6561		D Überströmventil E Válvula by-pass F By-pass GB By-pass valve I Valvola By-pass NL Overstroomklep S Överströmningsventil SF Ohivirtausventtiili
6562		D Durchflußanzeiger E Indicador de circulación de líquido F Indicateur circulation de liquide GB Flow indicator I Indicatore di circolazione del liquido NL Circulatieaanwijzer S Flödesindikator SF Virtauksen osoitin

6563		D Ablaßventil E Aireador F Reniflard GB Breather I Sfiato NL Ontluchting S Ventilationsplugg SF Huohotin
6564		D Manometer E Manómetro F Manomètre GB Pressure gauge I Manometro NL Manometer S Manometer SF Painemittari
6565		D Druckschalter E Presostato F Pressostat GB Pressure controller I Pressostato NL Drukschakelaar S Pressostat SF Painekytkin
6566		D Blende E Diafragma F Diaphragme GB Fixed flow controller I Diaframma NL Vernauwing S Konstantflödesvakt SF Kuristuslaatta
6567		D Thermometer E Termómetro F Thermomètre GB Temperature gauge I Termometro NL Termometer S Termometer SF Lämpömittari

6568		D Temperaturregler E Termostato F Thermostat GB Thermostat I Termostato NL Termostaat S Termostat SF Termostaatti
6569.0		D Kühler E Refrigerador F Réfrigérant GB Cooler I Scambiatore di calore NL Koeler S Kylare SF Jäähdytin
6569.1		D Luftkühler E Refrigerador de aire F Air réfrigérant GB Air cooler I Scambiatore di calore ad aria NL Luchtkoeler S Luftkylare SF Ilmajäähdytin
6569.2		D Wasserkühler E Refrigerador de agua F Eau réfrigérante GB Water cooler I Scambiatore di calore ad acqua NL Waterkoeler S Vattenkylare SF Vesijäähdytin
6569.3		D Ölkühler E Refrigerador de aceite F Huile réfrigérante GB Oil cooler I Scambiatore di calore ad olio NL Oliekoeler S Oljekylare SF Öljyjäähdytin

6570		D Ventilator E Ventilador F Ventilateur GB Cooling fan I Ventilatore NL Ventilator S Fläkt SF Tuuletin
6571		D Kühlschlange E Serpentín refrigerador F Serpentin réfrigérant GB Cooling coil I Serpentina di raffreddamento NL Koelslang S Kylslinga SF Jäähdytyskierukka
6572		D Heizschlange E Serpentín calefactor F Serpentin de chauffage GB Heating coil I Serpentina di riscaldamento NL Verwarmingsslang S Värmeslinga SF Lämmityskierukka
6573		D Tauchsieder E Calentador de inmersión F Canne de chauffage GB Immersion heater I Candela di riscaldamento NL Verwarmingsbuis S Doppvärmare SF Vastuslämmitin

6600	D Anwendungen E Aplicaciones F Applications GB Applications I Applicazioni NL Toepassingen S Applikationer SF (Applications) Käyttöalueet
6601	D Rührwerke E Agitadores F Agitateurs GB Agitators I Agitatori NL Roerders S Omrörare SF Sekoittimet
6602	D Gebläse E Soplantes F Soufflantes GB Blowers I Soffianti NL Blaasinstallaties S Blåsmaskiner SF Puhaltimet
6603	D Brauereien und Brennereien E Cervecerías y destilerías F Brasseries et distilleries GB Brewing and distilling I Birrerie e distillerie NL Brouwerijen en stokerijen S Bryggeri och destillerimaskiner SF Panimo- ja tislausteollisuus
6604	D Dosenfüllmaschinen E Máquinas de rellenar latas de conserva F Machines à remplir les boîtes de conserve GB Can filling machines I Macchine per l'industria conserviera (riempimento) NL Inblikmachines S Fyllningsmaskiner SF Purkituskoneet

6605		D Waggonkipper E Volcadores de vagones F Culbuteurs de wagons GB Dumpers I Scaricatori a rovesciamento (di carri merci) NL Kipinstallaties voor wagons S Vagnvändare SF Vaunun kippauslaitteet
6606		D Kläranlagen E Clarificadores F Machines de clarification GB Clarifiers I Impianti di depurazione NL Klaarinstallaties S Lutklarare SF Selkeytyslaitteet
6607		D Klassiersiebe E Clasificadores F Machines de tri GB Classifiers I Vagliatrici NL Sorteeders S Sorteringsmaskiner SF Lajittelulaitteet
6608		D Tonverarbeitungsmaschinen E Maquinaria para ladrillería F Briqueteries GB Clay working machinery I Macchine per la lavorazione dell'argilla NL Steenbakkerijen S Tegelmaskiner SF Tiiliteollisuuden koneet
6609		D Kompressoren E Compresores F Compresseurs GB Compressors I Compressori NL Kompressoren S Kompressorer SF Kompressorit

6610		D Förderanlagen E Transportadores F Transporteurs GB Conveyors I Trasportatori NL Transporteurs S Transportörer SF Kuljettimet
6611		D Krane E Gruas F Grues GB Cranes I Gru NL Kranen S Kranar SF Nosturit
6612		D Brecher E Trituradoras F Concasseurs GB Crushers I Frantoi NL Brekers S Krossar SF Murskaimet
6613		D Bagger E Dragas F Dragues GB Dredges I Draghe NL Baggers S Mudderverk SF Kaivinkoneet
6614		D Trockendockkrane E Gruas de dique seco F Grues pour cales sèches GB Dry dock cranes I Gru per bacino di carenaggio NL Droogdokkranen S Varvskranar SF Kuivatelakkanosturit

6615		D Hebewerke E Elevadores F Elévateurs GB Elevators I Elevatori NL Elevatoren S Elevatorer SF Elevaattorit
6616		D Strangpressen E Máquinas de extrusión F Extrudeuses GB Extruders I Estrusori NL Strengpersen S Extruder SF Extruuderit
6617		D Ventilatoren E Ventiladores F Ventilateurs GB Fans I Ventilatori NL Ventilatoren S Fläktar SF Tuulettimet
6618		D Zuführvorrichtungen E Distribuidores (alimentadores) F Distributeurs GB Feeders I Alimentatori NL Toevoerinrichtingen S Matare SF Syöttölaitteet
6619		D Nahrungsmittelindustrie E Industrias alimentarias F Industrie alimentaire GB Food industry I Industria alimentare NL Voedingsindustrie S Livsmedelsindustri SF Elintarviketeollisuus

6620	D Generatoren E Generadores F Génératrices GB Generators I Generatori elettrici NL Generatoren S Generatorer SF Generaattorit
6621	D Hammermühlen E Trituradoras de martillos F Broyeurs à marteaux GB Hammer mills I Molini a martelli NL Hamermolens S Hammarkvarnar SF Vasaramyllyt
6622	D Waschmaschinen E Máquinas industriales de lavar F Machines à laver industrielles GB Laundry washers I Macchine lavatrici NL Industriële wasmachines S Tvättmaskiner SF Pesukoneet
6623	D Trommeltrockner E Secadoras centrífugas F Essoreuses GB Laundry tumblers I Essiccatrici centrifughe NL Centrifugale droogzwierders S Torktumlare SF Kuivausrummut
6624	D Transmissionswellen E Ejes de transmisión F Arbres de transmission GB Line shafts I Alberi di trasmissione NL Transmissie-assen S Transmissionsaxlar SF Valta-akselit

6625		D Holzindustrie E Industria de la madera F Industrie du bois GB Lumber industry I Industria del legno NL Houtindustrie S Träindustri SF Sahateollisuus
6626		D Werkzeugmaschinen E Máquinas-herramienta F Machines-outils GB Machine-tools I Macchine utensili NL Werkuigmachines S Verktygsmaskiner SF Työstökoneet
6627		D Metallmühlen E Industria metalúrgica F Usines métallurgiques GB Metal mills I Macchine per metallurgia NL Metaalindustrie S Metallindustri SF Metalliteollisuus
6628		D Drehmühlen E Molinos rotativos F Broyeurs, type rotatif GB Mills, rotary type I Molini rotativi NL Molens, roterende type S Kvarnar, roterande typ SF Myllyt ja rummut, pyörivät tyypit
6629		D Mischer E Mezcladores F Mélangeurs GB Mixers I Mescolatori NL Mengers S Blandare SF Sekoittimet

6630	D Ölindustrie E Industria petrolífera F Industrie du pétrole GB Oil industry I Industria petrolifera NL Petroleumindustrie S Oljeindustri SF Öljyteollisuus
6631	D Papiermühlen E Fábricas de papel F Fabriques de papier GB Paper mills I Industria cartaria NL Papierfabrieken S Pappersfabriker SF Paperiteollisuus
6632	D Kunststoffindustrie E Industria de plásticos F Industrie des matières plastiques GB Plastics industry I Industria della plastica NL Kunststofindustrie S Plastindustri SF Muoviteollisuus
6633	D Druckmaschinen E Prensas de imprimir F Presses à imprimer GB Printing presses I Presse per stampa NL Drukpersen S Tryckpressar SF Painokoneet
6634	D Pumpen E Bombas F Pompes GB Pumps I Pompe NL Pompen S Pumpar SF Pumput

6635		D Gummiindustrie E Industria del caucho F Industrie du caoutchouc GB Rubber industry I Industria della gomma NL Rubberindustrie S Gummiindustri SF Kumiteollisuus
6636		D Abwasserkläranlagen E Estaciones depuradoras F Stations d'épuration GB Sewage disposal equipment I Stazioni di depurazione delle acque NL Waterzuiveringinstallaties S Vattenreningsverk SF Jäteveden puhdistuslaitokset
6637		D Siebe E Filtros (cribas) F Cribles GB Screens I Crivelli NL Zeven S Siktar SF Sihdit
6638		D Brammeneinstoßvorrichtungen E Empujadoras de lingotes F Pousseurs de lingots GB Slab pushers I Spingitori di lingotti NL Slabs-duwers S Blockmatare SF Aihion syöttäjät
6639		D Feuerungsvorrichtungen E Cargadoras (apiladoras) F Chargeurs mécaniques GB Mechanical stokers I Caricatori meccanici NL Mechanische hardladers S Skruvmatare SF Tulipesälaitteet

6640		D Zuckerindustrie E Industria azucarera F Industrie sucrière GB Sugar industry I Zuccherifici NL Suikerindustrie S Sockerindustri SF Sokeriteollisuus
6641		D Textilindustrie E Industria textil F Industrie textile GB Textile industry I Industria tessile NL Textielindustrie S Textilindustri SF Tekstiiliteollisuus
6642		D Fahrzeuge E Vehículos F Véhícules GB Vehicles I Veicoli NL Voertuigen S Fordon SF Autot
6643		D Hebewinden E Cabrestantes de elevación F Treuils de levage GB Lifting devices I Argani e verricelli NL Hijslieren, Windassen, Hijstrommels S Ankarspel, spel, hissverk SF Vintturit

Tochtermann/Bodenstein

Konstruktionselemente des Maschinenbaues

Entwerfen, Gestalten, Berechnen, Anwendungen

9., verbesserte Auflage von F. Bodenstein
In zwei Teilen

Teil 1
Grundlagen; Verbindungselemente; Gehäuse, Behälter, Rohrleitung und Absperrvorrichtungen
1979. 394 Abbildungen, 82 Tabellen. VII, 296 Seiten. DM 48,–. ISBN 3-540-09264-1

Inhaltsübersicht: Grundlagen: Begriff der Konstruktionselemente. Konstruieren: Entwerfen und Gestalten. Die wichtigsten Vorbedingungen (Übersicht). Normung. Funktions- oder bedingungsgerechtes Gestalten. Festigkeitsgerechtes Gestalten. (Dimensionierung). Stoffgerechtes Gestalten. Fertigungsgerechtes Gestalten. Zeitgerechtes Gestalten (Formschönheit). – Verbindungselemente: Schweißverbindungen. Lötverbindungen. Klebeverbindungen. Reibschlußverbindungen. Formschlußverbindungen. Nietverbindungen. Schraubenverbindungen und Schraubgetriebe. Elastische Verbindungen; Federn. – Gehäuse, Behälter, Rohrleitungen und Absperrvorrichtungen: Hohlraumformen und -begrenzungen. Verschlüsse, Verbindungen und Dichtungen. Behälter des Kessel- und Apparatebaues. Rohrleitungen. Absperr-, Sicherheits- und Regelorgane. – Sachverzeichnis.

Teil 2
Elemente der drehenden und der geradlinigen Bewegung; Elemente zur Übertragung gleichförmiger Drehbewegungen
1979. 485 Abbildungen, 34 Tabellen. VII, 325 Seiten. DM 48,–. ISBN 3-540-09265-X

Inhaltsübersicht: Elemente der drehenden Bewegung: Achsen. Wellen. Lager. Kupplungen. – Elemente der geradlinigen Bewegung: Paarung von ebenen Flächen. Rundlingspaarungen. – Elemente zur Übertragung gleichförmiger Drehbewegungen: Formschlüssige Rädergetriebe: Zahnrädergetriebe. Zahnrädergetriebe mit geradverzahnten Stirnrädern; Zahnrädergetriebe mit schrägverzahnten Stirnrädern; Kegelrädergetriebe; Schraubenrädergetriebe; Schneckengetriebe; Umlaufgetriebe. Kraftschlüssige Rädergetriebe: Reibrädergetriebe. Formschlüssige Zugmittelgetriebe: Ketten und Zahnriemengetriebe. Kraftschlüssige Zugmittelgetriebe: Riemen- und Rollenkeilkettengetriebe. – Sachverzeichnis.

Konstruktion

Zeitschrift für Konstruktion und Entwicklung im Maschinen-, Apparate- und Gerätebau
Organ der VDI-Gesellschaft Konstruktion und Entwicklung (VDI-GKE)

Herausgeber: W. Beitz, Berlin
Schriftleitung: B. Küffer, Berlin
Beirat: K. Federn, Berlin; F. Jarchow, Bochum; G. Kiper, Hannover; K.-H. Kloos, Darmstadt; G. Pahl, Darmstadt H. Peeken, Aachen; H. J. Thomas, München; E. Ziebart, Friedrichshafen

Konstruktion, das Organ der VDI-Gesellschaft Konstruktion und Entwicklung, spricht Konstruktionsleiter, Konstrukteure, Versuchs- und Entwicklungsingenieure im Maschinen-, Apparate- und Gerätebau sowie Ingenieure in Lehre und Forschung an.
In dieser Zeitschrift wird über alle Tätigkeiten und Probleme zwischen Produktidee und Ausarbeiten der Fertigungsunterlagen berichtet. Dazu gehören die Produktplanung, die Produktentwicklung einschließlich der erforderlichen Grundlagenentwicklung und Laborversuche, die funktions- und fertigungsgerechte Konstruktion einschließlich der Ausarbeitung der Fertigungsunterlagen sowie die indirekten Konstruktionstätigkeiten wie Normung, Informationsbeschaffung und Dokumentation. Forschungsergebnisse und Erfahrungsberichte aus der Konstruktionspraxis, besonders aus den Gebieten Konstruktionselemente, Schwingungstechnik, Festigkeit und Werkstoffauswahl, Getriebe- und Antriebstechnik, Konstruktionsmethodik und rechnerunterstützte Konstruktion (CAD) sowie Meß- und Regeltechnik, Hydraulik und Pneumatik, werden dem Leser mit dem Ziel vermittelt, ihn bei der Lösung seiner Aufgaben anwendungsorientiert zu unterstützen. Darüberhinaus bietet die **Konstruktion** die Möglichkeit für eine kontinuierliche Weiterbildung. Produktberichte über Maschinenelemente und Hilfsmittel für den Konstrukteur sollen dem Leser außerdem einen Überblick über die am Markt angebotene Lösungsvielfalt geben.

Veröffentlichungen in deutscher Sprache.

Informationen über *Bezugsbedingungen* und *Probehefte* erhalten Sie bei Ihrem Buchhändler oder direkt bei:
Springer-Verlag, Wissenschaftliche Information Zeitschriften, Postfach 105 280, D-6900 Heidelberg 1

Springer-Verlag Berlin Heidelberg New York

G. Niemann

Maschinenelemente

Band I
Konstruktion und Berechnung von Verbindungen, Lagern, Wellen

Unter Mitarbeit von M. Hirt
Berichtigter Nachdruck der 2., neubearbeiteten Auflage. 1981.
289 Abbildungen. XIV, 398 Seiten. Gebunden
DM 84,–ISBN 3-540-06809-0

Inhaltsübersicht: Gesichtspunkte und Arbeitsmethoden. – Gestaltungsregeln. – Praktische Festigkeitsrechnung. – Leichtbau. – Werkstoffe. – Normen, Toleranzen und Oberflächen. – Schweißverbindung. – Löt- und Klebverbindung. – Nietverbindung. – Schraubenverbindungen. – Bolzen- und Stiftverbindung. Elastische Federn. – Wälzpaarungen. – Wälzlager. – Gleitlager. – Schmierstoffe, Schmierung und Dichtung. – Achsen und Wellen. – Verbindung von Welle und Nabe. – Verbindung von Welle und Welle (Kupplungen, Gelenke). – Sachverzeichnis.

G. Niemann, H. Winter

Maschinenelemente

Band II
Getriebe allgemein, Zahnradgetriebe – Grundlagen, Stirnradgetriebe
2., völlig neubearbeitete Auflage. 1983. 298 Abbildungen, 76 Tabellen. 360 Seiten. Gebunden DM 88,–. ISBN 3-540-11149-2

Inhaltsübersicht: Getriebe – allgemein (Funktionen, Grundbeziehungen, Bauarten, Baugröße, Bewegungsgleichungen, Lagerkräfte). – Zahnradgetriebe – Grundlagen (Stirnräder). – Stirnradgetriebe. – Entwurf, Berechnung, Gestaltung. – Sachverzeichnis.

Band III
Schraubrad–, Kegelrad–, Schnecken–, Ketten–, Riemen–, Reibradgetriebe, Kupplungen, Bremsen, Freiläufe
2., völlig neubearbeitete Auflage. 1983. 193 Abbildungen, 66 Tabellen. 312 Seiten. Gebunden DM 84.–. ISBN 3-540-10317-1

Inhaltsübersicht: Stirn-Schraubradgetriebe. – Kegelrad-, Hypoid-, Kronenradgetriebe. – Schneckengetriebe. – Kettengetriebe. – Riemengetriebe. – Reibradgetriebe. – Reibkupplungen und Reibbremsen. – Freilaufkupplungen. – Sachverzeichnis.

„...Das Buch von Niemann, das 1950 in erster Auflage erschien, ist längst zu dem Standardwerk auf dem Gebiet der Maschinenelemente geworden. Das Werk, das keiner Empfehlung mehr bedarf, besticht durch seinen klaren Aufbau. Allen Berechnungen sind Beispiele beigefügt, die die Anwendung wesentlich erleichtern. Hervorzuheben sind ferner die ausgezeichneten Literaturverzeichnisse zu jedem Kapitel."

wt-Zeitschrift für industrielle Fertigung

Springer-Verlag
Berlin
Heidelberg
New York